配网不停电作业复杂作业项目
培训教材

国网浙江省电力有限公司电力科学研究院　编

中国电力出版社
CHINA ELECTRIC POWER PRESS

内 容 提 要

为落实国家电网有限公司“人才强企”战略，继续高效、高质量地培养配网不停电作业技术的专业人才，全面提升从业人员的技术技能以及管理水平，国网浙江省电力有限公司在总结多年来开展配网不停电作业新技术、新工具、新装备研究与应用成果的基础上，结合配网不停电作业的实际需求，编写了《配网不停电作业复杂作业项目培训教材》。本书在内容定位上以配网不停电作业相关的原理、设备、装置及典型作业项目为依据，突出了核心知识点介绍、关键作业技能讲解，在写作方式上，按照深入浅出、浅显易懂的原则，避免涉及相关技术理论的烦琐推导和验证过程。

全书包含配网不停电作业知识、配电网线路和电气设备、配电设备、配电网自动化、旁路综合性作业、典型项目共六章内容。

本书可供从事配网不停电作业人员阅读使用。

图书在版编目（CIP）数据

配网不停电作业复杂作业项目培训教材/国网浙江省电力有限公司电力科学研究院编. —北京：中国电力出版社，2020.12

ISBN 978-7-5198-4916-0

Ⅰ. ①配…　Ⅱ. ①国…　Ⅲ. ①配电系统–带电作业–技术培训–教材　Ⅳ. ①TM727

中国版本图书馆 CIP 数据核字（2020）第 163226 号

出版发行：中国电力出版社
地　　址：北京市东城区北京站西街 19 号（邮政编码 100005）
网　　址：http://www.cepp.sgcc.com.cn
责任编辑：高　芬　罗　艳（010-63412315）
责任校对：黄　蓓　常燕昆
装帧设计：张俊霞
责任印制：石　雷

印　　刷：三河市万龙印装有限公司
版　　次：2020 年 12 月第一版
印　　次：2020 年 12 月北京第一次印刷
开　　本：710 毫米×1000 毫米　16 开本
印　　张：17.5
字　　数：321 千字
印　　数：0001—2000 册
定　　价：105.00 元

编 委 会

编写人员

主　　编　陈　超

参　　编　杨晓翔　周　兴　张捷华　徐　勇　谢　成
钟全辉　张利敏　周金辉　赵　深　苏毅方
马振宇　钟　兴　王子凌　申屠阳　傅　颖
王　捷　张一航　刘锦雁　许国凯

编写单位

国网浙江省电力有限公司电力科学研究院
国网浙江省电力有限公司
国网浙江省电力有限公司培训中心湖州分中心
国网浙江省电力有限公司金华供电公司
国网浙江省电力有限公司温州供电公司
国网浙江省电力有限公司嘉兴供电公司
国网浙江省电力有限公司丽水供电公司
浙江省电力学会

前　　言

随着我国新型城镇化不断快速发展，涌现出越来越多的大城市，甚至超大城市。城市电力用户对供电可靠性的要求越来越高，停电将对国民经济和居民的生产生活造成极大影响。然而，配电线路分布广，设备多，直接面向用户，据统计，电力系统70%以上的供电量要通过配电网送到用户、80%的故障都发生在配电网，一旦设备出现缺陷故障，采用停电检修将直接影响到社会正常的生活及生产。因此，提高供电可靠性是对电力企业优质服务的基本要求之一，理应成为配电网运维检修管理工作的基础。配网不停电作业是以实现用户不停电为目的，对配电设备进行检修的作业，是减少配网停电时间、提高配网供电可靠性和优质服务水平的重要手段之一。配网不停电作业经过十多年的快速发展，由简单的架空线路带电作业项目向复杂的、综合型的不停电作业项目发展，并向配电网全业务不停电作业的方向有效推进。

目前，从事配网不停电作业人员的专业素质和技能水平离新形势下的发展要求还有差距，受作业装备、作业人员等多方面因素的影响，复杂的、综合型的不停电作业项目现场实际开展还较少。近年来，国网浙江省电力有限公司在各地区不停电作业示范区建设的基础上，集中租赁了一大批不停电作业的装备和工器具，为大力推进配网不停电作业向复杂的、综合型的发展，对复杂作业项目的培训需求也极为迫切。为尽快提升配网不停电作业人员技能水平，熟练掌握先进不停电作业装备操作技巧，在总结多年来开展配网不停电作业新技术、新工具、新装备研究与应用成果的基础上，结合配网不停电作业的实际需求，编写了《配网不停电作业复杂作业项目培训教材》。

本书介绍了配网不停电作业的关键技术与典型项目，其中第一章介绍了配网不停电作业基本知识，由陈超、徐勇、周金辉、王子凌编写；第二章详细介绍了各类配电网线路和元件特点与适用情况，由周兴、杨晓翔、申屠阳编写；第三章介绍了配电设备的功能构造与运行原理，由杨晓翔、张利敏、钟兴、谢成编写；第四章介绍了配电自动化的基本概念与原理，由张捷华、刘锦雁、王捷编写；第五章介绍了旁路综合作业法使用的车辆、装备特点与参数，由苏毅方、马振宇、张一航编写；第六章介绍了复杂类配网不停电作业典型项目，由钟全辉、傅颖、许国凯编写。

全书由陈超负责统稿。在本书编写过程中，得到了邵先军博士的热心指导与帮助，在此表示衷心的感谢。

由于时间紧迫，又限于作者水平，书中难免有错误和不足之处，恳请广大读者批评指正。

编　者

2020 年 10 月

目　　录

第一章　配网不停电作业知识

第一节　不停电作业概念

一、电网检修的两种作业方式

（1）停电作业方式。对需要检修作业的线路或设备停电隔离后再进行施工、检修，作业完成后再恢复供电的作业方式，这是传统的作业方式。

（2）不停电作业方式。采用对用户不停电或短时停电而进行电力线路或设备测试、维修和施工的作业方式。不停电作业方式主要有以下两种：

1）直接在带电的线路或设备上作业，即带电作业。

2）先对用户采用旁路或移动电源等方法连续供电，再将线路或设备停电进行作业。

二、带电作业的基本方法

（一）按作业时人体所处电位来划分

从作业时人体所处的电位来看，带电作业有地电位作业法、中间电位作业法、等电位作业法等，如图 1–1 所示。

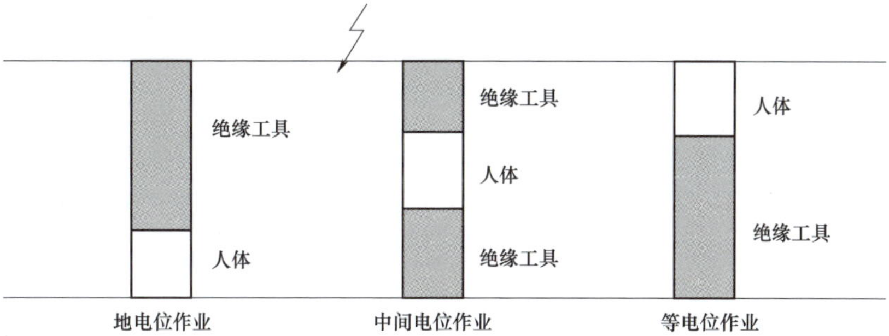

图 1–1　三种作业方式的区别及特点

1. 地电位作业法

地电作业法是指作业人员始终处在地电位状态，通过绝缘工具对带电体进行的作业。这时，人体与带电体的关系是：大地（杆塔）→作业人员→绝缘工具→带电体。地电位作业法也叫零电位作业法，国外称为距离作业法。

2. 中间电位作业法

中间电位作业法是指利用绝缘工具（高架绝缘斗臂车、绝缘平台）将作业人员置于带电体及接地体之间，使作业人员在低于带电体电位而高于接地体电位下，用绝缘工具对带电体进行的作业，它要求作业人员既要保持对带电体有一定的距离，又要保持对地有一定距离。这时，人体与带电体的关系是：大地→绝缘工具→人体→绝缘工具→带电体。

3. 等电位作业法

等电位作业法是指作业人员作业时与带电体处于同一电位的带电作业方式。这时，人体与带电体的关系是：大地（杆塔）→绝缘工具→作业人员→带电体。等电位电工在作业时会使带电部位变大，电场严重畸变，设备的放电电压降低。通常使用在 110kV 及以上电压等级的带电作业中，带电作业人员穿戴屏蔽服进行防护。

（二）按作业人员与带电体的位置划分

按照作业人员与带电体的位置划分，带电作业可分为直接作业法和间接作业法。

1. 直接作业法

直接作业法是指作业人员直接与带电体接触而进行的各种作业，它的优点是极大简化作业工具和操作程序，能够完成许多细致、复杂的检修工作，取得理想的工作效果和效率；缺点是人体必须占据带电设备固有净空，使得带电设备的净空尺寸变小，因而应用范围受到限制。除了上述的等电位作业法，直接作业法还包括分相作业和全绝缘作业。

分相作业，即将中性点不直接接地的 35kV 及以下电力系统电气设备的一相人为接地，另两相升高为 $\sqrt{3}$ 倍的相电压运行，作业人员对接地相进行检修的作业。

全绝缘作业，即对作业相的邻近带电体或接地部分进行妥善的绝缘遮盖或将作业人员自身进行全绝缘，然后对带电体进行检修的作业。配网带电作业中常用到这种方法。

2. 间接作业法

间接作业法是指作业人员不直接接触导体，而是相隔一定距离，用各种绝缘工具对带电设备进行检修的作业。

间接作业人员以绝缘工具替代双手工作，难以完成远距离、复杂、细致的检修工作，这是它的突出缺点；间接作业人员无需占据带电设备固有净空，使它的应用范围不会受到电压等级和净空的限制，任何等电位作业工作都离不开间接作业的协助，这是间接作业法的突出优点。

第二节　配网不停电作业方法及原理

在配网不停电作业中，采用的作业方法主要有绝缘杆作业法、绝缘手套作业法和综合不停电作业法。前两种作业法均需对作业人员触及范围内的带电体和接地体进行绝缘遮蔽，在作业范围窄小、电气设备密集处，为保证作业人员对相邻带电体和接地体等非作业对象的有效隔离，在适当位置还应装设绝缘隔板等限制作业者的活动范围。综合不停电作业法需要对供电负荷进行转供、旁路、带电作业等方式，是多个班组协同完成的综合性作业，可以实现较大范围内的设备更换和线路改造等工作。

一、绝缘杆作业法

（一）定义

绝缘杆作业法是以绝缘工具为主绝缘，个人绝缘防护用具（如绝缘服、绝缘面罩、绝缘手套、绝缘裤、绝缘靴等）为辅助绝缘的作业方法。

作业人员通常使用脚扣、升降板登杆至适当位置，系上安全带，保持与带电体电压相适应的安全距离，作业人员用端部装配有不同工具附件的绝缘杆进行作业，如图 1–2 所示。由于作业中身体会和电杆碰触，所以杆上作业人员可看作始终处在地电位状态。

作业人员也可以在高架绝缘斗臂车绝缘斗中或绝缘平台上进行绝缘杆作业法，如图 1–3 所示。这种作业方式，人与大地（杆塔）及带电导体的电位均不

图 1–2　脚扣登杆绝缘杆作业法

图 1–3　高架绝缘斗臂车绝缘杆作业法

同，属于中间电位。本书中的绝缘杆作业法的登高方式采取脚扣和升降板，主要针对乡村道路不利于高架绝缘斗臂车进入、停放时采取的带电作业方式，是带电作业发展初始阶段或县级及以下供电部门提高供电可靠性的重要手段，机动性、便利性及空中作业范围不及高架绝缘斗臂车绝缘手套作业。

（二）原理

在作业范围窄小或线路多回架设，作业人员有可能触及不同电位的电力设施时，作业人员应穿戴个人绝缘防护用具，并使用绝缘遮蔽用具对带电体进行绝缘遮蔽。绝缘防护用具一般最少应戴绝缘帽和绝缘手套。作业中，杆上作业人员与带电体的关系是：大地（杆塔）→作业人员→（绝缘手套）绝缘杆→带电体。这时通过人体的电流有两个回路：① 带电体→绝缘杆（绝缘手套）→人体→大地，构成泄漏电流回路，其中绝缘杆为主绝缘，绝缘手套为辅助绝缘；② 带电体→空气（绝缘体）→人体→大地，构成电容电流回路，其中空气为主绝缘。这两个回路电流都经过人体流入大地。必须说明，电容电流回路不仅是工作相导线有，其他两相导线对人体也有，但距离较远，电容电流很小，可忽略不计，使问题得到简化。等值电路图如图 1－4 所示。

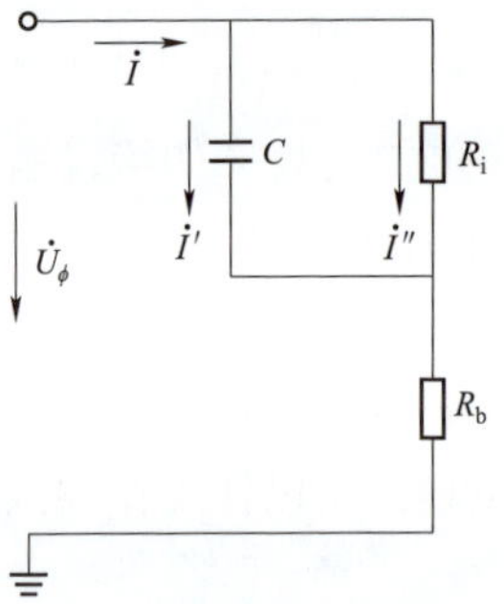

图 1－4　绝缘杆作业法等值电路

从图 1－4 可知，流过人体的电流为绝缘杆、绝缘手套的泄漏电流 I'' 和导体对人体的电容电流 I' 的相量和，即 $\dot{I}=\dot{I}'+\dot{I}''$。

带电作业所利用的环氧树脂类绝缘材料的电阻率都很高，如 3240 环氧酚醛层压玻璃布板的体积电阻率达到 $10^{18}\Omega\cdot\text{cm}$，常态下表面电阻率达到 $10^{13}\Omega\cdot\text{cm}$。制作成的工具，其绝缘电阻 R 以欧姆为单位的数量级可达到 10^{12} 以上。对于 10kV 配电线路，泄漏电流 I'' 为

$$I''=\frac{10\times10^3}{\sqrt{3}}/10^{12}\approx0.005(\mu\text{A})$$

所以绝缘杆等绝缘工具的泄漏电流，在正常的情况下，以安培为单位的数量级在 10^{-6} 以下，这比带电作业时人体安全电流 1mA 的要求小得多，所以使用合格的绝缘工具泄漏电流对间接作业人员无危害。

根据欧姆定律公式计算，电容电流 I'

$$I'=\frac{U_\phi}{X_C}=\omega CU_\phi=2\pi fCU_\phi \tag{1-1}$$

式中　U_ϕ——相电压，V；

ω——交流电角频率，$\omega=2\pi f$；

C——人体与带电体之间构成电容的电容量，据有关资料介绍，间接作业时，C=2.2～4.4）$\times10^{12}$F；

X_C——人体电容电抗，Ω，根据上述ω和C，X_C=（0.72～1.44）$\times10^{11}$Ω。

则电容电流I'为

$$I'=10\times10^3/(1.44\times10^9)\approx4(\mu A)$$

可见，人体电容电流是微安级的数量，远远小于人体的安全电流。但是，绝缘工具的绝缘状态直接关系到操作人员的生命安全，如果表面脏污了，有汗水、盐分存在，或绝缘严重受潮，那么泄漏电流将大大增加，就可能由于人为的疏忽造成麻电甚至触电事故。因此，在绝缘工具制作时要注意表面绝缘处理，使用时要保持表面干燥洁净，并注意妥善保管，防污、防潮。

此外，绝缘杆作业法也可应用在高架绝缘斗臂车或绝缘平台上，适用于如下场合：

（1）多回路装置或复杂装置上作为人手的延长部分，对难以直接到达的部位进行操作。

（2）在断、接引线时，当空载线路具有较大电容电流但还不需要使用专用消弧设备时，使引线接入或脱离带电设备。

（3）更换绝缘已破坏（具有较大的泄漏电流，但还未造成明显的短路）的设备时，使设备脱离带电线路等。

二、绝缘手套作业法

（一）定义

绝缘手套作业法是指作业人员站在高架绝缘斗臂车绝缘斗中或绝缘平台上，戴上绝缘手套直接接触带电体进行作业，如图1–5和图1–6所示。采用直接作业法作业时，作业人员必须使用全套个人绝缘防护用具（绝缘帽、绝缘手套、绝缘衣和绝缘靴）以及绝缘安全带。此时，高架绝缘斗臂车或绝缘平台作为带电导体与大地间的主绝缘，绝缘手套、绝缘衣和绝缘靴等个人绝缘防护用具以及其他绝缘遮蔽用具作为辅助绝缘。作业人员的电位低于导电体电位高于地电位，属于中间电位。

绝缘平台通常以绝缘人字梯、独脚梯、绝缘斗、绝缘支架等构成。安装在电杆上，能够在一定范围内左右水平旋转和上下升降，以得到较为灵活、机动的作业范围。作业时，绝缘平台起相对地之间的主绝缘作用。在被检修相或设备上作业之前，必须采用绝缘遮蔽用具对相邻相带电体及邻近地电位物体进行遮蔽或隔离。同时，作业人员必须穿戴全套绝缘防护用具，绝缘手套外应再套上防磨或防刺穿的防护手套。

高架绝缘斗臂车具有升空便利、机动性强、作业范围大、机械强度高、电气绝缘性能高、劳动强度低等优点，很适合交通方便的城市和郊区带电作业。但高架绝缘斗臂车也有局限性，如城市中的小街和小巷、农村、山区等，高架绝缘斗臂车开不进去。高架绝缘斗臂车的绝缘臂具有重量轻、机械强度高、绝缘性能好、憎水性强等特点，在带电作业时为人体提供相对地之间的主绝缘防护。绝缘斗具有高电气绝缘强度，与绝缘臂一起组成相对地之间的纵向绝缘。此外，若绝缘斗同时触及两相导线，不会发生沿面闪络。

图 1-5　绝缘斗臂车绝缘手套法作业

图 1-6　绝缘平台绝缘手套法作业

（二）原理

作业人员在作业时，忽略另外两相带电导体对人体的影响，计算经过人体的电流，等值电路图如图 1-7 所示。

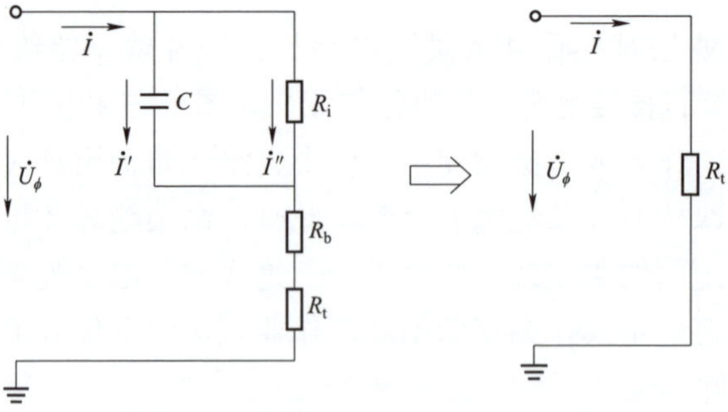

图 1-7　绝缘手套作业法等值电路图

图 1-7 中，C 为带电体对人体经空气间隙构成的电容量，R_i 为绝缘手套的绝缘电阻，R_b 为人体电阻，R_t 为高架绝缘斗臂车或绝缘平台的绝缘电阻。由于人体电容电抗 X_C 及 R_b 远小于 R_t，为简化分析，可忽略不计。可以看到，通过

人体的电流的大小主要取决于绝缘车或绝缘平台的绝缘性能。

必须注意的是，作业人员在装置近旁作业的时候，应注意其他的触电回路，如横担→人体→带电导体、带电导体→人体→邻相带电导体等。在这些触电回路中，除了对地电位物件（横担等）和带电导体进行绝缘遮蔽隔离外，人体对非接触的导体或构件间还应保持一定的空气间隙。此时，高架绝缘斗臂车已起不到主绝缘保护的作用，空气间隙才是主绝缘保护。由于作业中空气间隙也不一定能保持固定，个人绝缘防护用具的使用显得尤为重要。对于已设置的绝缘遮蔽措施，作业中禁止人员长期接触，只能允许偶然性的“擦过接触”，并且禁止接触绝缘遮蔽措施保护区以外的部分，如边沿部分。

三、综合不停电作业法

（一）带负荷作业法

带负荷作业法是指线路或设备在运行且有负荷电流的情况下进行的检修作业。主要应用于带负荷更换跌落式熔断器、柱上断路器、柱上负荷开关、柱上隔离开关、线夹、引线等开关设备或线路装置，或应用于直线杆改耐张杆、终端杆等改变线路装置的作业中。负荷电流的大小对作业安全有重要的影响，所选用的分流设备的截面大小、两端线夹的载流容量应能满足最大负荷电流的要求。最大负荷电流的大小可以根据系统接线、回路导线材料和线径、设计资料等进行估算；也可以使用钳形电流表检测回路实际负荷电流的大小，再考虑负荷电流的波动及过负荷等情况来估算。

（1）带负荷更换开关设备时，应使用相应电压等级和通流能力（包括导体截面积、两端线夹载流能力，对于分流用的专用开关，还需考虑其切断、接通电流的能力）的绝缘分流线或其他分流专用设备。

（2）在短接开关设备前，应确保开关处于合闸位置。可以通过开关操作机构位置以及使用钳形电流表测设备引线负荷等多种手段进行确认。对于断路器，短接前应先取下断路器跳闸回路熔断器，并锁死跳闸机构。

（3）带负荷作业不应改变系统的原有接线结构。如更换柱上隔离开关可以直接用绝缘分流线进行短接；更换跌落式熔断器或负荷开关、断路器等在短接回路应有开关装置。

（4）短接前一定要核对相位，以防短接过程中发生相间短路并发生严重拉弧。

（5）组装分流设备的导线处应清除氧化层，且线夹接触应牢固可靠。严禁使用酒精、汽油等易燃品擦拭带电体及绝缘部分，防止起火。

（6）待更换的开关设备应有试验报告，并在现场检查其绝缘电阻合格，安装后需进行试操作检查。

（二）旁路作业法

旁路作业法是指应用旁路柔性电缆、旁路负荷开关等临时载流的旁路线路和设备，将需求停电的运行线路或设备（如线路、断路器、变压器等）转由旁路线路或设备替代运行，再对原来的线路或设备进行停电检修、更换，作业完成后再恢复正常接线供电方式，最后拆除旁路线路或设备，实现整个过程对用户不停电作业，如图 1-8 所示。

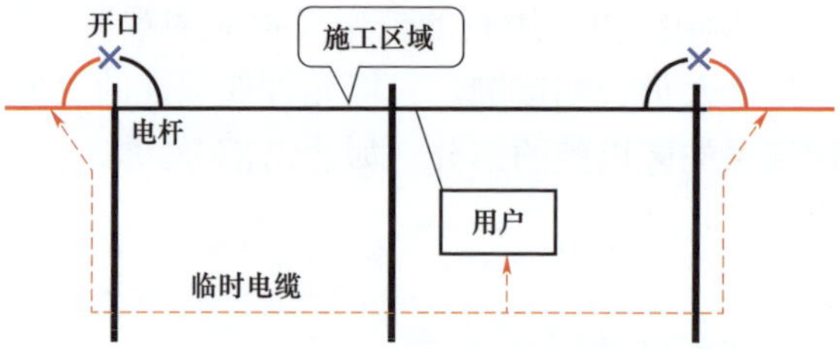

图 1-8　旁路作业法原理图

旁路作业法是在常规带电作业中注入新的理念，它是将若干个常规带电作业项目有机组合起来，实现“不停电作业”。由此可看出，只要将旁路作业和常规带电作业灵活地组合起来，可以彻底改变现在电网作业以停电作业为主、带电作业为辅的局面。

四、移动电源法

电网的很多作业，如配电变压器的更换（增容）、迁移杆线、更换导线等作业项目，无法直接采用带电作业来实现。但是，如果采用把需检修的线路或设备从电网中分流出来，利用移动电源对用户连接供电，作业完成后再恢复正常接线的供电方式，最后拆除移动电源，可实现整个过程对用户少停电或不停电。这是移动电源法的基本思路，而移动电源可以是移动发电车、应急电源车或移动箱式变压器等，如图 1-9 和图 1-10 所示。

图 1-9　0.4kV 移动发电车作业

图 1-10　10kV 移动发电车作业

第三节　配网不停电作业安全防护

保证带电作业安全的技术条件是：

（1）流过人体的稳态电流不超过人体的感知水平 1mA、暂态电击不超过人体的感知水平 0.1mJ。

（2）人体体表局部场强不超过人体的感知水平 2.4kV/cm。

（3）保证可能导致对人体放电的那段空气距离（安全距离）足够大。

一、电流防护

（一）人体触电方式

一般带电作业中人体触电的方式有单相触电、两相触电、跨步电压和接触电压触电。而触电电流的大小和系统中性点运行方式密切相关，我国 10kV 配电网中性点的运行方式为：

（1）不接地。电网的单相接地电流小于等于 30A 时，中性点采用不接地运行方式。

（2）经消弧线圈接地。如不满足第一个条件，则采用中性点经消弧线圈接地运行，且将单相接地电流限制在 10A 以内。

（3）经低阻抗接地。以电缆为主的城市电网，系统中性点采用经低阻抗接地的运行方式，属于中性点有效接地系统，发生单相接地时电流在 600～1000A 范围内。

前两种接地方式属于中性点非有效接地系统，在发生单相接地时，三相系统仍旧保持对称，变电站开关不会跳闸，系统可继续运行 2h。最后一种接地方式当发生单相接地时，变电站开关瞬时跳闸。

1. 单相触电

（1）中性点不接地系统。中性点不接地系统不能误认为单相触电时没有明显的导电体形成通电回路，对人体威胁不大而疏忽大意。分析电路如图 1－11 所示。

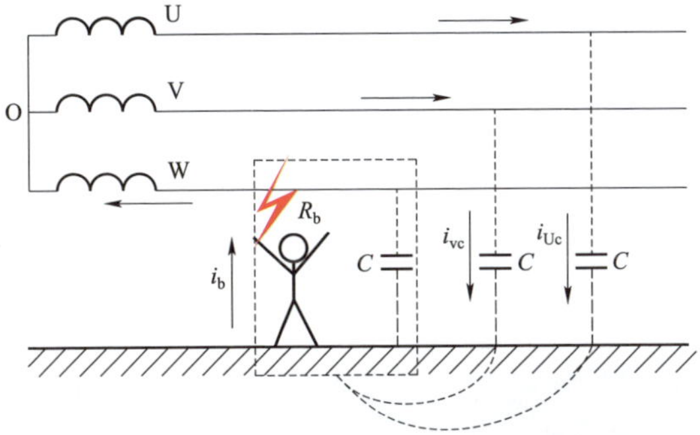

图 1－11　中性点不接地系统发生单相触电原理图

当人体电阻一定（1500Ω）时，以一个单相接地电流为 $I_c=30A$ 的 10kV 系统来估算，则 $Z_c=\frac{3U_\phi}{I_c}=\frac{3\times10\times10^3/\sqrt{3}}{30}\approx577(\Omega)$，在这样的 10kV 电网中经人体发生单相接地短路，流过人体的电流为

$$I_b=\frac{3U_\phi}{|Z_c+3R_b|}=\frac{3\times10\times10^3/\sqrt{3}}{\sqrt{577^2+9\times1500^2}}\approx3.82(A)$$

如果不是经人体发生接地短路，而是发生金属性接地短路，则相当于人体电阻 $R_b=0$，那么限制回路电流的阻抗就是导线对地电容的容抗，所以 $I_b\approx 3\omega C_0LU_\phi$，这就是单相金属性接地时接地电流（容性）的公式。

（2）中性点经消弧线圈接地系统。分析电路如图 1－12 所示。

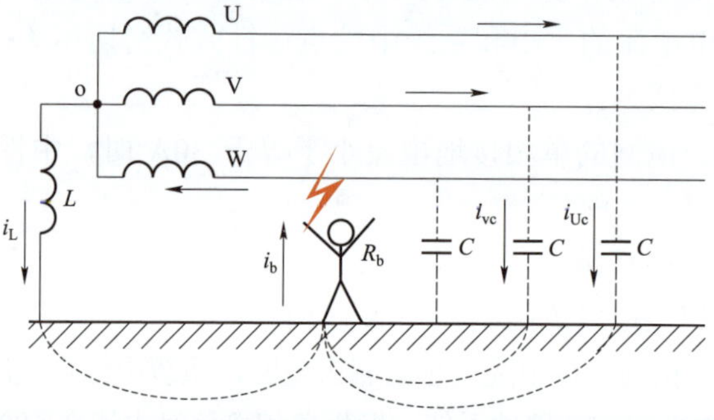

图 1－12　中性点经消弧线圈接地系统发生单相触电原理图

当消弧线圈的 $X_L=\frac{1}{3}X_C$，即 $L=\frac{1}{3\omega^2C}$（消弧线圈采用全补偿方式，系统处于谐振状态，不采用）时，通过人体的触电电流等于 0。但由于中性点经消弧线圈接地系统，消弧线圈的补偿方式通常采用过补偿方式，且在发生单相金属性接地时其补偿后的接地点处电流要求小于 10A，所以发生人身单相触电经过人体电阻后，触电电流比 10A 小。

（3）中性点经低阻抗接地系统。中性点经底阻抗接地系统，其中性点接地经过的低阻抗元件阻抗很小，与人体电阻相比可以忽略，当发生单相触电时，可以当作中性点直接接地系统来处理，流过人体的电流为

$$I_b=\frac{U_{N\phi}}{R_b}=\frac{10\ 000/\sqrt{3}}{1500}\approx3.85(A)$$

2. 两相触电

人体同时与两相导线接触时，电流就由一相导线通过人体流至另一相导线。两相触电不论电网是否中性点接地，也不论人体与大地是否绝缘，触电的情形

都一样。

两相触电时，通过人体的电流为$I_b = \frac{U_N}{R_b}$。

如在 10kV 线路上发生两相触电，人体电阻为 1500Ω，流过人体的电流为

$$I_b = \frac{U_N}{R_b} = \frac{10\ 000}{1500} = 6.67\text{（A）}$$

（二）人体的安全电流

触电时，人体受害程度决定于通过人体的电流即电击。电击一般分为稳态电击和暂态电击。稳态电击电流的持续时间较长，频率与电网频率基本一致。表 1－1 列出了在稳态电击下人体表现的特征。

表 1－1　稳态电击下人体表现的特征

电流（mA）	50Hz 交流电流	直流电
0.6～1.5	手指开始感觉麻	没有感觉
2～3	手指感觉强烈麻	没有感觉
5～7	手指感觉肌肉痉挛	感到灼伤和刺痛
8～10	手指关节和手掌感觉痛，手已难于脱离电源，但仍能摆脱	灼热增加
20～25	手指感觉剧痛，迅速麻痹，不能摆脱电源，呼吸困难	灼热更增，手的肌肉开始痉挛
50～80	呼吸麻痹，心房开始震颤	强烈灼痛，手的肌肉痉挛，呼吸困难
90～100	呼吸麻痹，持续 3s 或更长时间后心脏麻痹或心房停止跳动	呼吸麻痹

当不同数值电流作用到人体的神经系统时，由于神经系统对电流的敏感性很强，人体将表现出不同的反应特征。并且交流电和直流电比较，交流电流对人体的危害更严重。

触电伤害的程度与以下几个因素有关。

1. 电流大小

电流是触电伤害的直接因素，电流越大，伤害越严重。一般通过人体的交流电流（50Hz）超过 10mA（男性约 13.7mA、女性约 10.6mA），直流电流超过 50mA 时，触电人就不容易自己脱离电源了。

2. 电压高低

作用于人体的电压较高时，可能造成人体皮肤的首先击穿，人体电阻会急剧下降，使通过人体的电流大为增加，因此电压越高越危险。

3. 人体电阻

人体电阻主要决定于皮肤的角质层。皮肤完好干燥时电阻大，如果皮肤破损或大量出汗或受到电击，人体电阻会显著降低，电流急剧增大。

4. 电流通过人体的途径

电流通过人体的路径不同，使人体出现的生理反应及对人体的伤害程度是不同的。电流路径与流经心脏的电流的比例关系如表 1–2 所示。左手至脚的电流途径，由于流经心脏的电流与通过人体总电流的比例最大，因而是最危险的；右手至脚的电流路径的危险性相对较小；左脚至右脚这一电流途径，危险性小，但人体可能因痉挛而摔倒，导致电流通过全身或发生二次触电而产生严重后果。

表 1–2　　触电时电流流经人体的途径

电流途径	左手至脚	右手至脚	左手至右手	左脚至右脚
流经心脏的电流与通过人体总电流的比例（%）	6.4	3.7	3.3	0.4

5. 触电时间长短

触电时间越长越危险。有时虽然触电电流只有 20～30mA，但由于触电时间长，电流通过心脏，造成心脏颤动，直至心脏停止跳动。一般认为触电电流的毫安数乘触电时间的秒数超过 50mA·s，人就有生命危险，所以触电时迅速脱离电源最重要。

6. 人的精神状态

人的生理和精神上的好坏对触电后果也有影响。心脏病、内分泌失调病、肺病等患者触电比较危险；醉酒、过度疲劳、出汗过多等，也往往可以促成触电事故的发生和增加触电伤害程度。

50Hz 交流电流 10mA 以下、直流电流 50mA 以下时，虽然使人有麻电、热、痛的感觉，但是对人还没有别的伤害，并且有可能自己脱离电源。但大于上述数值的电流就很危险了。所以一般安全技术规定 50Hz 交流电流 10mA 和直流电流 50mA 为人体的安全电流。

带电作业是高危作业，作业中作业人员长时间接触带电体，人体安全电流的取值比一般规定要小得多，为 1mA。另外，1mA 也是衡量带电作业绝缘工具好坏的物理量。

（三）防止人身触电的原理

触电时，通过人体的电流与加在人体上的电压成正比，与回路阻抗成反比。如果在触电回路中，作用于人体的电压极小或回路阻抗极大，那么流过人体的电流就会很小。当通过人体的电流小于带电作业安全电流时，就能保证带电作业人员不会遭到触电伤害。因此，可以从两条途径着手降低带电作业时通过作业人员的电流。

1. 减少作用于人体的电压

带电作业时退出线路重合闸的措施，以及安规禁止在有雷电情况下进行带电作业等均是为了避免带电作业中过电压（前者为开关连续开断、合闸而产生的操作过电压，后者为大气过电压）对带电作业的安全造成影响。

2. 增大触电回路的阻抗

在 10kV 中性点不接地系统中，运行人员穿戴绝缘手套并使用绝缘性能良好的绝缘杆，站在地面或电杆上操作高压跌落式熔断器保险丝具时，由于绝缘手套和绝缘杆的绝缘电阻增大了“带电体—人体—大地”这个触电回路的阻抗，有效限制了触电电流。假设操作杆和绝缘手套的绝缘电阻达到 1000MΩ（绝缘杆的电阻一般可达到 $10\times10^{13}\Omega$），那么通过人体的电流为

$$I_{\mathrm{b}}=\frac{3U_{\phi}}{\left|Z_{\mathrm{c}}+3R_{\mathrm{b}}\right|}=\frac{3\times10\times10^{3}/\sqrt{3}}{\sqrt{Z_{\mathrm{c}}^{2}+9\times(10^{9})^{2}}}\leqslant5.774\times10^{-15}\ (\mathrm{A})$$

可见，增大触电回路阻抗可使通过人体的电流远小于带电作业的安全电流 1mA。

二、电场、静电感应的防护

（一）电场的防护

GB/T 6568—2008《带电作业用屏蔽服装》中规定，带电作业时人体体表场强的允许值为 240kV/m。数十年来，国内有关单位针对带电作业环境下的人体表面电场强度与人体感应电流进行了大量研究，在研究过程中发现对 10、20kV 电压等级配电网络的带电作业来说，工频电场对人体的安全不构成威胁，所以研究数据相对较少。

（二）静电感应的防护

1. 暂态电击情况

（1）人体对地绝缘。当作业人体对地绝缘时，因静电感应使人体处于某一电位，此时，如果人体的暴露部位（如人手）触及接地体，人体上的感应电荷通过接触点对接地体放电。

（2）人体处于地电位。对地绝缘的金属物体在电场中，由于静电感应在表面感应出异性电荷。感应电荷总是分布在导体表面，且其分布与导体便面的曲率半径有关，平滑处电荷稀少，电位较低；尖端、棱角、弯曲度大的部位电荷较为密集，电位较高。当处于地电位的作业人员用手触摸金属物体时，金属物体上的感应电荷通过人体对地放电。

2. 静电感应的防护

（1）退出运行的电气设备，只要附近有强电场，所有绝缘体上的金属部件，在没有接地前，处于地电位的人员禁止裸手直接或通过金属工器具间接接触。

（2）使用高架绝缘斗臂车进行带电作业时，车体由于静电感应现象或车辆绝缘不合格泄漏电流过大导致与大地存在电位差，车体周围的人员接触车体可能由于接触电压触电造成伤害，同时静电感应现象可能对绝缘车油路系统造成影响。车体的良好接地可以对静电感应现象起到防护作用，特别应注意的是当高架绝缘斗臂车使用枕木作为支腿垫板以及高架绝缘斗臂车停放在沥青路面进行工作时，由于枕木和沥青路面都有一定的绝缘性能，车体更应良好接地。

（3）已经断开或未接通电源的空载相线，无论其长短，在邻近导线有电时，空载相线有感应电压。处于地电位的人员不准直接用手碰触，并应保持足够的距离，只有使用绝缘工具将其良好接地后，才能触及；中间电位作业人员不准在没有防护的情况下串入其与地电位杆塔构件的电路中。

（4）为避免配电线路带电作业中感应电压的危害，带电作业人员必须使用个人绝缘防护用具以阻断感应电压引起的暂态电击放电回路。

三、带电作业安全距离、绝缘有效长度

（一）过电压

1. 正常运行时的工频电压

设备都有其最高工作电压，所谓最高工作电压，是指制造厂根据该设备的绝缘条件，保证它可以长期稳定运行的线电压（或相电压）的有效值，一般比额定电压高 10%～15%。一般 220kV 及以下电压等级最高电压标幺值 K 取 1.15（66kV 例外，为 1.1）。

带电作业时，工频电压即正常运行电压长时间作用在电气设备和带电作业工具上，所以设计带电作业工具时，必须充分考虑工频电压对绝缘工具热效应的影响。

2. 内部过电压

内部过电压是由系统内部断路器操作、系统故障或其他原因引起的电网电压升高。根据它们的特点可以分为两大类：短时过电压和操作过电压。短时过电压又可分为工频过电压和谐振过电压。

内部过电压的能量来源于电网本身，所以它的形成与系统的接线方式、设备参数、故障性质及操作过程等因素有关，是在电力系统额定电压的基础上发展的，其幅值大体随着电力系统额定电压的升高而按比例增大，通常用电力系统最高运行相电压幅值的倍数来表示。内部过电压的范围通常为最高运行相电压幅值的 2.2～4 倍。

（1）短时过电压。

1）工频过电压。电力系统在正常或故障时可能出现幅值超过最大工作相电压，频率为工频或接近工频的电压升高，统称为工频过电压。出现工频过电压的原因为不对称接地故障、发电机突然甩负荷、空载长线路的容升效应等。不对称接地故障是线路常见的故障形式，其中以单相接地故障最多，引起的工频电压升高一般也最严重。在中性点不接地系统中，单相接地时非接地相的对地工频电压可升高到1.9倍相电压，甚至更高。工频过电压的幅值不大但其持续时间较长，能量较大，所以通常作为带电作业绝缘工具泄漏距离的依据。

2）谐振过电压。由于电力系统中电感与电容参数在特定配合下发生谐振引起的过电压，称为谐振过电压，如线性谐振过电压、非线性（铁磁）谐振过电压、参数谐振过电压等。这种过电压幅值较高，持续的时间较长。

（2）操作过电压。操作过电压产生的原因是断路器对线路或其他电器进行各种正常或故障分、合闸操作引起的电压振荡以及间歇性电弧短路、系统解列、中性点不接地系统的弧光接地等。操作过电压的特点是幅值较高、持续时间短、衰减快。

1）空载线路合闸过电压。空载线路的合闸有两种情况，即计划性的正常合闸操作和故障情况下的自动重合闸。由于初始条件的差别，特别是长线路故障下的重合闸过电压是合闸过电压中较为严重的。自动重合闸是指线路运行中发生短路故障，如中性点有效接地系统发生单相故障，继电保护系统控制跳闸后，经短促时间再合闸。再合闸前，健全相空载线路上有残余电荷，且电荷没有泄漏、衰减，如在电源电势极性改变并达到最大值时重合闸，非故障相上产生的振荡电压较高，残余电压叠加的结果使线电压最大幅值可达3倍工频稳态值。

2）切空载长线过电压。在切除空载线路过程中，如断路器开断，电弧熄灭后电流为零，线路上的残留电压达到最大值且维持不变，而断路器电源侧的电压仍按余弦规律变化，此时如果断路器触头间去游离能力很强，介质耐电强度恢复很快，则电弧不会重燃，线路被切除，无论在电源侧或线路侧都不会产生任何过电压；但是如果断路器灭弧性能较差，断口间电弧重燃，将会产生过电压。一般中性点不接地或直接接地系统中可达3～3.5倍的最高运行相电压。在中性点不接地或经消弧线圈接地系统中，由于断路器三相分闸的不同期性引起中性点对地电位发生偏移，切除长空载线路时的过电压比中性点直接接地电网高20%左右。

3）投、切电感性负载的过电压。电力系统中常有断开感性负载的操作，如投切空载变压器、电抗器及电动机等。220kV及以下系统一般不考虑。

4）电弧接地过电压。电弧接地过电压只发生在中性点不直接接地的电网中。在中性点绝缘的电网中，如果单相通过不稳定的电弧接地，即接地点的电弧间歇性地熄灭和重燃，则在电网健全相和故障相上都会产生过电压，称为电弧接地过电压。一般不超过最高运行相电压的3倍，个别的可达3.5倍。消弧线圈可有效减小接地电流，从而抑制接地点电弧的间歇性熄灭和重燃。

由于各种因素的存在，过电压产生时可能几种过电压发生叠加，根据实测结果统计，各电压等级的最高工作电压、工频过电压、操作过电压的最大倍数归纳如表1–3所示。

表1–3　各电压等级最高工作电压、工频过电压、操作过电压的最大倍数

额定电压（kV）	10	20	35
最高工作电压（kV）	11.5	23	40.25
工频过电压倍数 K	1.4～1.9		
操作过电压倍数 K	4	4	4

注　10kV系统的相间操作过电压按惯用值44kV（有效值）计算。

（二）安全距离

为了保证人身安全，作业人员与不同电位物体之间应保持的各种最小空气间隙距离的总称，称为安全距离。安全距离包含最小安全距离、最小对地安全距离、最小相间安全距离、最小安全作业距离和最小组合间隙。通常，最小安全距离是按电网正常运行时可能出现的最高运行电压下，作业人员在活动范围内，空气间隙在操作过电压条件下，出现间隙放电的危险率水平小于 1.0×10^{-5} 而确定的。如遇雷电不得进行带电作业，所以配电线路带电作业的安全距离根据系统最大操作过电压按绝缘配合惯用法计算和推荐。

1. 空气间隙的电气绝缘特性

空气是一种优良的气体绝缘材料，其击穿放电特性与电极形状、电极间距、电压类型等密切相关。空气的击穿电压具有较大的分散性，故用50%放电电压来表示某一空气间隙耐受操作电压的平均绝缘性能。50%放电电压的含义为选定某一固定幅值的标准冲击电压，施加到一个空气间隙上，如果施加电压的次数足够多，且间隙被击穿的概率为50%时（即有50%的次数间隙被击穿），则所选定的电压即为50%放电电压，用 U_{50} 来表示。此外，温度、气压、海拔等对空气间隙的放电电压也有一定的影响。

2. 带电作业的安全距离

（1）最小安全距离。最小安全距离是为了保证人身安全，地电位作业人员与带电体之间应保持的最小空气距离。在这个安全距离下，带电作业时，在操作过电压下不发生放电，并有足够的安全裕度。

（2）最小对地安全距离。最小对地安全距离是为了保证人身安全，等电位作业人员与周围接地体之间应保持的最小距离。等电位作业人员对地的安全距离等于地电位作业人员对带电体的最小安全距离。

（3）最小相间安全距离。最小相间安全距离是为了保证人身安全，等电位作业人员与邻相带电体之间应保持的最小距离。

（4）最小安全作业距离。最小安全作业距离是在带电线路杆塔上进行的不接触带电体的工作时，为了保证人身安全，考虑到工作中必要的活动，作业人员在作业过程中与带电体之间应保持的最小距离。确定最小安全作业距离的原则是，在最小安全距离的基础上增加一个合理的人体活动增量，一般而言，增量可取 0.5m。

（5）最小组合间隙。最小组合间隙是为了保证人身安全，在组合间隙中的作业人员处于最低的 50%操作冲击放电电压位置时，人体对接地体与对带电体两者应保持的距离之和，配电系统中还应包括人体对带电体与对邻相带电体两者之间应保持的距离之和。需要强调的是采取绝缘手套作业法时，人体处在一悬浮电位即中间电位，带电体对地之间的电压由绝缘材料和人体对带电体、人体对大地或接地体的组合间隙共同承受，但人体与带电体间的距离非常小，同时还必须考虑手套在作业中可能被刺穿，为保证作业的安全，人体对地的安全距离和人体与邻相带电体的安全距离等均参照等电位作业人员的安全距离。

配电线路带电作业的各种安全距离见表 1-4。

表 1-4　　配电线路带电作业的各种安全距离

电压等级（kV）	最小安全距离（m）	最小对地安全距离（m）	最小相间安全距离（m）	最小安全作业距离（m）
10	0.4	0.4	0.6	0.7
20	0.5	0.5	0.7	1.0

注　此表数据均在海拔 1000m 以下，如海拔超过 1000m，则应进行校正。

（三）绝缘工具有效绝缘长度

有效绝缘长度是指绝缘工具在使用过程中遇到各类最大过电压不发生闪络、击穿，并有足够安全裕度的绝缘尺寸，见表 1-5。有效绝缘长度按绝缘工具使用中的电场纵向计算，并扣除金属部件的长度。有效绝缘长度的绝缘水平由固体绝缘的性能和周围空气的绝缘性能决定。

表 1-5　　绝缘工具有效绝缘长度

电压等级（kV）	有效绝缘长度（m）	
	绝缘杆	绝缘承力工具、绝缘绳索
10	0.7	0.4
20	0.8	0.5

在同一长度的空气间隙和绝缘工具上进行电性能试验，前者的放电电压较后者高 6%～10%。根据试验，当绝缘工具的长度在 3.5m 以下时，其沿绝缘体表面的放电电压基本等于空气间隙的击穿电压，说明绝缘工具在一定距离下能承受较高的电压，所以支、拉吊杆等承力工具和绝缘绳索的最短有效绝缘长度规定等于空气的最小安全距离。而由于绝缘杆是一种手持操作工具，绝缘工具顶部在操作过程中往往会越过带电设备一段距离而使这段距离失效，故较绝缘承力工具的长度增加 0.3m，以弥补上述失效的绝缘段。

第四节　不停电作业复杂项目作业规范

一、带电断、接空载电缆连接引线

（1）禁止带负荷断、接引线。

（2）禁止用断、接空载线路的方法使两电源解列或并列。

（3）带电断、接架空线路与空载电缆线路的连接引线，作业人员应戴护目镜，并应采取消弧措施，不得直接带电断、接。断、接电缆引线前应检查相序并做好标志。

（4）带电断、接的 10kV 空载电缆长度不宜大于 3km。

（5）当空载电缆电容电流大于 0.1A 时，应使用消弧开关进行操作。

（6）带电接入架空线路与空载电缆线路的连接引线之前，应确认电缆线路试验合格，对侧电缆终端连接完好，接地已拆除，并与负荷设备断开。

（7）带电断开架空线路与空载电缆线路连接引线之前，应通过测量引线电流确认电缆处于空载状态。

（8）带电断开连接引线，应由近至远、逐相进行，并遵循以下步骤：

1）确认消弧开关处于断开状态。

2）分别将消弧开关两端连接至架空线路及电缆线路，并确认连接良好。

3）合上消弧开关。

4）带电断开架空线路与电缆线路连接引线。

5）断开消弧开关。

6）带电拆除消弧开关。

（9）带电接入电缆线路引线，应由远至近、相进行，并遵循以下步骤：

1）确认消弧开关处于断开状态。

2）分别将消弧开关两端连接至架空线路及电缆线路，并确认连接良好。

3）合上消弧开关。

4）带电连接架空线路与电缆线路连接引线。

5）断开消弧开关。

6）带电拆除消弧开关。

二、带电短接设备

（1）用绝缘分流线或旁路电缆短接设备时，短接前应核对相位，载流设备应处于正常通流或合闸位置。断路器（开关）应取下跳闸回路熔断器，锁死跳闸机构。

（2）短接开关设备的绝缘分流线的截面积和两端线夹的载流容量，应满足最大负荷电流的要求。

（3）带负荷更换高压隔离开关（刀闸）、跌落式熔断器，安装绝缘分流线时应有防止高压隔离开关（刀闸）、跌落式熔断器意外断开的措施。

（4）绝缘分流线或旁路电缆两端连接完毕且遮蔽完好后，应检测通流情况是否正常。

（5）短接故障线路、设备前，应确认故障已隔离。

三、带电立、撤杆

（1）作业前，应检查作业点两侧电杆、导线及其他带电设备是否固定牢靠，必要时应采取加固措施。

（2）作业时，杆根作业人员应穿绝缘靴、戴绝缘手套，起重设备操作人员应穿绝缘靴。起重设备操作人员在作业过程中不得离开操作位置。

（3）立、撤杆时，起重工器具、电杆与带电设备应始终保持有效的绝缘遮蔽或隔离措施，并有防止起重工器具、电杆等的绝缘防护及遮蔽器具绝缘损坏或脱落的措施。

（4）立、撤杆时，应使用足够强度的绝缘绳索作拉绳，控制电杆的起立方向。

四、高压电缆旁路作业

（1）采用旁路作业方式进行电缆线路不停电作业时，旁路电缆两侧的环网柜等设备均应带断路器（开关），并预留备用间隔。负荷电流应小于旁路系统额定电流。

（2）旁路电缆终端与环网柜（分支箱）连接前应进行外观检查，绝缘部件表面应清洁、干燥，无绝缘缺陷，并确认环网柜（分支箱）柜体可靠接地；若选用螺栓式旁路电缆终端，应确认接入间隔的断路器（开关）已断开并接地。

（3）电缆旁路作业，旁路电缆屏蔽层应在两终端处引出并可靠接地，接地线的截面积不宜小于 $25mm^2$。

（4）采用旁路作业方式进行电缆线路不停电作业前，应确认两侧备用间隔断路器（开关）及旁路断路器（开关）均在断开状态。

（5）旁路电缆使用前应进行试验，试验后应充分放电。

（6）旁路电缆安装完毕后，应设置安全围栏和“止步、高压危险！”标示牌，防止旁路电缆受损或行人靠近旁路电缆。

（7）不停电检修电缆线路，应遵循以下步骤：

1）确认负荷电流小于旁路系统额定电流。

2）确认两侧备用间隔开关及旁路开关已断开。

3）将旁路系统两端的电缆终端连接至备用间隔。

4）合上送电侧备用间隔开关。

5）合上受电侧备用间隔开关，在旁路开关两侧核相后，合上旁路开关，使旁路系统投入运行，并监视旁路电缆电流。

6）断开待检修电缆线路两侧的开关。

7）实施电缆线路检修，完成后投入运行。

8）顺序断开受电侧、送电侧备用间隔开关。

9）拆除旁路设备。

（8）短时停电检修电缆线路，应遵循以下步骤：

1）确认负荷电流小于旁路系统额定电流。

2）断开待检修电缆线路两侧的开关，拆除与此开关连接的电缆终端。

3）确认两侧开关已断开。

4）将旁路系统两端的终端连接至待检修电缆线路两侧的开关。

5）确认旁路系统与原系统相序一致。

6）合上送电侧开关。

7）合上受电侧开关，使旁路系统投入运行。

8）监视旁路电缆电流。

9）实施并完成电缆线路检修。

10）参照 2）～7）的操作顺序，退出旁路系统，恢复已检修电缆线路运行。

第二章　配电网线路和电气设备

第一节　配电网概念和接线方式

配电网是电力系统的重要组成部分，是发电和用电之间的传输纽带，主要功能是从输电网接收电能，并逐级分配或就地消费，即将高压电能降至既方便运行又适合用户需要的各种电压，组成多层次的配电网，向用户供电。

一、配电网的分类

配电网按电压等级的不同，可又分为高压配电网（110、63、35kV）、中压配电网（20、10、6、3kV）和低压配电网（220、380V）；按供电地域特点不同，可分为城市配电网和农村配电网；按配电线路不同，可分为架空配电网、电缆配电网以及架空电缆混合配电网。

（1）高压配电网。高压配电网是指由高压配电线路和相应等级的配电变电站组成的向用户提供电能的配电网。其功能是从上一级电源接收电能后，可以直接向高压用户供电，也可以通过变压器为下一级中压配电网提供电源。高压配电网可分为110、63、35kV三个电压等级，城市配电网一般采用110kV作为高压配电电压。高压配电网具有容量大、负荷重、负荷节点少、供电可靠性要求高等特点。

（2）中压配电网。中压配电网是指由中压配电线路和配电变电站组成的向用户提供电能的配电网。其功能是从输电网或高压配电网接收电能，向中压用户供电，或向用电小区负荷中心的配电变电站供电，再经过降压后向下一级低压配电网提供电源。中压配电网具有供电面广、容量大、配电点多等特点。我国中压配电网采用10kV为标准额定电压。

（3）低压配电网。低压配电网是指由低压配电线路及其附属电气设备组成的向用户提供电能的配电网。其功能是以中压配电网的低压配电变压器为电源，将电能通过低压配电线路直接送给用户。低压配电网的供电距离较近，低压电源点较多，一台中压配电变压器就可作为一个低压配电网的电源，两个电源点之间的距离通常不超过几百米。低压配电线路供电容量不大，但分布面广，除一些集中用电的用户外，大量是供给城乡居民生活用电及分散的街道照明用电等。低压配电网主要采用三相四线制、单相和三相混合系统。我国规定采用单相 220V、三相 380V 的低压额定电压。

（4）电缆配电网。电缆配电线路是指将电力电缆直接埋于地下、水下或敷设在管道中向用户配送电能的电力线路。电缆配电网与架空配电网的功能相同，但电缆的建设和运行费用昂贵。在城市发展过程中，随着负荷密度的增高，会逐步将架空线入地，增加电缆线路的比重，而形成电缆配电网。中、高压的电缆配电网目前以环形接线或多回路供电方式为主。

二、配电网的特点

城市配电网的主要特点：① 在城市中心地区和居民密集点，负载相对集中，发展速度快；② 用户对供电质量要求高；③ 配电网设计标准较高，配电设施要求较高，供电的可靠性要求较高；④ 配电网接线较复杂，必须保证调度的灵活性、运行的供电连续性和经济性；⑤ 随着配电网自动化水平的提高，要求供电管理水平越来越高。

农村配电网的主要特点：① 供电线路长，分布面积广，负载小而分散；② 用电季节性强，设备利用率低；③ 发展速度快，建设规划、设计施工等方面存在不足；④ 农电用户多为乡镇企业、农业和农民生活用电，多采用架空导线，线路故障多，用户安全用电知识有待提升。

三、中压配电网结构型式

10kV 架空线路配电网常用典型接线有架空辐射式、多分段单联络、多分段多联络等型式，10kV 电缆线路配电网常用典型接线有电缆单射网、电缆双射网、电缆单环网以、电缆双环网以及 N 供 1 备、“$N-1$”单环等型式。在配电网规划与建设改造中，应根据配电网优化准则，以城市中低压配电网建设与改造技术原则为依据，结合本地区配电网络的实际情况，通过对供电区域的用电性质、负荷密度的分析与研究，确定安全可靠、经济实用的配电网接线方式。下面简单介绍几种常见网架结构。

1. 单电源辐射网

单电源辐射网是一种接线简单清晰、运行方便、建设投资少的配电网络，适用于城郊或农村非重要用户的架空线路。当线路或设备故障、检修时，用户停电范围大，系统供电可靠性较差。

单电源辐射网主干线路一般要求分 3～4 段，每段线路配电变压器装接容量应控制为 2.5～3MVA，供电半径宜为 3～5km。如图 2-1 所示。

由于辐射网络不存在线路故障后的负荷转移，可以不考虑线路的备用容量，每条线路可满载运行，即正常最大供电负荷不超过该线路安全载流量。在条件允许情况下，主干线路分段开关可采用智能开关和柱上重合器，尽可能快速切除线路故障。

图 2-1　单电源辐射网

2. 手拉手环网

手拉手环网是目前配电网络中广泛采用的一种接线方式，通过主干线路之间的直接联络，实行环网接线，开环运行。如图 2-2 所示。

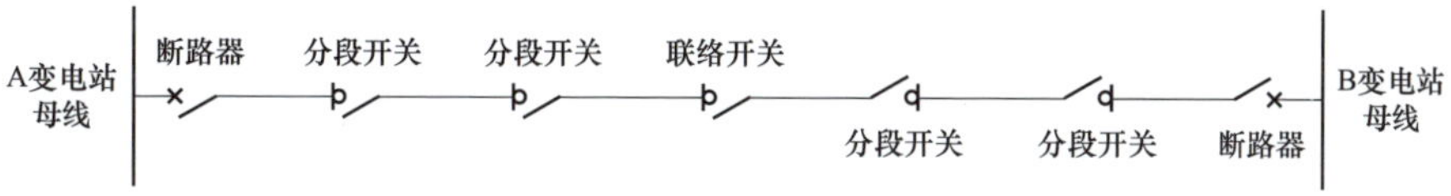

图 2-2　手拉手环网

这种接线方式具有运行方便、接线简单、投资少、建设快等特点。对于架空线路，只要在主干线路上安装若干台柱上开关即能实现。当主干线路任一段线路或环网设备故障、检修时，可通过分段开关切换，确保非故障段（非检修段）正常供电，大大提高了系统供电可靠性。但该接线方式要求每条线路具有50%的备供能力，即正常最大供电负荷只能达到该线路安全载流量的 1/2，以满足配电网络 $N-1$ 准则要求，即：

（1）高压变电站中失去任何一回进线或一组降压变压器时，必须保证向下一级配电网供电。

（2）高压配电网中一条架空线或一条电缆或变电站中一组降压变压器发生故障停运时，要求：① 在正常情况下，除故障段外，非故障段或设备不停电，并不得发生电压过低和设备不允许的过负荷；② 在计划停运情况下，又发生故障停运时，允许部分停电，但应在规定时间内恢复供电。

手拉手环网虽然经济性差，但它对提高配电网供电可靠性、简化配电网接线十分有效。比较适用于负荷密度不高、用电增长速度较快的城市、城郊配电网。

3. 环式配电网

环式配电网即配电变电站引出的配电线路连接成环形，每个用电点自环上不同部位接出，如图 2-3 所示。简单的环式配电网是两回配电线路自同一（或不同）配电变电站的母线引出，利用联络开关连接成环，每个用电点自环上 T

形或 n 形支接。当环路上某区段发生故障时，利用联络开关和自动化设备切换隔离后，其他区段上的负荷可继续供电，这是环式配电网的特点。联络开关经常断开，只有当某段发生故障或停电作业时才倒闸操作闭合的运行方式，称为常开环路方式，而将联络开关经常闭合的运行方式称为常闭环路方式。闭环运行增加装置的复杂性，但可改善配电网内电流分布，减少电压降和功率损耗。由于需要架设联络线路，增加线路投资，联络线路应采用就近引接。

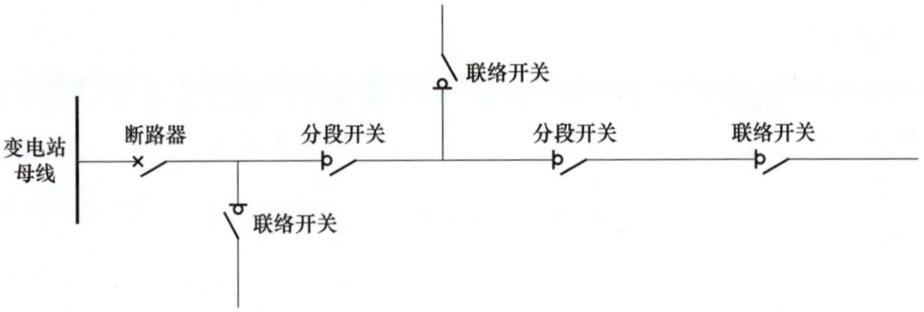

图 2-3　环式配电网

环式配电网是配电网发展到一定程度之后的一种比较完善的接线方式，运行方式高度灵活、供电可靠性高，但网络接线复杂。这种接线方式适用于配网自动化水平较高、负荷增长缓慢或趋于饱和的城市配电网络。

四、配电网发展趋势

高质量配电网作为电力能源配送的最后一环，应满足以下三点：① 保证不间断供电，保持较高供电可靠性；② 保证良好的电能质量；③ 保证建设投资和运行费用的经济合理性。

1. 简化电压等级

尽量减少降压层次，有利于电网管理和经济运行。我国电网常用 220/110/35/10kV、220/110/10kV、220/63/10kV 三种，其中 220/110/10kV 更为经济。随着城市负荷密集增长，10kV 电压等级电网损耗大、供电半径小，且易受站址、走廊等不利因素的影响，已不能适应经济社会的快速发展，在部分城市已推广应用 20kV 电压等级，以替代 10、35kV 两个电压等级。

2. 减少线路走廊和占地

随着城市的建设，配电网占地矛盾日益突出，采用钢管杆、窄基塔、多电压等级和多回路线路同杆架设，可有效减少线路走廊，将配电装置向半地下和地下及小型成套发展。电缆隧道和公用事业管道共用将进一步推广。

3. 配电线路绝缘化

采用绝缘架空导线可一定程度缓解树线矛盾，减少瞬时故障、短路故障和触电事故，同时架设空间缩小，减少线路损耗。但架空绝缘导线也有许多缺点，如雷击易断线，强度较低，检修挂接地线困难，缺乏运行经验等。

4. 配网自动化程度日益提高

采用配网自动化可减少停电时间，提高供电可靠性，改善用户服务质量，提高设备利用率。利用现代电子、计算机、通信及网络技术，将配电网在线数据和离线数据、配电网数据和用户数据、电网结构和地理图形进行信息集成，构成完整的自动化系统，实现配电网及其设备正常运行及事故状态下的监测、保护、控制、用电和配电管理的现代化。配电自动化可减少停电时间，提高供电可靠性和供电质量，改善用户服务质量，降低电能损耗，提高设备的利用率。

5. 新设备、新技术的开发应用

技术的进步为电力设备的更新换代提供了必备的条件，一些新型设备的设计、生产除了考虑减少空间外还应考虑减少维护工作量、方便操作、提高可靠性等，于是设备将向免维护方面发展。新型配电设备的开发，除适应配电网的技术要求外，经济上也应适当合理。

6. 简化接线

配电网接线进一步向简单化和高可靠性方面发展。

7. 带电作业

随着电力用户对电能的需求和对供电可靠性的要求越来越高，架空配电线路杆塔塔型的设计和选择向适合带电作业方式（线间距离、导线排列方式、空气间隙、设备安装位置等）的方向发展。

第二节　配电架空线路元件

架空配电线路是由导线经绝缘子固定在杆塔上而构成，其主要由杆塔、导线、绝缘子、拉线、避雷器、各类金具和各种柱上设备等组成。

一、杆塔

杆塔的作用是支撑导线和避雷线，使其对大地、树木、建筑物以及被跨越的电力线路、通信线路等保持足够的安全距离，并在各种气象条件下，保证线路能够安全可靠地运行。

1. 按作用分类

杆塔按其在架空线路中的用途可分为直线杆、耐张杆、转角杆、终端杆、分支杆、跨越杆和换位杆等。

直线杆用在线路的直线段上，以支持导线、绝缘子、金具等重量，并能够承受导线的重量和水平风力荷载，但不能承受线路方向的导线张力。一般情况下，直线杆导线用针（棒）式绝缘子固定在横担上。

耐张杆主要承受导线或架空地线的水平张力，同时将线路分隔成若干个耐张段，单个耐张段长度一般不超过 2km，以便于线路的施工和检修，并可在事故情况下限制倒杆断线的范围。耐张杆导线用耐张线夹和耐张绝缘子串固定在杆塔上，杆塔两边的导线用线夹将跳线连接起来。

转角杆用在线路方向需要改变的转角处，正常情况下除承受导线等垂直载荷和内角平分线方向的水平风力荷载外，还要承受内角平分线方向导线全部拉力的合力，在事故情况下还要能承受线路方向导线的重量，它有直线型和耐张型两种型式，具体采用哪种型式可根据转角的大小及导线截面的大小来确定。

终端杆用在线路的首末两终端处，是耐张杆的一种，正常情况下除承受导线的重量和水平风力荷载外，还要承受顺线路方向导线全部拉力的合力。

分支杆用在分支线路与主配电线路的连接处，在主干线方向上可以是直线型或耐张型杆，在分支线方向上则需用耐张型杆。分支杆除承受直线杆塔所承受的载荷外，还要承受分支导线等垂直荷重、水平风力荷重和分支方向导线全部拉力。

跨越杆用在跨越公路、铁路、河流和其他电力线等大跨越的地方。为保证导线具有必要的悬挂高度，一般要加高电杆。为加强线路安全，保证足够的强度，还需加装拉线。

换位杆是在线路较长时，为减少电力系统中的不对称电流和电压，在线路中间需要变换导线的相序，将导线相序变换位置的杆塔。换位杆在高压配电网中应用较多，在 10kV 架空线路上使用较少。

2. 按材料分类

杆塔按其所用材料不同可分为钢筋混凝土电杆、铁塔、钢管电杆和木杆等。钢筋混凝土电杆是 10kV 配电线路中应用最为广泛的一种电杆，它由钢筋混凝土浇筑而成，具有造价低、使用寿命长、美观、施工方便、维护工作量小等优点。铁塔和钢管电杆根据结构可分为组装式铁塔和预制式钢管塔，其中组装式铁塔由各种角铁组装而成，应采用热镀锌防腐处理，组装费时。预制式钢管塔多为插接式钢管电杆，采用钢管预制而成，安装简便，但是比较笨重，给运输和施工带来不便。木杆在配电线路中已较少采用。

（1）钢筋混凝土电杆。钢筋混凝土电杆按其制造工艺可分为普通型钢筋混凝土电杆和预应力钢筋混凝土电杆，按照杆的形状又可分为等径杆和锥形杆（又称拔梢杆）。等径杆的直径通常有 300、400、500mm 等，杆段长度一般有 4.5、6、9m 三种。锥形杆的拔梢度（斜度）均为 1:75，其规格型号由高度、梢径（一般有 150、190、230mm）、抗弯级别组成。电杆分段制造时，端头可采用法兰盘、钢板圈或其他接头形式。

钢筋混凝土电杆出厂检验的项目包括外观质量、抗裂检验、尺寸偏差、混凝土强度检验、裂缝宽度检验和标准检验弯矩下的挠度等。其外观和尺寸检验应符合：① 外表面应光洁平直；② 合缝处不应漏浆；③ 钢板圈或法兰盘与杆身接合处不应漏浆，电杆的梢端及根端不应漏浆或碰伤；④ 预留孔周围的混凝土不应损伤；⑤ 对允许修补的电杆可采用环氧树脂膏或其他有效方法进行修补，禁止使用混凝土砂浆修补；⑥ 内外表面不得露筋，内表面混凝土不应有塌落；⑦ 钢板圈焊缝外内壁的混凝土端面与焊缝处的距离不得小于 10mm；⑧ 外表面的环向裂缝宽度不得超过 0.05mm，不得有纵向裂缝，网状裂纹、龟裂、水纹等除外；⑨ 电杆出厂前，顶端应用混凝土和砂浆封实；⑩ 电杆各部分的尺寸允许误差在可控范围。

（2）钢管电杆。钢管电杆（钢杆）由于其具有杆形美观、能承受较大应力等优点，特别适用于在狭窄道路、城市景观道路和无法安装拉线的地方架设。架空配电线路使用的钢杆有椭圆形、圆形、六边或十二边等多边形，多为锥形。通常情况下其斜率：直线杆一般为 1:75～1:70；30° 转角杆约为 1:65；60° 转角杆约为 1:45；90° 转角杆约为 1:35。钢杆按基础型式可分为法兰式和管桩式两种。法兰式钢杆长一般为 11m 和 12.8m 两种，11m 钢杆可与 13m 钢筋混凝土电杆配合使用，12.8m 钢杆可与 15m 钢筋混凝土电杆配合使用。管桩式钢杆长一般为 12、13.8、14.2m 和 15m 等多种，可与 13m 或 15m 钢筋混凝土电杆配合使用，前 3 个长度的钢杆多用钢管桩基础，插埋深度为 1～1.4m；15m 钢杆可用于混凝土基础。钢杆的梢径一般为 200～260mm，常用的梢径为 230mm。

二、导线

导线主要用来传导电流、输送电能，它通过绝缘子长期固定在杆塔上。导线常年在大气中运行，长期受风、冰、雪和温度变化等气象条件的影响，承受着变化拉力的作用，同时还受到空气中污物的侵蚀。因此，除应具有良好的导电性能外，还必须有足够的机械强度和防腐性能，并要质量轻、价格低。表 2–1 为常用导线材料铜、铝、钢的主要电气及机械性能。架空线路的导线应用导电性能良好的铜线、铝线、钢芯铝线作传导电能用，而导电性能差但机械强度高的钢绞线则大量用作架空避雷线及作为平衡导线张力的拉线。

表 2–1　　　铜、铝、钢的主要电气及机械性能

性能	铜	铝	钢
密度（g/cm^3）	8.9	2.703	7.80
抗拉强度（N/mm^2）	382	157	1244

续表

性能	铜	铝	钢
熔点（℃）	1033	658	1530
电阻系数［20℃时，（Ω·mm²）/m］	0.0179	0.0283	0.18
电阻温度系数（1/℃）	0.00385	0.00403	0.006

架空线路常用的导线有裸导线和绝缘导线，常用裸导线包括裸铝绞线、裸铜绞线、钢芯铝绞线、镀锌钢绞线、铝合金绞线 5 种。

1. 裸导线

（1）裸铝绞线。铝的导电性仅次于银、铜，但由于铝的机械强度较低，铝线的耐腐蚀能力差，所以裸铝线不宜架设在化工区和沿海地区，一般用在中、低压配电线路中，而且档距一般不超过 100m。常用裸铝线的主要技术参数见表 2-2。

表 2-2　常用裸铝绞线的主要技术参数

标称截面（mm²）	导体结构（股数/直径）（mm）	计算外径（mm）	计算拉断力（N）	计算面积（mm²）	计算重量（kg/km）	交货长度（m）	20℃直流电阻（Ω/km）	连续载流量（A）
LJ-35	7/2.50	7.5	6010	34.36	94	2000	0.8332	180
LJ-50	7/3.00	9	8410	49.48	135.3	1500	0.5786	227
LJ-70	7/3.60	10.8	11400	71.25	194.9	1250	0.4018	284
LJ-95	7/4.16	12.48	15220	95.14	260.2	1000	0.3009	338
LJ-120	19/2.85	14.25	20610	121.21	333.2	1500	0.2373	390
LJ-150	19/3.15	15.75	24430	148.07	407	1250	0.1943	454
LJ-185	19/3.50	17.5	30160	182.80	503	1000	0.1574	518
LJ-210	19/3.75	18.75	33580	209.85	576.8	1000	0.1371	575
LJ-240	19/4.00	20	38200	238.76	656.3	1000	0.1205	610

注　本表摘自 GB/T 1179—2017《圆线同心绞架空导线》；表中直流电阻值用四舍五入法。拉断力指绞线在拉力增加的情况下，首次出线任一单股断裂的拉力。

（2）裸铜绞线。铜导线有很高的导电性能和足够的机械强度，但铜的资源少价格贵。常用裸铜绞线的主要技术参数见表 2-3。

表 2-3　常用裸铜绞线的主要技术参数

导线型号	计算截面（mm²）	股数/股径（mm）	导线外径（mm）	20℃直流电阻（Ω/km）	计算拉断力（N）	计算质量（kg/km）	长期允许电流（A）
TJ-16	15.89	7/1.70	5.10	1.140	5747	143	130

续表

导线型号	计算截面（mm^2）	股数/股径（mm）	导线外径（mm）	20℃直流电阻（Ω/km）	计算拉断力（N）	计算质量（kg/km）	长期允许电流（A）
TJ－25	24.71	7/2.12	6.36	0.733	8728	222	180
TJ－35	34.36	7/2.50	7.50	0.527	12131	309	220
TJ－50	49.48	7/3.00	9.00	0.366	17466	445	270
TJ－70	67.07	19/2.12	10.60	0.273	23683	609	340

注　T为铜线，J为多股绞线或加强型；长期允许载流量是指当环境温度为25℃时的裸导线的载流量。

（3）钢芯铝绞线。钢芯铝绞线充分利用钢绞线的机械强度高和铝的导电性能好的特点，由这两种金属导线结合形成。其结构特点是外部几层铝绞线包裸着内芯的1股或7股钢丝或钢绞线，使得钢芯不受大气中有害气体的侵蚀。钢芯铝绞线由钢芯承担主要的机械应力，而由铝线承担输送电能的任务，而且因铝绞线分布在导线的外层可减小交流电流产生的集肤效应（趋肤效应），提高铝绞线的利用率。钢芯铝线广泛地应用在大跨越档距配电线路中。

（4）镀锌钢绞线。镀锌钢绞线机械强度高，但是导电性能及抗腐蚀性能差，不宜用作电力线路导线。目前，镀锌钢绞线用来作避雷线、拉线以及集束低压绝缘导线和架空电缆的承力索用。

（5）铝合金绞线。铝合金含有98%的铝和少量的镁、硅、铁、锌等元素，它的密度与铝基本相同，导电率与铝接近，机械强度比相同截面的铝绞线高，但铝合金线的耐振性能较差，不适用于大档距的架空线路上。铝合金线有热处理铝镁硅合金线（LHAJ）和热处理铝镁硅稀土合金线（LHBJ）两种。

2. 绝缘导线

绝缘导线就是在导线外围均匀而密封地包裹一层不导电的材料，形成绝缘层，防止导电体与外界接触造成漏电、短路、触电等事故发生的电线。

绝缘导线按绝缘保护层分为厚绝缘（3.4mm）和薄绝缘（2.5mm）两种。厚绝缘的绝缘导线运行时允许与树木频繁接触，薄绝缘的绝缘导线只允许与树木短时接触。10kV架空配电线路绝缘导线的类型有中压分相式绝缘导线、中压集束型绝缘导线等。

中压分相式绝缘导线架设方法与裸导线基本相同。其结构是在线芯上挤包一层半导体屏蔽层，在半导体屏蔽层外挤包一层绝缘层，生产工艺为半导体屏蔽层和绝缘层两层共挤，同时完成。分相式绝缘导线的线芯一般采用经过紧压的圆形硬铜线（TY）、圆形硬铝线（LY8或LY9）或圆形铝合金线（LHA或LHB）。10kV绝缘导线参数表见表2－4。

表 2-4　　10kV 绝缘导线参数表

型号		JKLYJ-10/50	JKLYJ-10/70	JKLYJ-10/95	JKLYJ-10/120	JKLYJ-10/150	JKLYJ-10/185	JKLYJ-10/240
构造（根数×直径，mm）	铝	7×3.00	19×2.25	19×2.58	19×2.90	37×2.32	37×2.58	37×2.90
	绝缘厚度（mm）	3.4	3.4	3.4	3.4	3.4	3.4	3.4
截面积（mm^2）	铝	49.48	75.55	99.33	125.5	156.41	193.43	244.39

注　10kV 绝缘导线参数根据 GB/T 14049—2008《额定电压 10kV 架空绝缘电缆》选取，标准中对绝缘导线的导体中最小单线根数、绝缘厚度、导线拉断力均有明确规定，此处绝缘层均采用普通绝缘厚度，为 3.4mm。

3. 导线的排列方式

导线在杆塔上的排列方式与杆塔的结构型式、电气回路数有关，其排列方式可分为单回路排列和双回路排列两种。单回路排列有水平排列和三角形排列；双回路排列有鼓形排列、正伞形和倒伞形排列。以上各种排列方式，基本上可归纳为垂直排列和水平排列两大类。导线排列究竟采用哪种方式，主要由线路安全运行是否可靠、带电作业和维护检修是否方便、是否能减轻杆塔结构等因素确定。运行经验表明：水平排列方式的可靠性较垂直排列好，特别是在重雷区。重冰区和电晕严重地区效果更突出。一般来说，对于重雷区、重冰区的单回路线路，导线应采用水平排列；对于其余地区可结合线路的具体情况，采用水平或三角形排列。从经济观点出发，电压在 220kV 及以下，导线规格不太大的单回路线路，采用三角形排列较为经济。双回路线路，宜采用鼓形排列，便于施工检修。

三、绝缘子

绝缘子用来支持和悬持导线，并使之与杆塔绝缘，因为绝缘子要承受电压和机械力的作用，还要受大气变化的影响。所以绝缘子不仅应满足绝缘强度和机械强度的要求，还需能承受温度的骤变及大气中化学杂质的侵蚀，有足够的抗御能力。

绝缘子的表面被做成伞裙状，一是增加绝缘子的爬电距离，同时波纹能起到阻断电弧的作用；二是从绝缘子上流下的雨、污水不会直接从绝缘子上部流到底部，避免污水柱造成短路事故，起到阻断水流的作用；三是当污秽物质落到绝缘子上时，因其凹凸不平的波纹特点，污秽物质将不能均匀地附在绝缘子上，在一定程度上提高了抗污能力。绝缘子按照材质分为瓷绝缘子、玻璃绝缘子和合成绝缘子三种；绝缘子按结构可分为柱式绝缘子、悬式（盘形、棒形）绝缘子和拉紧绝缘子等。架空配电线路常用的绝缘子有针式瓷绝缘子、柱式瓷绝缘子、悬式绝缘子、拉线瓷绝缘子和瓷横担绝缘子等。

（1）针式瓷绝缘子。针式瓷绝缘子主要用于直线杆和角度较小的转角杆支持导线，其外形见图 2-4。针式瓷绝缘子的支持钢脚用混凝土浇装在瓷件内，形成“瓷包铁”内浇装结构。

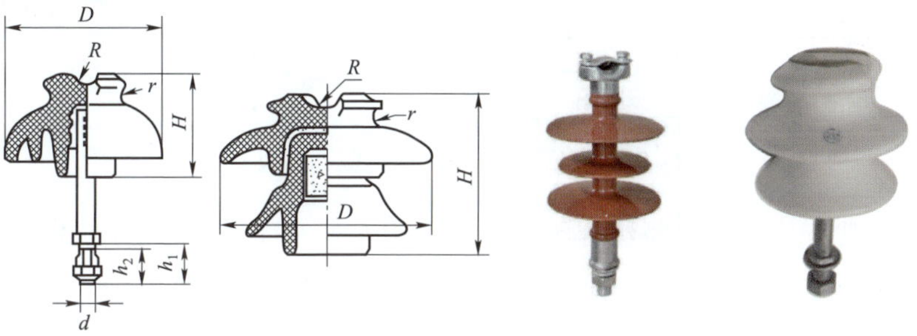

图 2-4 中压针式瓷绝缘子（P-15 型、P-20 型）

（2）柱式瓷绝缘子。柱式瓷绝缘子用途与针式瓷绝缘子基本相同。柱式瓷绝缘子的绝缘瓷件浇装在底座铁靴内，形成“铁包瓷”外浇装结构，见图 2-5。采用柱式瓷绝缘子时，架设直线转角杆的角度不能过大，侧向力不能超过柱式瓷绝缘子允许抗弯强度。

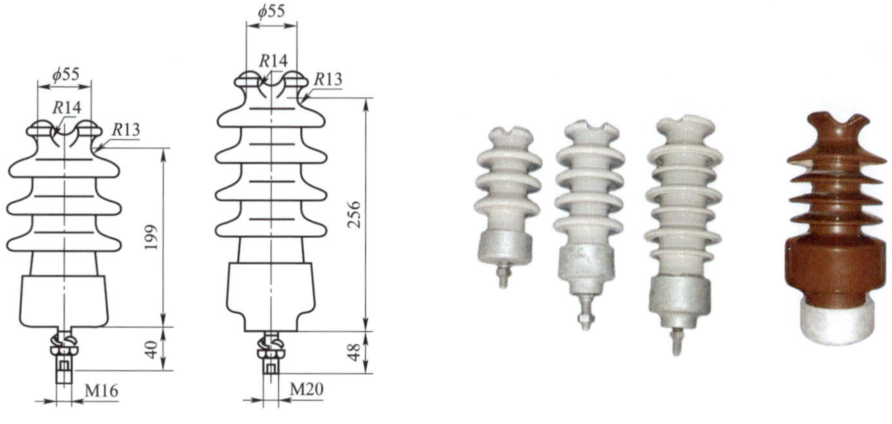

图 2-5 柱式瓷绝缘子（PS-15/3.0 型、PS-20/5.0 型）

（3）悬式绝缘子。悬式绝缘子是一种由一个盘状的绝缘件，以及沿着绝缘子轴线布置的钢帽和钢脚所组成的绝缘子，钢帽浇装在绝缘件上，钢脚浇装在绝缘件孔内，因而悬式绝缘子具有较大的机械强度和良好的电气性能。通常的 10kV 架空配电线路，耐张杆塔一般采用两片悬式绝缘子组成的绝缘子串就能满足机械强度和绝缘强度。悬式绝缘子金属附件的连接方式，分球窝型和槽型两种，见图 2–6。

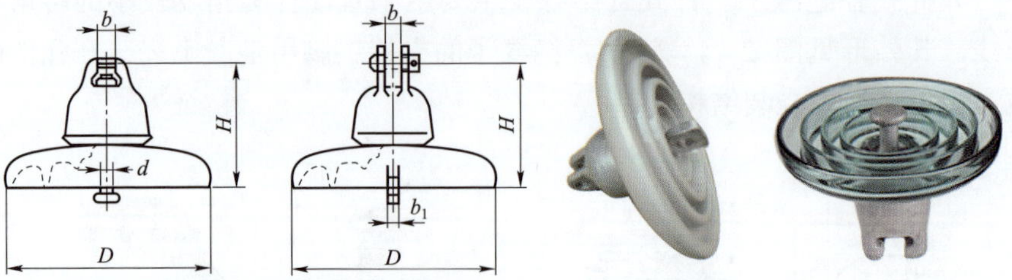

图 2–6　悬式瓷绝缘子（球窝型、槽型）

（4）拉线瓷绝缘子。拉线瓷绝缘子一般用于架空配电线路的终端、转角、耐张杆等穿越导线的拉线上，使下部拉线与上部拉线绝缘，见图 2–7。

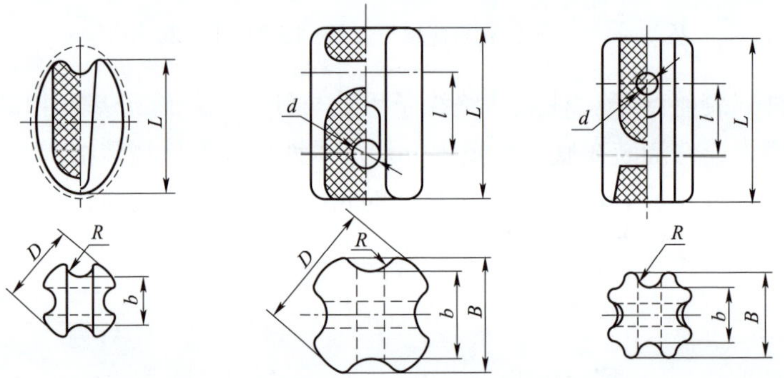

图 2–7　拉线瓷绝缘子［J–20 型、J–45（54）型、J–70（90、160）型］

（5）瓷横担绝缘子。瓷横担绝缘子是一种一端装有金属附件的实芯瓷体组成的绝缘子，为外浇装结构，见图 2–8。一般用于 10kV 线路直线杆。瓷横担在结构上的独特优点，泄漏距离大，自洁性能好，抗污闪能力强，它的实芯结构使其不易击穿老化，但是瓷横担绝缘子机械强度较弱，存在一定的安全隐患，已被逐渐淘汰。

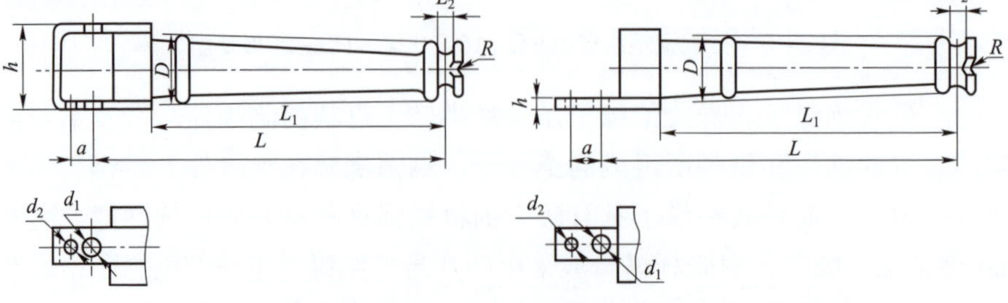

图 2–8　瓷横担绝缘子（S–10/2.5 型、S–10/5.0 型）（一）

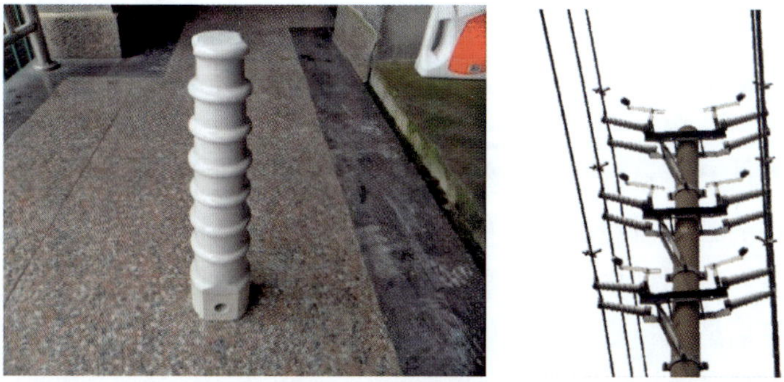

图 2-8　瓷横担绝缘子（S-10/2.5 型、S-10/5.0 型）（二）

（6）放电箱位瓷绝缘子。放电箱位瓷绝缘子的底部与柱式绝缘子基本相同，绝缘瓷件浇装在底座铁靴内，形成“铁包瓷“外浇装结构，其顶部绝缘瓷件浇装在铁帽内，铁帽上安装有铝制压板，见图 2-9。

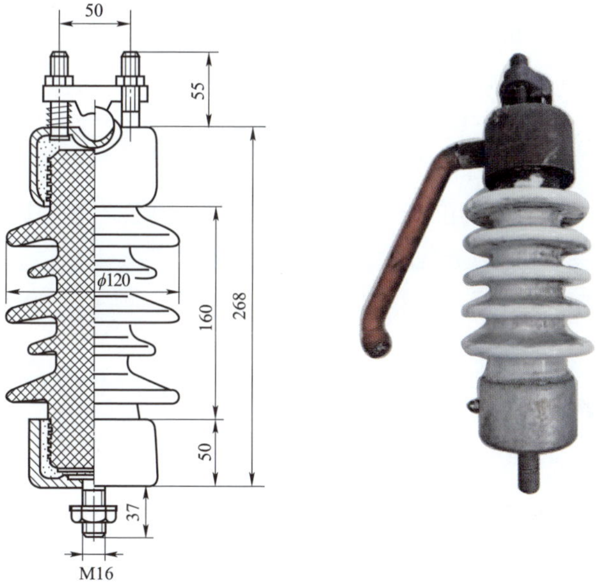

图 2-9　放电箱位瓷绝缘子

四、横担

横担用于支持绝缘子、导线及柱上配电设备，保护导线间有足够的安全距离。因此，横担要有一定的强度和长度。横担按材质的不同可分为铁横担和玻璃纤维环氧树脂材料的绝缘横担。

1. 铁横担

铁横担一般采用角钢制成，因其为型钢，造价较低，便于加工，所以使用最为广泛。水泥单杆的横担一般采用 Q235 钢、L 型角钢组合结构；钢管杆的横担分为固定横担和活动横担两种，固定横担采用 Q345 钢、箱型结构，活动横担采用 Q235 钢、L 型角钢组合结构。

根据受力情况横担可分为直线型、耐张型和终端型等横担组合。直线型横担只承受导线的垂直荷载；耐张型横担除了导线的垂直荷载外，还要承受两侧导线的拉力差；终端型横担除了导线的垂直荷载外，还要承受导线的拉力。耐张型横担、终端型横担根据导线的截面，一般应为双横担，当架设大截面导线或大跨越档距时，双担面间应加斜撑板。

横担的组装孔位主要考虑导线的排列及线间距离、安装在电杆上位置等因素来决定。

2. 绝缘横担

绝缘横担是利用玻璃纤维环氧树脂（玻璃钢）材料制作，代替传统的铁横担，安装在中压配电线路上一种新型横担，具有以下优越性：① 质量轻、强度高，玻璃钢有很高的机械强度，而密度约为钢的 1/4；② 电气性能好，玻璃钢有很高的电气强度，特别适用于中性点不接地系统；③ 抗疲劳性好，玻璃钢中的玻璃纤维与树脂有阻止裂纹扩展的作用，故比铁横担抗疲劳性能好。

五、金具

在架空配电线路中，用于连接、紧固导线的金属器具，具备导电、承载、固定的金属构件，统称为金具。

（一）线夹类金具

线夹类金具主要有悬垂线夹、耐张线夹、设备线夹等。

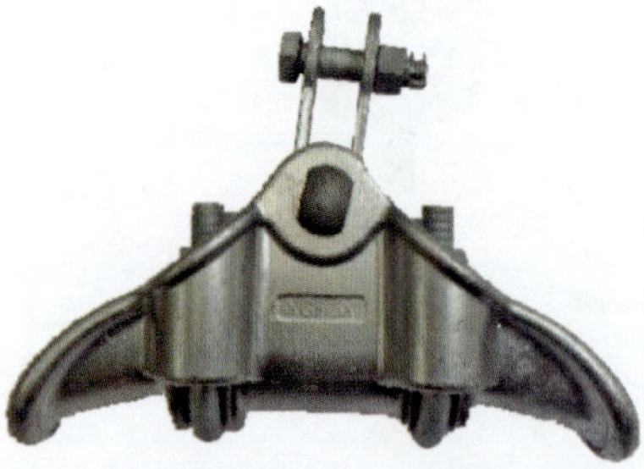

图 2-10 低压绝缘集束线悬垂线夹

1. 悬垂线夹

悬垂线夹的用途是把导线悬挂、固定在直线杆悬式绝缘子串上，其型号为 XGU 型，如图 2-10 为低压绝缘集束线悬垂线夹。其外挂板采用热镀锌钢板或不锈钢板制造。

2. 耐张线夹

耐张线夹的用途是把导线固定在耐张、转角、终端杆的悬式绝缘子串上。

（1）开口型耐张线夹，安装导线时较为便利，适用于绝缘线剥除绝缘层后安装（可防止雷击断线），并外加绝缘罩，见图 2-11。用于铜绞线、或绝缘铜绞线时，线夹一般采用可锻铸铁，楔子采用黄铜制造；用于铝绞线或绝缘铝绞线时，线夹及楔子采用高强度铝合金制造。

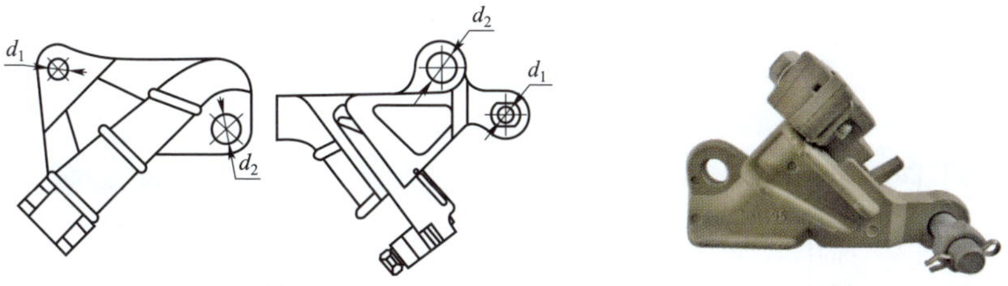

图 2-11　开口型耐张线夹

（a）NET 型；（b）NEL 型

（2）螺栓型耐张线夹的本体和压板由可锻铸铁制造，见图 2-12，由于其造价较低，被广泛应用，适用于线路终端或电流不流经线夹的场合。螺栓型铝合金耐张线夹是采用高强度铝合金制造，具有节能效果。

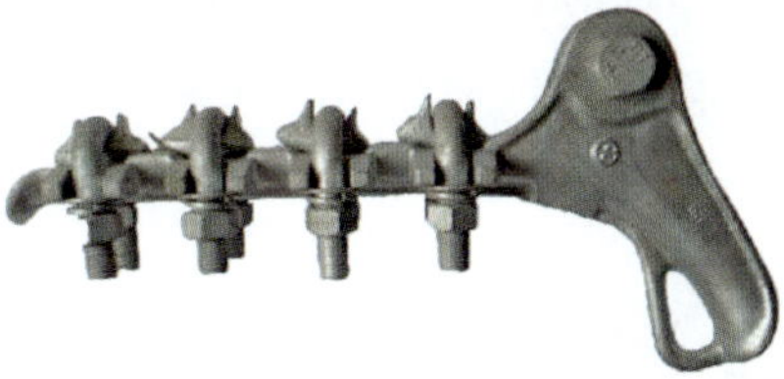

图 2-12　螺栓型耐张线夹

3. 设备线夹

设备线夹用于导线与导线、导线与设备等的连接。

（1）压缩型设备端子。压缩型设备端子一般采用液压施工，应有良好的电气接触性能，适用于永久性接续，适用导线为常规导线。端子板一般在制造厂不钻孔，而安装时现场配钻，如果接续设备有明确统一的规定，可要求在工厂配钻，还可以根据需要将端子板配置成双孔板。压缩型铝设备端子见图 2-13，材质一般采用铝管压制；压缩型铜设备端子见图 2-13，一般采用纯铜制造；压缩型铜铝过渡设备端子，铜铝过渡采用摩擦焊、闪光焊接。

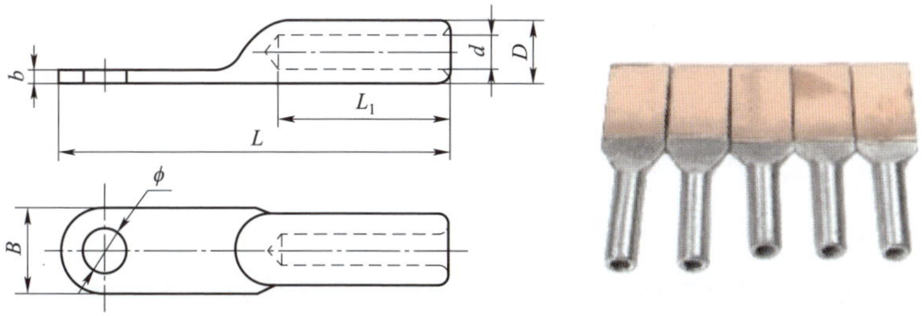

图 2-13　压缩型铝或铜设备端子

（2）螺栓型铜铝设备线夹。螺栓型铜铝设备线夹见图 2–14。

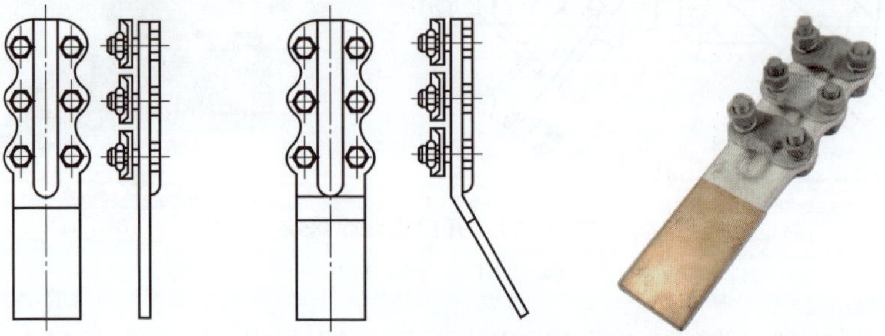

图 2–14　螺栓型铜铝设备线夹

（3）抱杆式设备线夹。抱杆式（或称螺栓转换式）设备线夹见图 2–15。该线夹用于变压器二次出线螺杆或柱上开关螺杆转接导线，该线夹可抱紧螺杆，防止线夹发热。线夹一般采用 Tl 纯铜制造。

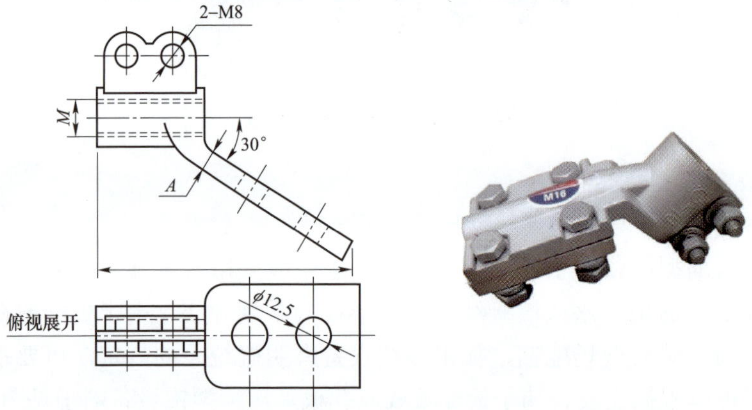

图 2–15　抱杆式设备线夹

（二）连接金具

连接金具主要用于耐张线夹、悬式绝缘子（槽型和球窝型）、横担等之间的连接。与槽型悬式绝缘子配套的连接金具可由 U 型挂环、平行挂板等组合；与球窝型悬式绝缘子配套的连接金具可由直角挂板、球头挂环、碗头挂板等组合。连接类金具如图 2–16 所示。

（三）接续金具

导线接续金具按承力可分为非承力接续金具和承力接续金具两类。按施工方法又可分为液压、钳压、螺栓接续及预绞式螺旋接续金具等。按接续方法还可分为对接、搭接、铰接、插接、螺接等。接续类金具如图 2–17 所示。

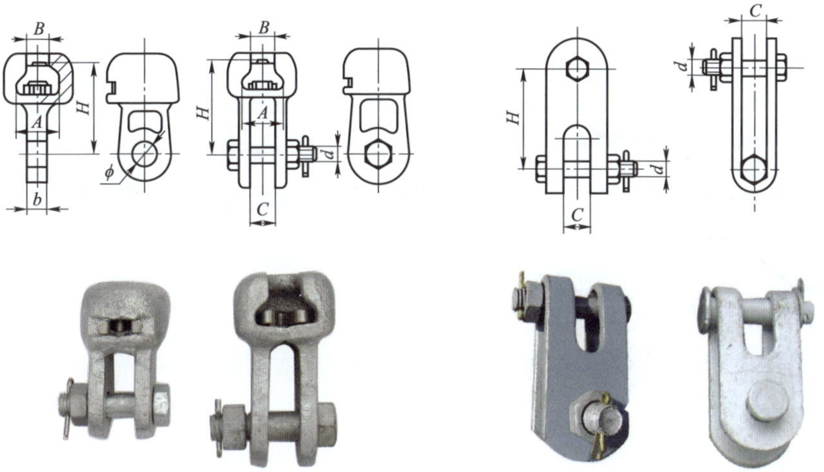

(a)　(b)

图 2–16　连接类金具

（a）碗头挂板；（b）直角挂板

(a)　(b)　(c)

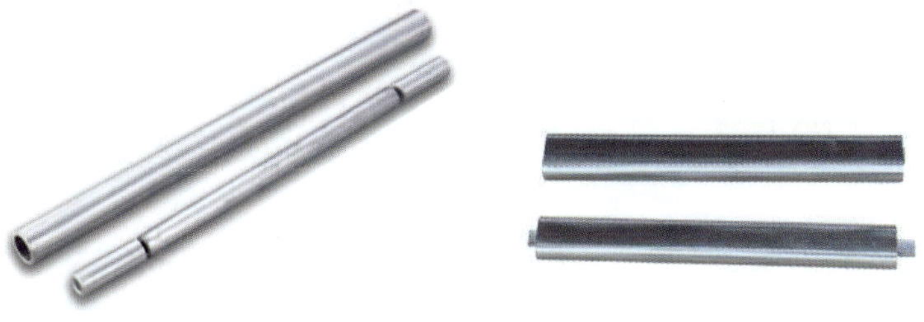

(d)　(e)

图 2–17　接续类金具

（a）异形并沟线夹；（b）穿刺线夹；（c）C 型线夹；（d）钢芯铝绞线压接管；（e）铝绞线压接管

（四）防护金具

防护金具主要是减少线路在大档距情况下的导线抗震及导线有轻微损伤情

况时的补强。防护金具主要有护线条、防振锤等，见图 2–18。

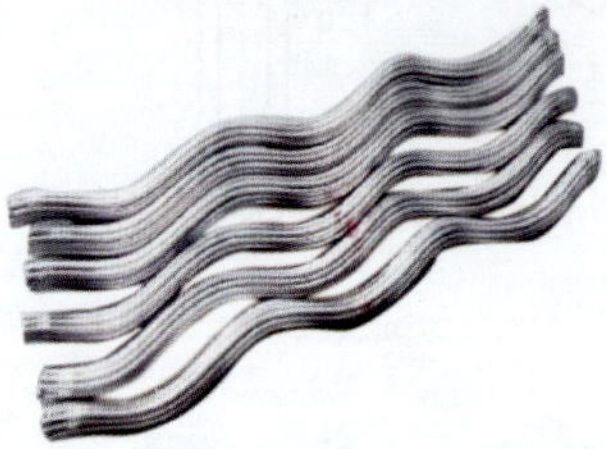

(a)

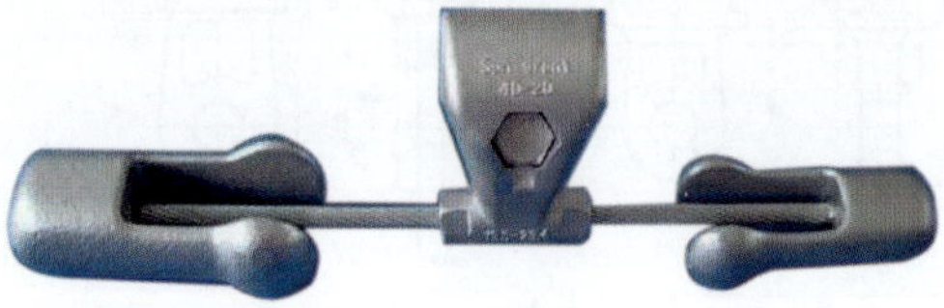

(b)

图 2–18　防护金具

（a）护线条；（b）防振锤

（五）其他附件

1. 配电线路故障指示器

配电线路故障指示器是指示线路故障电流通路的装置，可迅速指明故障线路和故障点，减轻巡线人员劳动强度，缩短故障排除时间，减少停电时间，提高供电质量，避免传统多次拉路合闸巡线给电力设备带来的影响。线路故障指示器直接在线检测信号，不影响电网的正常运行，动作灵敏准确，抗干扰能力强，见图 2–19。

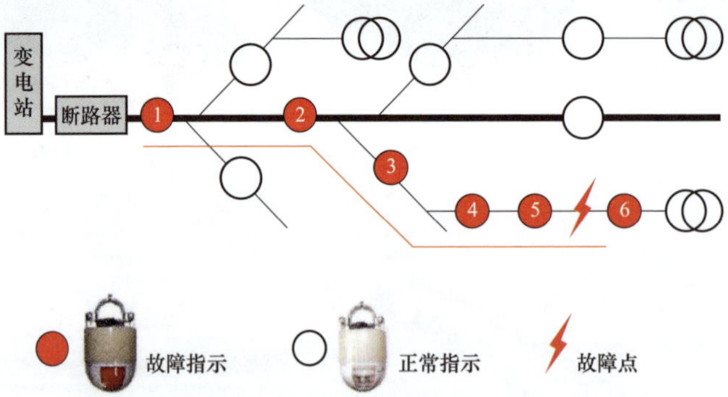

图 2–19　配电线路故障指示器原理图

2. 验电接地环

目前，城市配网的配电线路中一般都采用架空绝缘线铺设，而在检修线路或设备时，为了保证检修人员的安全需要验明线路无电后挂设接地线，通过接地环裸露部分，检修人员可以安全、方便的对线路进行停电、验电、挂设接地线操作。验电接地环主要有接地线夹、变压器穿刺线夹两种，见图 2–20。

(a)

(b)

图 2-20 验电接地环

（a）BYD 验电接地环；（b）JJCB 变压器穿刺线夹

第三章 配 电 设 备

第一节 变 压 器

变压器是一种静止的电气设备，它利用电磁感应原理将一种电压等级的交流电能转变为另一种电压等级，对电能的经济传输、灵活应用和安全使用具有重大意义。一方面，需要它（升压变压器）将发电机发出较低电压等级升高到一定电压等级后，才能输送到电力网中进行远距离输电，这样有利于减少线路损耗，提高送电的经济性；另一方面，又需要它（降压变压器）将输电线上的高电压降到配电网的电压，然后再经过一系列的配电变压器将电压降低到用户可以直接使用的电压等级，满足广大用户的用电需求。

一、工作原理

变压器是根据电磁感应原理工作的静止电气设备，主要由铁芯和绕组构成。如图 3-1 所示，它由两个匝数分别为 N_1 和 N_2 的相互绝缘绕组同绕在一个闭合的铁芯上构成，其中接入电源的绕组 N_1 称为一次绕组（或原绕组），输出电能的绕组 N_2 称为二次绕组（或副绕组）。

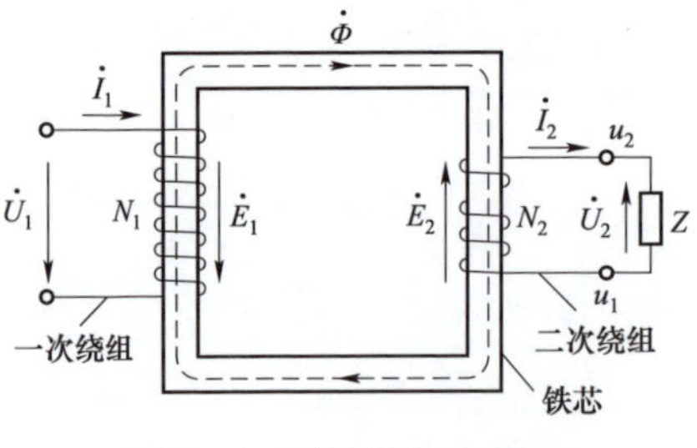

图 3-1 变压器工作原理

当变压器一次绕组接通交流电源时，便有交流电流 I_1 通过一次绕组 N_1，并在铁芯中产生与电源频率相同的交变磁通 Φ。由于一、二次绕组都在同一铁芯上，因此交变磁通 Φ 同时穿过一、二次绕组 N_1 和 N_2。根据电磁感应原理，交变磁通中将分别在两个绕组 N_1 和 N_2 中产生频率相同的感应电动势 E_1 和 E_2，感应电动势 E_1 和 E_2 的大小与一次绕组 N_1 和二次绕组 N_2 的匝数成正比。如果此时二次绕组与负荷 Z 接通，便有电流 I_2 流入负载，并在负载端产生电压 U_2，从而输出电能。

感应电势的有效值 E_1 和 E_2 可用下列公式计算

$$E_1 = 4.44 f N_1 \Phi \tag{3-1}$$

$$E_2=4.44fN_2\Phi \tag{3-2}$$

式中 E_1、E_1——一、二次侧感应电动势的有效值，V；

N_1、N_2——一、二次绕组的匝数；

f——电源的频率，Hz；

Φ——主磁通的幅值，Wb。

空载运行时，空载电流在一次绕组中产生电压降，这个电压降和一次电压相比是很小的，可忽略不计。因此，一次电压有效值 U_1 和感应电动势的有效值 E_1 基本相等，即 $U_1 \approx E_1$。

二次绕组由于开路，没有电流，因此二次绕组中感应电动势的有效值 E_2 就是空载二次电压的有效值 U_{20}，即 $E_2=U_{20}$。所以

$$\frac{U_1}{U_{20}} \approx \frac{E_1}{E_2}=\frac{4.44fN_1\Phi}{4.44fN_2\Phi}=\frac{N_1}{N_2}=K \tag{3-3}$$

式中 K——变压器的电压比，简称变比，它近似等于一、二次绕组的匝数比。

因此，只要适当改变变压器一、二次绕组的匝数，就可达到改变电压的目的。变比 $K>1$ 时，即 $U_1>U_{20}$，为降压变压器；$K<1$ 时，即 $U_1<U_{20}$，为升压变压器。

负载运行（二次绕组接负载的工作状态）时，二次绕组中有电流 I_2 通过，二次绕组的磁动势 I_2N_2 也产生磁通。因此，铁芯中的主磁通是一个由一、二次绕组的磁动势共同产生的合成磁通。此时，一次绕组中的电流将由空载电流 I_0 增大到 I_1，以抵偿二次绕组磁动势对一次绕组磁动势的去磁作用，从而维持主磁通基本不变。变压器在运行时，传输效率很高，一般可高达 98%～99%。也就是说变压器本身的损耗很小，忽略不计，可认为变压器的输入功率等于输出功率，即则有 $I_1N_1=I_2N_2$，则有

$$\frac{I_1}{I_2}=\frac{N_2}{N_1}=\frac{1}{K} \tag{3-4}$$

式中 I_1、I_2——一、二次绕组电流的有效值，A。

由式（3-4）可知，一、二次绕组中电流与匝数成反比。

二、变压器的分类

变压器按用途可分为电力变压器、特种变压器。如电炉变压器、电焊变压器、整流变压器、电压互感器、电流互感器等。

按绕组形式可分为双绕组变压器、三绕组变压器、自耦变压器等。

按相数可分为单相变压器和三相变压器。

按冷却方式可分为油浸式变压器和干式变压器。干式变压器依靠气体代替

绝缘油进行冷却，电气强度高、机械强度高、绝缘性能好、噪声低，适用于对噪声要求高的场合以及大气污染和严重盐雾地区。油浸式变压器依靠油冷作冷却介质，应用于一般配电网中。

三、变压器的额定技术数据

在每台变压器的铭牌上都标定有额定运行情况下的一些技术数据，通常称为额定值。额定值是选择和使用变压器时的重要依据。变压器铭牌上标有的数据有型号、额定电压、额定电流、额定容量、阻抗电压、空载电流、空载损耗、短路损耗、温升、接线组别等。

1. 型号

变压器的型号由两部分组成：第一部分是字母的符号，用以表示变压器的产品分类、结构特征和用途；第二部分是数字，斜线前表示额定容量，单位为kVA，斜线后表示高压侧的电压等级，单位为 kV。变压器产品型号排列顺序及含义规定见表 3-1。

表 3-1　　变压器产品型号排列顺序及含义规定

序号	分类	含义	代表的字母	序号	分类	含义	代表的字母
1	相数	单相 三相	D S	6	调压方式	无励磁 有载	— Z
2	绕组外绝缘介质	变压器油 空气（干式） 气体 成型固体：浇注式 包封式 难燃液体	— G Q C CR N	7	绕组导线材料	铜 铜箔 铝 铝箔	— B L LB
3	冷却装置种类	自然循环冷却装置 风冷却装置 水冷却装置	— F S	8	设计序号		5 7 9 11
4	油循环方式	自然循环 强迫油循环	— P	9	特殊用途或特殊结构	密封式 防雷保护用 调容用	M B T
5	绕组数	双绕组 三绕组	— S				

如 S11-M（R）-100/10 表示三相油浸自冷式、双绕组无励磁调压、卷绕式铁芯（圆截面）、密封式、额定容量 100kVA、高压侧绕组额定电压为 10kV 的电力变压器。

2. 额定容量

额定容量指变压器在额定状态下连续运行时，变压器输出的视在功率值，以 kVA 为单位，用 S_N 表示。

目前，我国变压器容量等级按标准配置，主要容量有10、20、30、40、50、63、80、100、125、160、200、250、315、400、500、630、800、1000、1250、1600、2000、2500、3150kVA等。

3. 额定电压

一次额定电压 U_{1N} 指变压器额定运行情况下一次绕组应当施加的工作电压；二次额定电压 U_{2N} 指一次侧加额定电压 U_{1N} 时的二次侧空载电压。额定电压以kV为单位。

为了保证二次侧电压在一定范围内变化，通常变压器的一次绕组设有分接头，用以调整电压。中、小型变压器一般有三个分接头，中间一个接头相当于额定电压，上下两个分接头相当于额定电压±5%。大型变压器一般有六个分接头，相应的电压调整范围为±2.5%、±5%。一般变压器均采用无载分接开关，这种分接开关只能在断电情况下调节，称为无载调压。有载调压变压器结构较为复杂，有多个抽头，调压范围宽，可为±15%。

4. 额定电流

一、二次额定电流 I_{1N}、I_{2N} 是指在额定容量和允许温升条件下，变压器一、二次绕组允许长期通过的工作电流。额定电流以A为单位。

5. 阻抗电压 U_K（%）

阻抗电压又称短路电压。将变压器的二次绕组短路，缓慢升高一次侧电压，当二次侧的电流等于额定值时，一次侧所施加的电压 U_K，称为阻抗电压。在铭牌上通常以其占一次侧额定电压的百分数表示。

阻抗电压是变压器的一个重要技术参数，对变压器的并列运行、突然短路的研究有着重要意义。

6. 空载电流 I（%）

空载电流又称励磁电流，当变压器二次侧空载时，一次绕组中所通过的电流称为空载电流。一般以其占一次侧额定电流的百分数表示。

空载电流也是变压器的一个重要技术参数。空载电流与变压器容量和铁芯的材料有关。容量越大的变压器，空载电流的百分数 I（%）越小；同等容量的变压器，空载电流百分数越小，说明铁芯的材质越好。

7. 空载损耗 ΔP

变压器二次侧空载，一次侧加额定电压时所产生的损耗称为空载损耗 ΔP，以kW为单位。变压器空载时，一次侧铜损非常小，可忽略不计，所以空载损耗近似等于铁损。

空载损耗的大小除与电压有关，还与电源的频率，硅钢片的性质、厚度和制造工艺有关。变压器正常工作时，电源电压及其频率基本不变，因此空载损耗也基本不变，空载损耗又称为固定损耗。

8. 短路损耗 ΔP_K

当变压器的二次绕组短路，在一次绕组额定分接头位置上通入额定电流时，变压器所消耗的功率称为短路损耗 ΔP_K，以 kW 为单位。变压器短路实验时，外施电压很低，故铁芯磁通密度很小，铁损可忽略不计，因此短路损耗可近似认为等于一、二次绕组的铜损。由于铜损是一、二次绕组中流过的电流产生的，一、二次电流与负载大小有关，负载变化时铜损也要相应的变化，因此短路损耗又称为可变损耗。

9. 三相变压器的联结组别

三相变压器的铁芯有三个铁芯柱，每相的高、低绕组同芯地套在一个芯柱上，相当于三台单相变压器。三相高压绕组的首端和末端分别用 A、B、C 和 X、Y、Z 标记，三相低压绕组的首端和末端分别用 a、b、c 和 x、y、z 标记。

三相变压器中，无论一、二次绕组，主要采用两种连接方法：

（1）星形连接（Y）：把三相绕组的末端 X、Y、Z 连接成一点，即中性点 N，而把它们的三个首端 A、B、C 分别引出，便是星形连接，用 Y 表示，如图 3–2（a）所示。若将 Y 接的中性点引出接地，则称为引出中性线的星形接法，用 YN 表示。

（2）三角形连接（△）：把一相绕组的首端和另一相绕组的末端连接在一起，顺次连成一闭合的回路，将 A、B、C 引出，便是三角形连接，如图 3–2（b）。

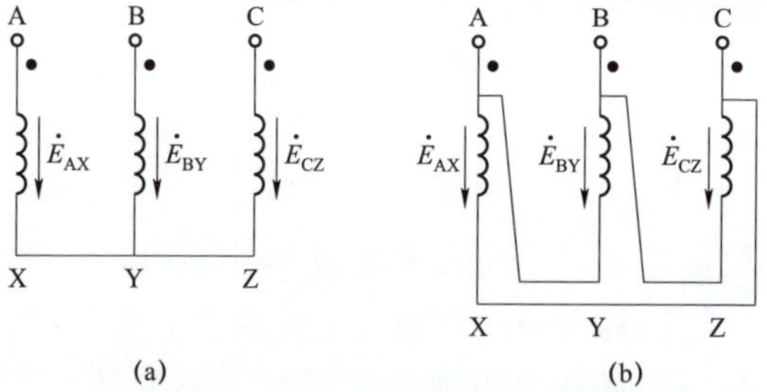

图 3–2 三相变压器绕组的接法

（a）星形连接；（b）三角形连接

四、变压器的构造

油浸式变压器的结构如图 3–3 所示，主要由铁芯、绕组、套管、油箱、保护装置等部件组成。

1. 铁芯

铁芯是变压器基本的部件之一，它既是变压器的主磁路，又构成了变压器器身的机械骨架。变压器的一、二次绕组都在铁芯上。铁芯的材质对变压器的

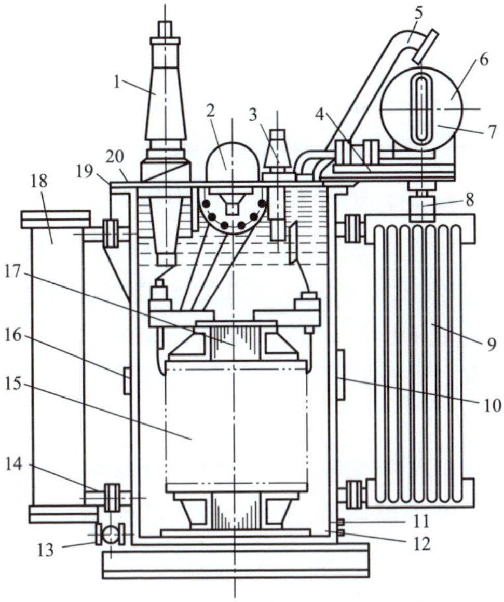

图 3–3　油浸式变压器结构图

1—高压套管；2—分接开关；3—低压套管；4—气体继电器；5—防爆管；6—储油柜；7—油位表；8—呼吸器；9—散热器；10—铭牌；11—接地螺栓；12—油样阀门；13—放油阀门；14—阀门；15—绕组；16—信号温度计；17—铁芯；18—净油器；19—油箱；20—变压器油

损耗、励磁电流和噪声有着很大的影响。铁芯通常采用厚度为 0.23～0.35mm 的冷轧取向硅钢片，也有厚度仅为 0.02～0.06mm 的非晶合金带材。铁芯分为铁芯柱和磁轭两部分。铁芯柱上套绕组，磁轭将铁芯连接起来形成闭合磁路。铁芯通常采用一点接地以消除在铁芯和其他金属构件上产生的悬浮电位，避免造成铁芯对地放电。大型变压器的铁芯接地是用一套管引出，该套管在运行中可靠接地。

2. 绕组

绕组是变压器的电路部分。绕组一般由导电率较高的铜导线和铜箔绕制而成。接到高压电网的绕组为高压绕组，接到低压电网的绕组为低压绕组。高、低压绕组之间有同芯式和交叠式两种不同的排列方式。

3. 套管

套管是将变压器内部的高、低压引线引到油箱外部的装置，是变压器的外绝缘装置，绝缘套管一般采用瓷质绝缘套管。变压器绕组的引线穿过油箱盖时，经过绝缘套管，使带电的引线和接地的油箱绝缘。

4. 油箱及变压器油

油箱就是变压器的外壳，用钢板焊接而成。变压器的铁芯、线圈等部件放置在油箱内，注满变压器油。铁芯和线圈都浸在变压器油中，油箱保护铁芯和线圈不受外力及潮气的侵蚀，同时通过变压器油的对流，将运行中铁芯和线圈产生的热量传递给箱壁。在箱壁的外侧装有散热管，变压器油的热量通过箱壁和散热管，发散到周围的空气中，对油进行冷却。

变压器油主要由环烷烃、烷烃和芳香烃构成，在配电变压器中，变压器油起两个作用：① 在变压器绕组与绕组、绕组与铁芯及油箱之间起绝缘作用；② 变压器油受热后产生对流，对变压器铁芯和绕组起散热作用。变压器油要求十分纯净，不含杂质。油中的酸、碱、水分、灰尘等会使绝缘程度大大降低，同时也会降低散热能力。

5. 保护装置

（1）储油柜。储油柜又称油枕，变压器在运行中，因铁芯和绕组发热，油温增加，体积膨胀。储油柜就起到储油和补油的作用，以保证油箱内始终充满油。设置储油柜之后，可使油面高度超过箱盖和套管的高度，使绝缘套管中也充满变压器油，以增加引出线的绝缘强度。

（2）呼吸器。呼吸器又叫吸湿器，由油封、容器、干燥剂组成。当变压器由于负荷或环境温度的变化而使其变压器内的油体积发生膨胀或缩小时，储油柜内的气体通过呼吸器产生呼吸，对空气中起过滤作用。呼吸器内部的硅胶，具有很强的吸潮能力，当含有水分的空气经呼吸器进入储油柜时，水分将被硅胶所吸收。呼吸器下端有一个油封装置，使空气不能直接经呼吸器进入变压器，以降低油的吸潮和氧化速度。硅胶除能吸潮之外，还起指示剂的作用，硅胶干燥时呈浅蓝色，吸湿后变淡红色。

（3）防爆管。防爆管装于变压器的顶盖上，其下端开口接于油箱盖，与油箱相通，上端用 2～3mm 厚的玻璃密封。储油柜顶部通过小管与防爆管相通。当变压器内部发生故障时，油温升高，油剧烈分解产生大量气体，使储油柜和防爆管上部气体压力剧增；防爆管一般用玻璃制作，中间用玻璃刀划十字，以降低玻璃机械强度。当压力增至 0.5 倍大气压时，防爆管的玻璃薄膜破碎，气体和油将从管口向外喷出，降低油箱内压力，防止油箱爆炸或变形。

第二节　熔　断　器

跌落式熔断器是配电线路分支线和配电变压器最常用的一种短路保护开关，它具有经济、操作方便、适应户外环境性强等特点，被广泛应用于 35kV 及以下配电线路和配电变压器一次侧作为保护和进行设备投、切操作之用，在配电线路和配电变压器中十分普及。

10kV 跌落式熔断器装在杆上变压器高压侧，可以作为配电变压器的主保护，也可安装在长线路末端或分支线路上，对继电保护保护不到的范围提供保护。因其有一个明显的断开点，具备了隔离开关的功能，给检修段线路和设备创造了一个安全作业环境。

一、工作原理

跌落式熔断器由绝缘子、接触导电系统和熔管三部分组成（见图 3–4），熔丝穿过熔管，两端拧紧。正常工作时，熔丝使熔管上的活动关节锁紧，熔管在上触头的压力下处于合闸状态。故障时，熔丝熔断，在熔管内产生电弧，熔管内在电弧作用下分解出大量气体，对电弧形成吹弧，使电弧拉长并熄灭。由于熔丝熔断，因而活动关节释放使熔管下垂，在上、下触头的弹力和熔管自重的作用下迅速跌落，形成明显的断开距离。

图 3–4 RW12–12 型跌落式熔断器

二、跌落式熔断器的选择

10kV 跌落式熔断器适宜用于四周空气无导电粉尘、无腐蚀性气体及易烧、易爆等危险性环境，环境温度在±40℃的户外场所。安装地点的短路容量应在跌落式熔断器额定断流容量范围内。在选择跌落式熔断器的额定容量时，既要考虑其上限开断电流与安装地点的最大短路电流相匹配，还要重视其下限开断容量与安装地点的最小短路电流的关系。若超越上限，则可能因电流过大，产气过多而使熔管爆炸；若低于下限，则有可能因电流过小，产气不足而无法熄灭电弧。按照额定电压和额定电流两项参数进行选择，也就是熔断器的额定电压必须与被保护设备（线路）的额定电压相匹配。熔断器的额定电流应大于或等于熔丝的额定电流。

熔丝的选择应能保证配电变压器内部或高、低压出线套管发生短路时能迅速熔断。实践中常按以下原则选择：配电变压器容量为 160kVA 以下的，熔丝按变压器额定电流的 2～3 倍来选；配电变压器容量为 160kVA 及以上的，按 1.5～2 倍选择。

三、跌落式熔断器的安装

跌落式熔断器安装时应将熔体拉紧，否则容易引起触头发热，熔断器安装在横担（构架）上应牢固可靠，不能有任何的晃动或摇晃现象；安装在户外的 10kV 跌落式熔断器，要求相间距离大于 50cm；熔管应有向下 30° 的倾角，以利于熔体熔断时熔管能依靠自身重量迅速跌落；熔断器应安装在离地面垂直距离不小于4m的横担（构架）上，若安装在配电变压器上方，应与配电变压器的最外轮廓边界保持0.5m以上的水平距离，以防熔管掉落引发其他事故；所使用的熔体必须是正规厂家的标准产品，并具有一定的机械强度。一般要求熔体最少能承受147N以上的拉力。

四、跌落式熔断器的操作

操作时由两人进行（一人监护，另一人操作），必须戴经试验合格的绝缘手套、穿绝缘靴，使用相应电压等级的合格绝缘棒操作，在雷电交加或者大雨的气候下禁止操作。在拉闸操作时，一般规定先拉断中间相，再拉断背风的边相，最后拉断迎风的边相，合闸操作时与此相反。熔断器操作一般较为频繁，拉、合熔断器时不要用力过猛，以免操作不到位造成触头烧伤、产生毛刺，引起接触不良，使触头过热、弹簧退火，促使触头接触更为不良，如此形成恶性循环。

第三节　开　关　设　备

配电网常用开关设备种类很多，按分、合能力可分为断路器、负荷开关、隔离开关等；按灭弧介质可分为真空、SF_6、油、自产气、空气等；按是否有自动功能可分为重合器、分段器、自动负荷并关等。由于开关设备种类多，数量大，分布广泛，维护操作工作量大，对供电可靠性影响十分重要。

一、断路器

1. 功能

断路器在任何情况下都具备开断和关合电路的能力，不仅可以切断或闭合高压电路中的空载电流和负荷电流，而且当系统发生故障时通过继电器保护装置的作用，切断过负荷电流和短路电流。通常在变电站继电保护保护不到的长线路末端、重要分支处安装断路器，并增加重合闸，以减少线路末端或分支发生故障时对整条线路的影响。在中压断路器中，早先的油断路器已逐渐被取代，现在一般为SF_6和真空断路器，尤其是真空断路器，在中压配电网中得到广泛应用，如图3-5所示。

2. 型号

（1）产品字母代号，S表示少油断路器，D表示多油断路器，K表示空气断路器，L表示六氟化硫断路器，Z表示真空断路器。

（2）装置地点代号，N表示户内，W表示户外。

（3）设计系列顺序号，以数字1、2、3…表示。

（4）额定电压，单位为kV。

图 3－5 ZW32－12 真空断路器

（5）其他补充工作特性标志，G 表示改进型，J 表示隔离开关带接地闸刀，F 表示分相操作，Z 表示有重合闸装置。

（6）额定电流，单位为 A。

（7）额定开断电流，单位为 kA。

如一款高压断路器型号为 ZW20－12/630－20，表示室外真空断路器，设计序号为 20、额定电压 12kV、额定电流 630A、额定开断电流 20kA。

3. 结构

断路器类型很多、结构比较复杂，但总体包括以下几个部分：① 开断元件，包括断路器的动、静触头，消弧装置等，用于开断及关合电力线路；② 支撑元件，包括磁柱、套管、绝缘子等，用来支撑断路器的器身和可靠绝缘；③ 操动机构，包括弹簧、液压机构等，用来操动断路器分、合闸；④ 传动元件，包括提升机构、缓冲器等，将操动机构的分、合运动传动给导电杆和动触头，缓冲器使机构从高速运动状态平稳地停止。

二、负荷开关

1. 功能

高压负荷开关是一种功能介于高压断路器和高压隔离开关之间的电器。负荷开关具备分、合正常负荷电流，合短路电流的能力。但是它不能断开短路电流，所以它一般与高压熔断器串联使用，借助熔断器来进行短路保护，如图 3－6 所示。

图 3－6 FZN25－12 真空负荷开关

2. 型号

（1）产品字母代号，F 表示负荷开关。

（2）装置地点代号，N 表示户内，W 表示户外。

（3）设计系列顺序号，以数字 1、2、3…表示。

（4）额定电压，单位为 kV。

（5）R 表示带熔断器的代号（不带熔断器不表示）。

（6）S 表示熔断器装于开关上端（装于开关下端不表示）。

如一款高压负荷开关型号为 FN2－10R/400，表示室内真空断路器，设计序号为 2、额定电压 10kV、额定电流 400A。

3. 工作原理

分闸时，在分闸弹簧的作用下，主轴顺时针旋转，一方面通过曲柄滑块机构使活塞向上移动，将气体压缩；另一方面通过四连杆机构组成的传动系统，使主闸刀先打开，然后推动灭弧闸刀使弧触头打开，气缸中的压缩空气通过喷口吹起灭弧。合闸时，通过主轴及传动系统，使主闸刀和灭弧闸刀同时顺时针旋转，弧触头先闭合；主轴继续转动，使主触头随后闭合，分闸弹簧同时储能。

三、隔离开关

1. 功能

在电力网络中，为了安全，需要将带电运行的电器设备与停电检修或处于备用的设备隔离开来，必须有明显可见的间断点。隔离开关正是在电路中设置的这种间断点，以确保运行和检修的安全。隔离开关结构简单，无灭弧装置，断开时有明显的断开点，分、合状态很明显，不能开断负荷电流和短路电流，不允许带负荷操作。因此，隔离开关一般与断路器配合使用。

2. 型号

（1）产品字母代号，G 表示隔离开关。

（2）装置地点代号，N 表示户内，W 表示户外。

（3）设计系列顺序号，以数字 1、2、3…表示。

（4）额定电压，单位为 kV。

（5）其他补充工作特性标志，D 表示带接地刀闸，K 表示快分型，G 表示改进型。

（6）额定电流，单位为 A。

如一款高压隔离开关型号为 GW9－12/400，表示室外隔离开关，设计序号为 9、额定电压 12kV、额定电流 400A。

3. 结构

隔离开关主要由以下几个部分组成：① 支持底座，该部分的作用起支持固定作用，其将导电部分、绝缘子、传动机构、操作机构等固定为一体，并使其便于固定在基础上；② 导电部分，包括触头、闸刀、接线座，该部分的作用是传导电路中的电流；③ 绝缘子，包括支持绝缘子、操作绝缘子，其作用是将带电部分和接地部分绝缘开来；④ 传动机构，传动机构的作用是接受操动机构的力矩，并通过拐臂、连杆、轴齿或是操作绝缘子，将运动传动给触头，以完成刀闸的分、合闸动作；⑤ 操动机构，与断路器操动机构一样，通过手动、电动、气动、液压向隔离开关的动作提供能源。

第四节 成套电气设备

随着电力工业的不断发展，对电力设备的运行稳定性和可靠性的要求不断提高，高压成套电气设备在配网中的运用日趋广泛。成套电气设备是指将包括断路器、隔离开关、负荷开关、熔断器、电压互感器、电流互感器、避雷器等电气设备元件组合在一起，进行合理配置，并组合封闭在金属外壳内，形成一个统一的电气设备整体，同时具备相对完整的功能。

成套电气设备大致包括气体绝缘金属封闭开关设备（GIS）、箱式变电站、金属封闭开关设备（开关柜）、环网柜和综合控制柜等，目前都已经投入到了电力行业的实际运行中。

一、10kV 箱式变电站

1. 箱式变电站特点

箱式变电站是把高压开关设备、配电变压器、低压开关设备、电能计量设备和无功补偿装置等按一定的接线方式组合在一个或几个防潮、防锈、防尘、防鼠、防火、防盗、隔热、全封闭、可移动的钢结构箱体内的紧凑型成套配电装置。箱式变电站具有质量轻、安装维护方便、占地面积小、外形美观等特点，特别适合于工矿企业、城市配电、公园、居民住宅区等场所。

箱式变电站采用工厂预制化。设计时，只要设计人员根据变电站的实际要求，做出一次主接线图和箱外设备的设计，就可以选择由厂家提供的箱式变电站规格和型号，所有设备在工厂一次安装、调试合格，缩短了设计制造周期；现场安装仅需箱体定位、箱体间电缆联络、出线电缆连接、保护定值校验、传动试验及其他需调试的工作，大大缩短了建设工期。箱式变电站结构比较紧凑，每个箱均构成一个独立系统，这就使得组合方式灵活多变，使用单位可根据实际情况自由组合一些模式，以满足安全运行的需要。

2. 箱式变电站结构

欧式箱式变电站通常分成三个部分，组成“目”或“品”字结构，常用型号有 ZBW 型和 XWB 型。欧式箱式变电站高压室为环网、双线或终端单元负荷开关，体积较小，兼容环网柜。高压设备一般采用负荷开关和熔断器组合电器，同时若采用电动操动机构，可实施配电自动化功能。变压器可采用油浸变压器或干式变压器，可采用自然通风或顶部强迫通风。低压室设有计量和无功补偿，可设计二次回路及出线数量，满足不同需要。欧式箱式变电站结构图如图 3-7 所示。

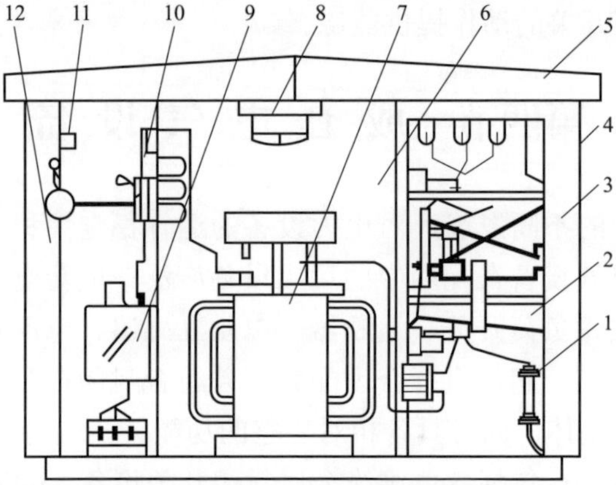

图 3-7 欧式箱式变电站结构图

1—避雷器；2—环网开关柜；3—高压室；4—框架；5—顶盖；6—变压器室；7—变压器（干式、油浸）；8—温控排风扇；9—万能式断路器；10—刀开关；11—计量与指示仪器；12—低压室

美式箱式变电站将高压开关与变压器共一油箱，常用美式箱式变电站型号有 ZB1336 型、GE 型和 ZSG11 型。美式箱式变电站采用全密封全绝缘结构，安全性高。变压器采用后备熔断器与插入式熔断器串联起来提供保护，后备熔断器安装在箱体内部，只在箱式变电站发生内部相间故障时动作，用来保护高压线路，插入式熔断器在二次侧发生短路或过负荷时熔断。美式箱式变电站结构图如图 3-8 所示。

二、环网柜

配电网为了供电可靠性，一般采用环网供电方式，环网中的开关站一般采用结构简单、价格适宜而性能又满足要求的负荷开关和熔断器组合方式实现。将多个开关柜按环网供电单元组合而成的组合柜，称为环网供电柜，简称环网柜。

1. 分类

（1）多回路开关箱（开闭器）：一路电源进线，三路或更多馈出线，与其他电源多回路开关箱连接，组成环网供电，根据需要在中间或一侧设置开环点，同时配置电动操作机构，实现配电网自动化。一般配置小型化的 SF_6 负荷开关，不设继电保护，出线配置故障指示器。

（2）用户供电箱：一路电源进线，一路馈出到用户，一路到下一个用户供电箱或箱式变电站。

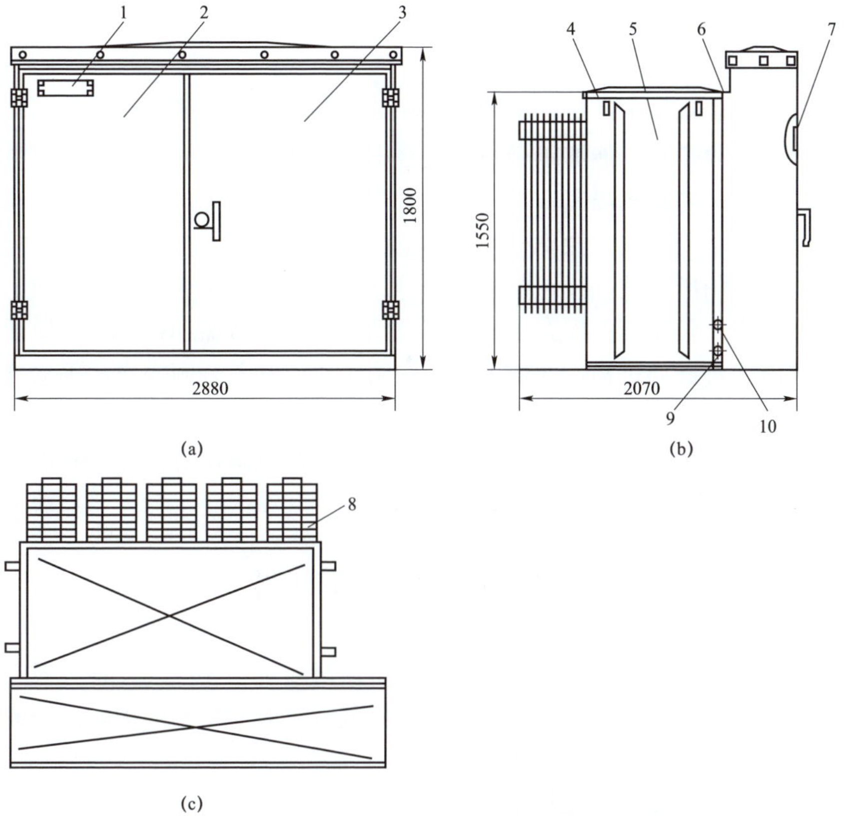

图 3-8 美式箱式变电站结构图

(a) 正视图；(b) 侧视图；(c) 俯视图

1—铭牌；2—高压室；3—低压室；4—箱顶盖；5—变压器室；6—吊装环；
7—压力释放阀；8—散热器；9—低压接地桩；10—箱体接地桩

（3）电缆分支箱：作用同用户供电箱，造价低，可配置可带电拔插电缆头，但不适宜频繁操作。

2. 型号

（1）高压柜，K 表示铠装式，J 表示间隔式，X 表示箱式。

（2）型式特征，G 表示固定式，Y 表示移开式（用字母 Z 表示中置式）。

（3）安装场所，N 表示户内式，W 表示户外式。

（4）设计系列顺序号，以数字 1、2、3、…表示。

（5）额定电压，单位为 kV。有的在这一位后的括号中说明主开关的类型，如用 Z 表示真空断路器，F 表示负荷开关。

（6）主回路（一次线）方案编号。

（7）环境代号，TH 表示湿热带，TA 表示干热带，G 表示高海拔，Q 表示全工况。

3. 结构

环网柜在环网的正常运行条件下，能关合、承载和开断负荷电流、环网电流，在合闸于故障时，能够承受短路关合电流及在规定时间内承载短路电流。在分闸位置时，能起到隔离作用，具有承受单断口的高电压试验能力。环网柜分为开关室、熔断器室、操动机构室和电缆室。开关室内安装三位置开关或负荷开关、母线隔离开关、线路隔离开关等。操动机构室位于环网柜正面，在每个功能回路中，负荷开关配有人力（或电动）储能弹簧操动机构，接地开关配有人力储能弹簧操动机构，面板上有分别用于负荷开关合闸操作和手动分闸旋转钮及接地开关的分、合闸操作孔，负荷开关分、合闸位置指示灯和电动分、合闸按钮，并设有模拟线、开关状态显示牌及加锁位置，负荷开关和接地开关的操作具有联锁装置，以防止误操作。

第五节　避　雷　器

夏季为雷击多发季，雷电在放电过程中，对建筑物和电气设备有很大的危害性，配电网遭受的雷害事故非常多，为降低雷害对配电网的影响，一般采用在线路上加装避雷器的方式减少雷害。

雷电的作用一般分为直击雷和感应雷：

（1）直击雷。直接击在被击物上的雷称为直击雷。强大的雷电流从被击物上流入大地时，产生的各种效应破坏性极大。一般采用避雷针的方式减少危害。

（2）感应雷。在雷云形成的过程中，雷云中的电荷（多为负电荷）对导线产生了静电感应，在雷云附近的导线上缓慢地积累了异性的束缚电荷（正电荷）。因为这个过程缓慢，聚积束缚电荷的电流可忽略不计。当雷击大地后，电荷被迅速中和，这时导线上的束缚电荷转变为自由电荷，向导线两侧流动。导线中被束缚的电荷疏散很快，导线中的电流就很大。感应过电压可达几万甚至几十万伏，常会使35kV及以下的电气设备损坏，特别是对10kV及以下的电气设备和线路的威胁很大。

避雷器安装在线路或设备与大地之间，使雷电或其他原因产生的过电压对地放电，从而保护线路或设备。当过电压来到时，通过避雷器对地快速放电，当电压降到正常电压时，则停止放电，以防止正常工频电流对地放电，造成短路。

一、避雷器简介

避雷器的发展，经历了从火花间隙、管型避雷器、阀型避雷器到金属氧化物避雷器的几个阶段，目前国内避雷器主要有阀型避雷器和金属氧化物避雷器。

金属氧化物避雷器又称氧化锌避雷器，主要以氧化锌为原料，添加其他稀有金属氧化物。氧化锌避雷器一般是无间隙的，内部由氧化锌阀片组成。其优越性能取决于它的无间隙结构和氧化锌电阻片良好的非线性。氧化锌避雷器由于取消了传统碳化硅避雷器不可缺少的串联间隙，避免了间隙电压分布不均的缺点，提高了产品的保护可靠性，宜于与被保护设备的绝缘配合。并且，在正常运行电压下，氧化锌电阻呈现出极高的电阻，通过它的电流只有微安级，对电网运行影响极小。

氧化锌避雷器具有以下优点：由于不用串联火花间隙，所以结构简单、体积缩小；防污性能好，避免了由于瓷套外污秽使串联火花间隙放电电压不稳定的缺点；由于氧化锌阀片的通流能力很大，提高了避雷器的动作负载能力；可以降低电气设备所受的过电压；氧化锌避雷器在过电压下动作后，实际上没有工频续流通过，所以通过避雷器的能量大为减少，从而可以承受多重雷击，并延长工作寿命。

二、配电网防雷

为使线路的雷击跳闸次数减少到最低限度，需要对配电网采取防雷措施。电力线路的防雷，应当根据线路的电压等级、负荷特性、系统运行方式、雷电活动的强弱、地形地貌特点和土壤电阻率高低等条件来确定。

（1）配电线路防雷保护。35kV 及以下的线路，因绝缘薄弱装避雷线的效果不大，而且大多成网状供电，这对保证供电可靠性是有利的，所以一般不沿全线装设避雷线。由于雷击闪络大多数开关保护设备能在跳闸后自行恢复绝缘性能，所以各级电压的线路开关设备都应尽量装设自动重合闸装置。对 35kV 及以下线路适当加强绝缘对防雷是有好处的。在多雷区，可因地制宜采用高一等级的绝缘子，在机械强度许可的条件下，利用瓷横担以提高绝缘。架空绝缘线路，在周围无防雷屏障的地区，在负荷侧加装放电线夹，或加装避雷器，防止绝缘导线雷击断线。

（2）配电设备防雷保护。配电变压器高压侧需安装避雷器，避雷器安装在跌落式熔断器或开关的内侧，尽量靠近变压器，且避雷器、外壳和低压中性点三点需共同接地，避雷器接地端到配电变压器外壳的接线应尽量短；柱上开关应在开关一侧或两侧装设避雷器，且避雷器引下接地线应与开关外壳连接；户外电缆头在刀闸或跌落式熔断器线路侧装避雷器；在郊区无建筑屏蔽时，配电变压器低压侧应加装避雷器。

第六节　无功补偿装置

在电力系统中存在大量的无功功率，这是因为绝大部分的用电设备是感性的，这些设备运行中需要消耗大量无功功率。而电力系统中的主要电源（电厂）并不能满足无功功率的需求，因而造成电压下降，损耗增大等许多问题。这就要求进行无功补偿。配电网的无功补偿能有效减少电压损失，改善地区电网的电能质量；减少线路损失，提高电力企业的经济效益，提高电力网的传输能力。

一、无功补偿设备

配电网无功补偿有中压无功补偿和低压无功补偿两类设备，中压无功补偿设备一般采用集中补偿的方式，安装在负荷集中处或线路3/4处，以固定容量补偿。低压无功补偿设备一般装在配电变压器低压出口处，常采用自动投切电容器方式。在配电网中的无功补偿设备通常有以下几种：

（1）同步发电机。同步发电机是电力系统中唯一的有功电源，同时也是有功功率的基本来源。

（2）同步调相机。同步调相机是专门生产无功的一种电机，就是空载运行的同步发电机或同步电动机，在正常励磁下，既不发出无功也不吸收无功，在过励磁时，向系统发出无功功率，在欠励磁时，从系统中吸收无功功率。

（3）电力电容器。在配电网中电力电容器是应用最为广泛的无功补偿设备，因为电力电容器是静止的无功补偿设备，安装、运行、维护都比上述设备简单。中压并联电容器主要用于工频50Hz、额定电压10kV的交流电力系统中，用来提高功率因数，改善电网质量，降低线路损耗，充分发挥设备效能。

（4）晶闸管动态补偿器。晶闸管动态补偿器是一种利用晶闸管作为无触点开关的无功补偿装置，它根据晶闸管能够精确触发的特性，快速平稳地投入或切除补偿电容器。由于其具有开关速度快、连续调节无功功率等优点，在配电网中，尤其是在低压配电网中应用较为广泛。

二、无功补偿的选择

无功功率补偿方式的原则是就地平衡，结合安装地点归纳起来有以下几种。

（1）集中补偿。集中补偿就是把无功补偿装置集中安装在变电站或配电室的母线上，这种方式安装简单，运行可靠，维护方便，利用率高，便于实现自动投切，能使变压器提高出力，提高母线电压水平，但没有减少线路上传输的无功功率。

（2）配电变压器低压补偿。配电变压器低压补偿是目前应用最普遍的补偿方法，目的是提高专用变压器的用户功率因数，实现无功的就地平衡，降低配网损耗和改善用户电压质量，补偿后功率因数高、降损节能效果好。

（3）配电线路固定补偿。大量配电变压器要消耗无功，很多公用变压器没有安装低压补偿装置，这种情况下可考虑配电线路无功补偿。线路补偿通过在线路杆塔上安装电容器实现无功补偿，但由于线路补偿远离变电站，因此存在保护难配置、控制成本高、维护工作量大、受安装环境限制等问题，因此，线路补偿的补偿点不宜过多，控制方式应从简，一般不采用分组投切控制。补偿容量也不宜过大，避免出现过补偿现象。

第四章 配电网自动化

第一节 概 述

随着电力的发展和电力需求的增大，用户对供电质量和可靠性的要求越来越高。为了使电网更安全、可靠，配电网自动化的理念应运而生。配电网系统自动化是利用现代电子技术、通信技术、计算机技术及网络技术，将配电网在线数据和离线数据、用户数据、电网结构和地理图形进行信息集成，实现配电系统正常运行及事故情况的监测、保护、控制、用电和配电管理现代化。

一、配电网自动化的意义和功能

当配电系统在正常运行时，配电网自动化系统能实时监视网络的运行情况，通过调节无功功率来维持正常的电压水平，降低线路损耗，提高系统运行的经济性，通过负荷控制中心对用电负荷进行合理的安排，提高电能的综合利用率。当配电系统中出现故障或系统非正常运行时，配电网自动化系统能够确定故障点并及时对故障进行隔离，有效恢复正常区域的供电，最大限度减小故障对网络的影响，保证对用户供电的可靠性。配电网自动化系统具有以下几个功能：

（1）实时监测。通过配电网自动化终端，实时监测各环网柜、柱上开关、断路器和配电变压器的电压幅值、电流、有功功率、无功功率、功率因数以及开关设备的运行状态等，实时获得配电网内各重要母线电压、各条线路输送功率的状态和重要用户的负荷情况的监测信息。通过对配电网上的数据采集与信息的快速传输来实现实时监控，正确实施各种控制。

（2）故障控制。故障控制包括故障判别、故障定位、故障隔离和配电线路运行方式的重新确定等，当配电线路发生永久性故障时，可将故障隔离在最小范围内；当配电线路发生瞬时性故障时，可依靠继电保护和自动重合闸等自动装置的配合动作来消除故障和恢复供电。辐射状配电网通过继电保护和重合闸装置的动作，切除永久性故障线路或消除瞬时性故障；环型配电网通过配电网自动化系统，根据实时监测的信息（遥测和遥信）自动地判别故障类型和位置、迅速隔离故障段和确定配电网运行方式，恢复所有无故障线路的供电。

（3）电能质量控制。通过对配电变压器有载调压分接头以及并联无功补偿电容器投入容量的调节，控制配电网的供电电压和频率在规定的允许范围之内。频率控制主要通过对负荷控制和低频减负荷装置来实现；或通过适当降低配电网允许电压，减少负荷有功功率来实现。电能质量的控制应与电力系统的运行控制相配合。

二、配电网自动化的构成

配电网自动化系统是一项系统工程，它大致可分为三个子系统：配电网自动化主站系统，配电网自动化子站系统，配电网自动化终端。

1. 配电网自动化主站系统

配电网主站系统是实现配电自动化功能并集成人机接口（数据存储与处理）等具体应用功能的计算机系统。它包括主站系统的软件与硬件平台（网络平台），能实现应用功能以及主站系统的安全保护与防范措施。配网自动化主站系统主要由计算机硬件（主机、显示器、交换机或路由器等）、操作系统（UNIX/XP 等）以及包括系统数据总线和平台多项基本服务的平台支撑软件和应用软件组成。其中，应用软件包括数据采集与监视控制系统（SCADA）等基本功能以及分析和智能化应用等扩展功能。配电主站系统是整个系统的最高层，是整个配电网监控和管理系统的核心，它从整体上实现配电网的监视和控制，分析配电网的运行状态，协调配电子网之间的关系，对整个配电网络进行有效地管理，使整个配电系统处于最优的运行状态。

2. 配电网自动化子站系统

配电网自动化子站系统是整个系统的中间层，负责将采集的各种现场信息中转给配电网主站系统；配电网自动化子站设在变电站内，部分子站还可采集变电站内的线路信息，可实现当地监视和控制功能。配电网自动化子站系统作为系统的中间层，主要负责系统运行的可靠性与稳定性和所辖区域内的故障诊断、隔离、恢复功能。

3. 配电网自动化终端

配电网自动化终端设备层是整个系统的底层，主要完成柱上开关、环网开关、箱式变压器、配电变压器、开闭所（配电站）等各种现场信息的采集处理及监控功能。配电网自动化终端是配电网自动化的基本单元，配电网自动化监控终端主要完成对配电网络的监控，这些监控终端主要包括 DTU、FTU 和 TTU。配电网自动化终端按照功能划分为“一遥”“二遥”“三遥”配电网自动化终端。“一遥”指遥信；“二遥”指遥信和遥测；“三遥”指遥信、遥测和遥控。其中馈线自动化终端（FTU）是指装设在馈线开关旁的开关监控装置，如 10kV 线路上的断路器、负荷开关、分段开关等，可采集开关状态及线路的电流等信息，依靠自身的保护逻辑实现对故障定位与隔离，并执行配电主站下发的命令，对配电开关进行调节和控制；配电房自动化终端（DTU）一般安装在常规的开闭所（站）、户外小型开闭所、环网柜、小型变电站、箱式变电站等处，完成对开关设备的位置信号、电压、电流、有功功率、无功功率、功率因数、电能质量等数据的采集与计算。通过采集开关状态及故障信息，依赖与配电自动化主站通信分析确定故障范围，并执行主站下发的遥控命令实现故障隔离与非故障区域恢复供电；配电变压器监测终端（TTU）监测并记录配电变压器运行工况，只采集配电变压器的负荷信息。

4. 配电网自动化通信系统

在配电网自动化系统中，通信占有相当大比重，通信质量的好坏，对于整个系统能否正常运行起到关键作用。目前，在配电网自动化通信方式中主要分为有线通信与无线通信。将这两种通信方式运用到配电网自动化中各有其优点。有线通信方式：① 光纤通信，光纤通信是以光波作为信息传输的载体，以光导纤维传输为介质的通信方式；② 专线，通过专线提供给用户接入公共网络的桥梁；③ 扩频载波，这种通信方式其实是从强度较大的背景噪声中将有用信号提取出来，其特点是具有较强的干扰能力，组网也更加方便灵活。无线通信方式主要涵盖了高速数传电台和无线扩频两种方式。其两种方式都是通过自由空间为传输介质的，拥有工作稳定性高、传输率高、日常维护率较少、不易出问题等优势。

第二节　配电网自动化应用系统介绍

一、配电网 SCADA 系统

配电网 SCADA 系统通常是指从为配电网供电的 110kV 或 35kV 主变电站的 10kV 部分的监视，到 10kV 馈线自动化以及 10kV 开闭站、配电变电站和配电变压器的自动化。监控对象既包含开闭站和小区变电站，又包括户外分段开关等。

配电网 SCADA 系统的软件有通信功能、配电网实时画面显示功能、遥控遥调功能和配电网高级应用软件等。其硬件主要有调度（主站）端（监控计算机系统）、通信通道和执行端（现场遥信和遥测数据的采集以及遥控和遥调的执行装置）等组成。调度（主站）端是配电网自动监控中心，一般由一台数据收发装置、一台计算机（或一个计算机局域网）及周边设备等硬件组成，调度计算机运行高级监控软件，进行配电网运行情况的实时监控、安排和制定设备开停计划、配电网操作管理等。执行端位于现场的具备通信及遥信、遥测、遥控和遥调功能的 RTU（也称远动装置），可以是采用微机和多个单片机构成的分布式智能化配置的配电变电站和开闭站内的 RTU，或是具备专门功能的配置在馈线分段开关处的柱上开关远程终端 FTU。通信通道是将反映远方设备运行情况的数据信息传输到控制中心，以及将控制中心的控制命令传送到各远方终端，主要的通信方式包括有线通信、无线通信、光纤通信、载波通信等方式。

配电网 SCADA 系统的主要功能及要求：

（1）数据采集。配电网的基本信息由安装在配电现场的 RTU 收集，包括如断路器、隔离开关、保护等设备的工况和告警之类的状态信息，以及如电压、电流、有功、无功等测量值，监视及事件处理。对采集数据状态值进行监视并按时序进行记录，监视测量值的变化率并记录其连续变化趋势；若监视的测量值超过了限值或状态值发生了变化就要进行事件处理，包括对事件信息分组归类、打印显示和报警等。

（2）控制功能。包括对如断路器和隔离开关的开断控制等单独设备的控制，可以自动进行或按在控制中心的运行人员的命令进行。

（3）其他功能。如数据维护、数据分析与计算、数据的利用与共享等方面的功能，实现对数据的保存，配电网运行方式及故障分析计算，统计报表和打印显示，以及将有关数据提供给上一级管理系统。

二、配电网地理信息系统

地理信息系统（GIS）是一种为了获取、存储、检索、分析和显示空间定位数据而建立的计算机化的数据库管理系统，它将管理信息、配电网实时信息、电网结构及设备运行状态与地理位置信息结合在一起，从而实现图形和属性（电气元件的运行状态及参数）的双重管理功能。

（1）地理信息系统的主要结构。

1）硬件环境。由计算机主机（可以是单机或计算机网络系统）、数据输入设备、数据存储设备和数据输出设备组成。

2）软件环境。由操作系统、数据库管理系统、GIS 开发平台以及 GIS 应用软件组成，GIS 应用软件是实现 GIS 的具体应用软件系统，如 PMS 系统等。

3）数据库。分为空间数据和属性数据两种，其中空间数据是指在二维或三维坐标下，以一种拓扑结构来描述物理位置的确定、相关位置及逻辑连接，以地球表面空间位置为参照；属性数据是指与地理坐标无直接联系的地理元素的特性和文档的数据（即非几何属性），一般经过抽象的概念，通过分类、命名、量算、统计等方法得到的。

（2）配电网中配电设备的信息查询。直接在配电网系统图上维护、搜索和查询配电设备，如小区变压器、箱式变压器、开闭站、柱上开关设备、电杆等，并能统计任意范围内的配电设备信息，如对负荷终端信息的查询与搜索，显示某负荷的位置、当前功率、有功无功电量等。各种配电变电站内部都是一个复杂的拓扑网络结构，利用 GIS 的分析功能和 SCADA 的实时信息可对配电站内各种设备的运行状态进行分析，并将开关状态的改变实时反映到显示器的配电网线路上，还可对包括开关变位在内的运行状态进行分析，即事故重演。系统还能以图形方式显示被选配电站的供电区域，并对该区域内的如用户数量与分布、用电量及电压质量等各项指标进行统计分析。在发生故障时，快速推算出受影响的供电区域并显示区域地理图，对最优化停电隔离点进行分析计算决策，查看配电网沿线设备的实际地理位置和属性数据等。

三、配电网建设方向

在科学技术快速发展下，我国配电网向智能化、自动化的方向发展，智能配电网建设已经成为一种必然趋势。自动采集配网运行数据，自动分析配网设备运行状况，自动传输配网设备故障信息，智能调整配网运行方式，配电自动化技术在智能配电网建设中得到应用广泛。

（1）建立可靠安全的供电网络，对城区主要线路进行改造，加大导线截面，按照地理布局建设可靠的城区中压供电网络，形成外部环网向内部辐射供电的方式，使城区供电方式趋向简单明了。通过在配电线路上安装智能开关、故障指示器等自动化设备，在发生故障时按一定的程序自动操作迅速隔离故障区段，确保非故障区段的正常供电，限制停电范围、判断故障发生位置，确保电力系统的稳定运行。

（2）配网供电服务指挥中心将各信息化系统的运行状况进行实时统一监控，对配电网所需的信息进行技术处理，并将相关信息、数据统一汇总分析后发布，在线路发生故障时支撑各级部门开展抢修等工作，及时反应运行状况，增强事故的处理分析能力。

（3）配电网自动化程度的重要标志是通信是否符合自动化的要求，通信系统不仅担负着设备及用户与自动化系统的联络，起着纽带作用，还担负着信息的处理、命令的发送和返回。如果没有可靠有效的通信，自动化系统将对配电网失去控制。对于通信方式和设备选择，既要考虑它的先进性和可靠性，又要考虑当地的经济现状和发展前景，兼顾经济性和合理性。

（4）在通用的软件平台上建立配电网自动化系统应用软件，具有相应的开放式支持环境、通用的应用软件接口和数据库的接口、友好的人机界面和屏幕操作、实用化的地理信息系统。对于配电网系统，计算机的应用平台必须在通用、开放式、多用户支持下的操作系统、数据库、用户界面和通信接口等方面遵循公认的标准。能够准确地反应配电系统的潮流及负荷情况，具有事故记录及信息反馈，可实现负荷控制、远方抄表、设备数据库统计及规划、无功优化的理论计算等。

第五章 旁路综合性作业

综合不停电作业法，是国家电网公司在 Q/GDW 10520—2016《10kV 配网不停电作业规范》中提出的。在架空配电线路带电作业中，除采用绝缘杆作业法、绝缘手套作业法外，可综合利用绝缘杆作业法、绝缘手套作业法以及旁路电缆或旁路作业车、移动箱变车、移动电源车等旁路设备实施不停电作业。其中，目前开展的第四类综合不停电作业项目，如旁路作业法检修架空线路以及不停电更换柱上变压器等，是一项提高配网供电可靠性的新型带电作业项目，其作业原理是：通过旁路柔性电缆、快速连接电缆接头和旁路负荷开关等，在现场构建一条临时“旁路电缆供电系统”，跨接故障或待检修线路段，通过旁路负荷开关，将用电负荷转移到临时旁路供电线路向用户不间断供电，以及通过 T 形接头同时向用户支线供电，这种作业方式称为“旁路作业”，即通过构建的“旁路电缆供电系统”，在保持对用户不间断供电的情况下，完成待检修设备停电检修工作，包括计划检修、故障抢修和设备更换等工作，最大限度地缩小停电范围、降低停电对用户的影响。

第一节 设 备 器 材

一、旁路电缆及相关器材

常见的旁路设备器材见表 5–1。

表 5–1　　常见的旁路设备器材

类别	序号	名称/规格	图例及作用	
器材类	1	旁路电缆（含接头）8.7/15kV HVC $1 \times 50mm^2$（30～50）m/盘		在接头处有黄、绿、红等色相标志

续表

类别	序号	名称/规格	图例及作用	
器材类	2	旁路辅助电缆 50mm², 长度：6m/根	用于延长旁路电缆。两端都为专用的插拔式电缆接头，任一端都可接在旁路开关上或通过中间直线接头与旁路电缆连接	
	3	高压引下电缆 50mm², 长度：6m/根		用于旁路开关与架空导线的连接。 一端为挂钩，可挂接在架空导线上；另一端为专用的插拔式电缆接头，可接在旁路开关上
	4	中间直线接头 （3个1组）		用于旁路电缆间的接续，或旁路电缆与旁路辅助电缆间的接续
	5	T型接头（含绝缘栓、台架）	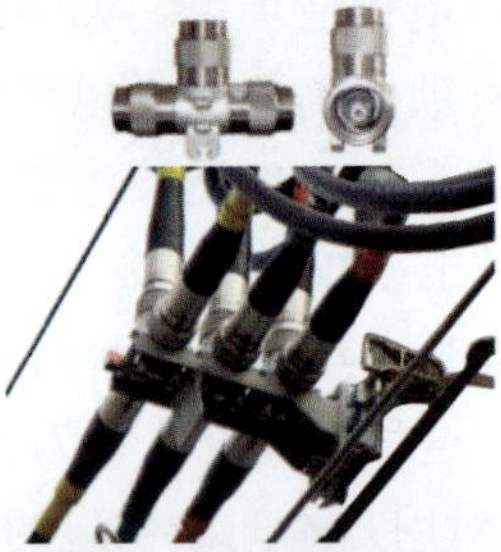	用于旁路电缆接续后，需要引出分支电路的
工具类	6	滑轮		在敷设旁路电缆时，用于传送旁路电缆
	7	连接绳（2m×25根）	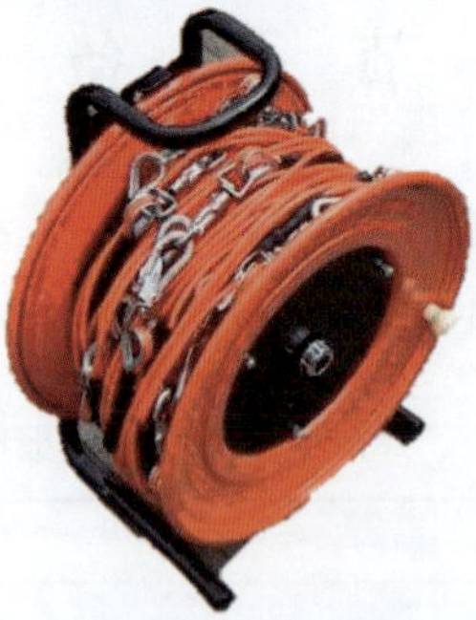	在敷设旁路电缆时，将滑轮逐个连接，用于牵引滑轮，避免直接牵引旁路电缆使电缆受力损坏
	8	电缆牵引工具（牵头用）		用于捆绑旁路电缆端头，便于牵引

续表

类别	序号	名称/规格	图例及作用
	9	电缆牵引工具	3个1组，中间用
	10	电缆送出轮	
	11	电缆导入轮	 敷设旁路电缆时，便于电缆从地面向杆上引入，减少电缆导入时的摩擦力
	12	导入支撑	 用于施工现场的起始端，电缆从电缆盘引出后，通过导入轮将电缆顺利导出，避免在地面拖放引起损伤
工具类	13	输送绳（100m/根，含线盘）	敷设旁路电缆时，通过固定工具、中间支持工具等接续紧固后，挂设滑轮，承载旁路电缆的重量
	14	输送绳（50m/根，含线盘）	
	15	输送绳（7、2、1m）	可根据现场工作区段档距情况，灵活调节输送距离
	16	MR连接器A	敷设旁路电缆时，用于多段旁路电缆之间的连接绑扎
	17	MR连接器B	
	18	固定工具1	 地上用。连接输送绳与固定绳（为有利于承载旁路电缆的重量，输送绳必须紧、直），需用固定绳（可用钢丝绳或白棕绳等）固定在附近的构件或临时地锚上），并方便地将滑轮送到输送绳上
	19	固定工具2	 柱上用。固定、接续输送绳，并便于旁路电缆输送

续表

类别	序号	名称/规格	图例及作用	
工具类	20	中间支持工具		
	21	紧线工具（满足 $50mm^2$）	安装在工作区段的末端，用来紧固输送绳	
	22	线盘固定工具		在施工现场的起始端，固定电缆盘释放电缆
	23	余缆工具		固定在电杆上，固定及承载多余的电缆，防止余缆散落
	24	电缆带	用来捆扎同时输送的 3 根旁路电缆	
开关	25	旁路开关（配有与电缆连接的接头座）	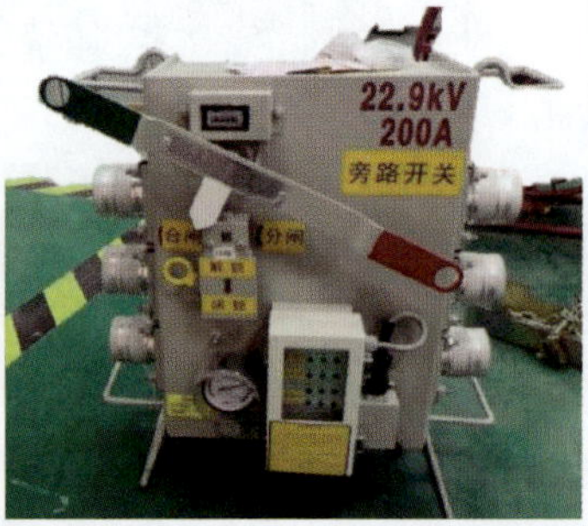	在旁路电缆短接主导线与设备时，可以避免旁路电缆空载电流拉弧，以及安全转移负荷电流，

二、设备参数及技术要求

1. 旁路电缆、高压引下电缆、旁路辅助电缆及电缆附件

旁路电缆、高压引下线电缆、旁路辅助电缆规格见表 5-2。

表 5-2　旁路电缆、高压引下电缆、旁路辅助电缆规格

电缆型号	8.7/15kV HVC 1 × $50mm^2$	
电缆结构	导体构成	100 根/0.8 直径铜导体
	导体外径	9.6mm
	耐热绝缘体厚度	4.5mm
	电缆含绝缘体的外径	20.1mm
	内半导电层	0.5mm

续表

电缆型号	8.7/15kV HVC 1 × 50mm²	
电缆结构	外半导电层	0.5mm
	屏蔽层	0.7mm
	电缆整体（包括护套）外径	25.3mm

电缆附件包括中间直线接头、T 型接头和电缆接头。T 型接头的三回路满足 $50mm^2$，而支接出来的电缆接头需要同时满足 $50mm^2$ 的电缆接头与 $35mm^2$ 的电缆。

为保证旁路作业的安全，无论是电缆还是电缆附件均应具有足够的电气强度，见表 5–3 和表 5–4。

表 5–3　旁路电缆、高压引下电缆、旁路辅助电缆及电缆附件的电气性能

额定电压 U_N（kV）	8.7/15	使用额定频率 f_N（Hz）	50
额定电流 I_N（A）	与主电路相同	电动力水平	40kA，200ms
热稳定	热稳定电流时间（s）	热稳定电流（有效值）（A）	
	0.2	15850	
	0.5	10030	
	1.0	7090	
	2.0	5010	
	3.0	4090	

表 5–4　旁路电缆、高压引下电缆、旁路辅助电缆及电缆附件的绝缘水平

工频耐压（kV）	直流耐压（kV）	雷电冲击耐压（kV）	局部放电特性
45kV/1min	55kV/15min	+/–105kV（各 10 次）、1.2 波头/50μs	在工频 13kV 下小于或等于 10PC/段

注　试验时，需与中间接头与 T 型接头组装实施。

电缆附件的其接触电阻和外绝缘都直接影响到作业安全。接触电阻影响到运行时的发热（电缆接头、中间直线接头和 T 型接头的导体材料均采用铜导体，在对接的状态下，各个接头之间的接触电阻数值的误差不大于 2%。在额定电流的作用下满足温升不大于 50℃的要求），机械操作性能直接关系到对接电缆时的操作便利性和使用寿命（大于 3000 次循环，对接与分离为一个循环）等。中间直线接头和 T 型接头应方便对接，对接以后有牢固、可靠的锁口防止在对接后自动脱落，并在对接的状态下能方便地改变到分离状态。为避免灰尘、污物等影响到电缆附件接续时的密合度和接触电阻，在分离的状态下，需要有保护的盒、盖作为防护。电缆的接头和电缆附件均具备全绝缘水平（指中间接头互相碰到外表不发生相间短路事故，接头外表碰到地面时不发生接地事故）。T 型接头必须具备绝缘的台架，便于组装与固定在电杆上。

电缆接头外表的金属必须是耐腐蚀、高强度、固定与滑动的金属必须具有增加摩擦系数的表面处理。高压引下电缆的端部接头是两种不同的结构，一端与开关的部分配合，另外一端需要有电缆的终端部件（终端头）与连接到架空线的金具接头。连接金具的额定电流、短路热稳定、电动力稳定水平与高压引下电缆的一致。

2. 旁路开关

旁路开关性能参数见表 5-5。

表 5-5　旁路开关性能参数

序号	名称	数值
1	额定电压 U_N（kV）	12
2	额定电流 I_N（A）	应选取与主电路相同
3	额定频率 f_N（Hz）	50
4	额定开断负荷电流（A）	同额定电流
5	额定开断负荷电流的次数（次）	300
6	额定断开充电电流（A）	20
7	额定断开充电电流的次数（次）	10
8	开断时间（ms）	2
9	关合短路电流能力	当旁路电缆额定电流为 200A 时为 40kA
10	工频耐受电压	对地：42kV
		相间：42kV
		同相断口间：48kV
11	冲击耐受电压	对地：75kV
		相间：75kV
		同相断口间：85kV
12	热稳定电流	当旁路电缆额定电流为 200A 时为 16kA、2s
13	动稳定电流	当旁路电缆额定电流为 200A 时为 40kA、300ms
14	机械寿命	3000 次循环
15	套管插拔机械寿命	1000 次循环
16	开关导通的接触电阻	＜40μΩ（开关内部，不包括电缆）
17	三相分断的差异（不同期性能）	＜5ms

续表

序号	名称	数值
18	体积尺寸	680mm × 600mm × 200mm
19	重量	48kg

旁路开关具有清楚、明显的分合指示标志，无论采用何种方式合闸，合闸以后有锁口锁住，不会在不经过操作和不加任何措施情况下出现分闸的可能。

旁路开关还具有具备验电功能的端子，验电端子电压为800V。验电器具有明显的同相与异相的指示信号、音响警报信号等提示信号。开关内部绝缘与消弧采用 SF_6 气体，SF_6 年漏气率小于0.5%，含水量小于 150×10^{-6}（体积比），低压闭锁信号具备明显信号装置或者可以测量是不是被闭锁。

3. 设备器材整体使用环境

旁路器材整体使用环境要求见表5–6。

表5–6　旁路器材整体使用环境要求

环境	要求	环境	要求
使用地点	户外	降雨水平	20mm/h
温度	–20～+40℃	日照	晴天全日照
湿度	95%（25℃）	温差	日平均12℃，最大日温差20℃
海拔	1000m以内		

4. 器材机械与密封性能要求

（1）在10挡情况下牵引力为250～300kg，与电缆接头的有无没有关系。

（2）器材的密封达到IP–68（降雨量为20mm/h）的标准。

三、试验项目

旁路作业器材均应提供型式试验报告和出厂试验报告。型式试验标准不低于IEC60502–4–2000标准。试验项目见表5–7。

表5–7　旁路电缆、高压引下电缆、高压辅助电缆、接头（中间接头、T型接头）组合试验

序号	试验项目	型式试验	出厂试验	交接试验
1	外观、尺寸	√	√	√
2	局部放电试验	√	√	√
3	工频长时间耐压试验	√		
4	工频耐压试验		√	√
5	冲击耐压试验	√		

第二节　移动箱变车

移动箱变车是装有箱式变电站的移动电源，箱式变电站的高低压侧分别安装一组高压负荷开关和低压空气开关。通过负荷转移实现对杆上配电变压器的不停电检修，也可以从高压线路临时取电给低压用户供电。

一、移动箱变车的分类及配置

1. 分类

移动箱变车按车载配置设备分为基本型和扩展型。基本型开展较简单的配电线路及电缆临时供电作业项目；扩展型开展较复杂的配电线路及电缆临时供电作业项目。移动箱变车应具备的主要功能见表 5-8。随着技术的进步和成熟，可增加新的功能。

表 5-8　　移动箱变车主要功能

设备名称	序号	功能/项目	基本型	扩展型
旁路柔性电缆卷盘	1	手动卷缆	●	●
	2	机械或液压卷缆	○	○
低压电缆卷盘	1	手动卷缆	○	●
	2	机械或液压卷缆	○	●
相位检测	1	高压侧相位检测	●	●
	2	低压侧相位检测	●	●
	3	自动相位检测	○	○
低压翻相	1	手动翻相	●	●
	2	自动翻相	○	○
高低压侧出线	1	高压侧出线快速接口	○	●
	2	低压侧出线快速接口	○	○
旁路负荷开关及环网柜	1	旁路负荷开关应具备可靠的安全锁定机构	●	●
	2	配备至少一进二出的环网柜	○	○
高低压保护	1	高压保护	○	●
	2	低压保护开关额定值＞变压器容量的三分之二	○	●
辅助设备	1	液压垂直伸缩液压支撑	●	●
	2	应急照明	○	○

注　●表示应具备的功能；○表示可具备的功能。

2. 基本配置

（1）车辆平台。车辆平台包括车辆底盘、厢体（车厢）结构等，是移动箱变车的运输载体。

（2）车载设备。车载设备主要包括变压器、旁路负荷开关、旁路柔性电缆、低压配电屏等。

（3）辅助系统。辅助系统主要包括电气、照明、接地、液压、安全保护等系统。

移动箱变车典型车型设计，如图 5–1 所示。

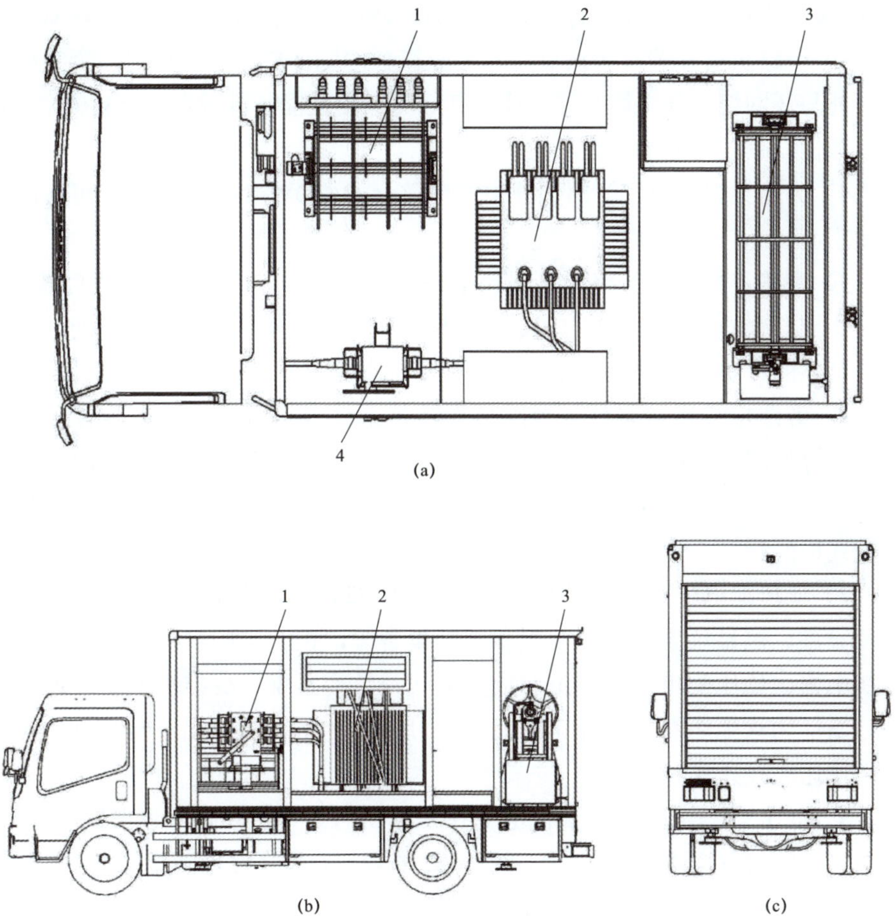

图 5–1　移动箱变车

（a）俯视图；（b）左视图；（c）后视图

1—低压输出装置；2—变压器；3—旁路电缆输放装置；4—旁路负荷开关

二、主要技术要求

（1）工作条件移动箱变车在下列环境条件下应能正常工作：

1）海拔：不超过 1000m。

2）环境温度：−40～40℃。

3）相对湿度：不大于95%（25℃时）。

（2）车载设备要求。

1）接线方式：高压侧接线为一组进线与两组出线，一组出线用于连接变压器，另一组出线可用于转供负荷。低压侧出线为两组负荷（一主一备）输出。

2）配电变压器：配电变压器应符合GB 50150的规定，容量可采用250～630kVA等规格的三相油浸直冷线圈无励磁调压配电变压器或干式变压器。

3）旁路负荷开关：旁路负荷开关应符合Q/GDW 249的规定，全绝缘全密封并能与环网柜、分支箱互连，具备良好的操作性能（机械寿命≥3000次循环）和灭弧性，具备可靠的安全锁定机构。

4）旁路柔性电缆：旁路柔性电缆应符合Q/GDW 249的规定，可弯曲能重复使用。

5）旁路连接器：旁路连接器包括进线接头装置、终端接头、中间接头、T型接头应符合Q/GDW 249的规定。连接接头要求结构紧凑、对接方便，并有牢固、可靠的可防止自动脱落锁口，在对接状态能方便改变分离状态。

6）旁路电缆连接附件：旁路电缆连接附件包括可触摸式终端肘型电缆插头，可分离式电缆接头、辅助电缆、引下电缆等，应符合Q/GDW 249的规定。型号与柔性电缆、带电作业用消弧开关、箱式变压器、环网柜、分支箱和高低压进线柜匹配。

7）低压配电屏：低压配电屏应符合GB 7251.1的规定，将低压电路所需的开关设备、测量仪表、保护装置和辅助设备等，按一定的接线方式布置安装在金属柜内。低压配电屏为固定面板安装式，结构紧凑、少维护或免维护，具备高分断能力灭弧熔断器且操作性能安全可靠的分路出线单元，出线负载电缆宜采用快速连接方式。

8）低压柔性电缆：低压柔性电缆应符合GB 7594的规定，可弯曲能重复使用。

9）环网柜：环网柜应符合GB 11022的规定，应分为负荷开关室（断路器）、母线室、电缆室和控制仪表室等金属封闭的独立隔室，其中负荷开关室（断路器）、母线室和电缆室均有独立的泄压通道。

三、辅助系统

（1）接地系统。移动箱变车应有专用的集中接地点，并具有明显的接地标志。移动箱变车上各电气设备及整车应具有可靠的保护和工作接地连接网络，整车配置充足可靠的接地线缆和接地钎等设备，并设置方便操作的接地连接点。接地电阻均应不大于4Ω，保护接地和工作接地要相距5m及以上。

（2）液压系统。液压系统是为移动箱变车在车库停放时或是在机组工作时保护轮胎及车桥提供支撑，四只液压支腿带有锁定装置，每条支腿均能独立操作。

（3）放电棒。放电棒如图 5–2 所示。放电棒便于在室外各项高电压试验、电容元件中使用，在其断电后，对其积累的电荷进行对地放电，确保人身安全。伸缩型高压放电棒便于携带，方便、灵活，体积小、重量轻、安全。

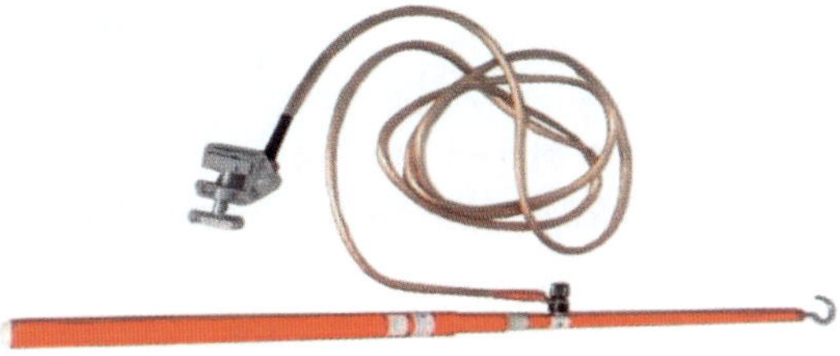

图 5–2　放电棒

放电棒的使用方法和注意事项有：

1）把配制好的接地线插头插入放电棒的头端部位的插孔内，将地线的另一端与大地连接，接地要可靠。

2）放电时应在试验完毕或元件断电后，方可放电。

3）放电时应先用放电棒的前端的金属尖头，慢慢地靠近已断开试品或元件。然后再用放电棒上接地线上的钩子去钩住试品，进行第二次直接对地放电。

4）大电容积累电荷的大小与电容的大小、施加电压的高低和时间的长短成正比。

5）严禁未拉开试验电源用放电棒对试品进行放电。

6）放电棒严禁受潮，影响绝缘强度，应放在干燥的地方。

7）放电棒应定期进行绝缘试验，一般每年试验一次。

第三节　仪　器　仪　表

一、相序表

1. 主要作用

相序表是交流三相相序表的简称，是一种用于判别交流电三相相序的仪器。它能判断电路是否带电或判断电源正相、反相等，同时还可用于检测出现的缺相、逆相、三相电压不平衡、过电压、欠电压等现象，如图 5–3 所示。

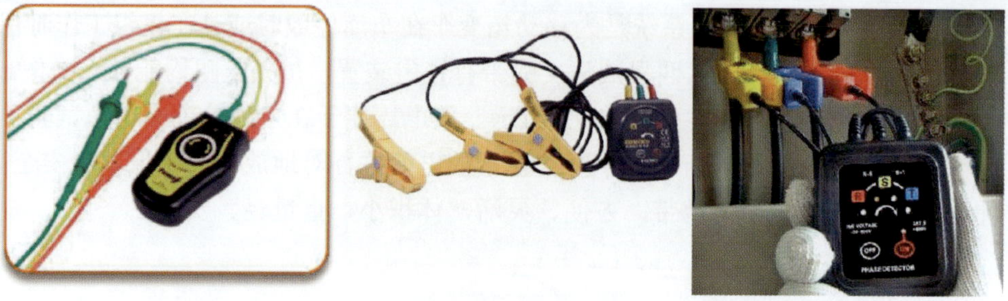

(a)　　(b)　　(c)

图 5-3　相序表

（a）指针式相序表；（b）夹钳式相序表；（c）相序表的使用

2. 使用方法及注意事项

（1）将三根线分别接到待检测的三相线上，然后打开仪器，仪器上方的指示灯将会亮起。按下仪器上的测量键，开始检测。检测时，仪器上的四个相序指示灯（绿灯）按着顺时针的方向依次亮起，同时仪器发出了短鸣声，则所测相线为正相序。反之，若仪器上相序指示灯（红灯）按逆时针的方向亮起，同时仪器发出了长鸣声，则所测相线为逆相序。

（2）判断缺相/查找电源断线位置：将相序表上的三个钳夹任意夹住要检测的三相线，然后开机，并按下检测按钮。若出现了 R–S 或 S–T 灯不亮的状况，则说明发生了缺相的情况。如果要判断缺相、断线的位置，则应用任意一个钳夹，沿着所夹的相线移动，来检测该导线是否断线。若 R–S 或 S–T 灯不亮，则说明断线位置位于检测点之前，依次缩短钳夹检测点的位置，就能够精确的找出断线的位置，以便对线路进行检修。

（3）在使用相序表时，无需其他电源或电池为其供电，而是直接由被测电源供电即可。

（4）一般情况下，相序表的面板上拥有 A、B、C 三个发光二极管，它们分别对应着三相来电。如果在测量中，被测电源出现缺相的情况，相应的二极管将不会发光。

（5）相序表的绝缘鳄口夹可用于夹取、检测直径在 2.4～30mm 之间的绝缘电线。

（6）在使用相序表时，若当三相输入线中有一条线接电时，表内就会带电，因此在打开机壳前一定要切断电源。

二、绝缘电阻表

1. 主要作用

绝缘电阻表是一种专门用来测量电气设备及线路绝缘电阻的表计。表计的显示有指针式和数字式两种，测试的电压主要有 500、1000、2500、5000V 等，如图 5−4 所示。

(a)　　(b)

图 5−4　绝缘电阻测试仪

（a）指针式绝缘电阻测试仪；（b）数字式绝缘电阻测试仪

2. 使用方法及注意事项

（1）表计有三个测量端钮，线路端钮（L）、接地端钮（E）、屏蔽端钮（G）。一般测量绝缘电阻时，只用 L 端和 E 端，L 端接到被测设备的火端或相端，E 端接到被测设备的地端。在测量电缆对地绝缘电阻时或被测设备的漏电流严重时，使用 G 端钮。

（2）线路接好后，先选择表计的测量电压挡位，低压设备或线路可选择 1000V 及以下档位，再将电源按钮顺时针方向旋转至锁定状态，待表计的指针或数字稳定后读取测量数据。

（3）被测设备或线路测试前，应断开电源。

（4）测量电容较大的电动机、变压器、电缆、电容器时，应对其进行充分放电，以保证人身安全和测量准确。

（5）绝缘电阻测试过程中，被测设备或线路上不能有人工作。

（6）测量前，应先将表计进行一次开路和短路试验，检查绝缘电阻表是否良好。开路时指针或数字应处于“∞”，短路时指针或数字应处于“0”，则说明表计是良好的，否则表计有误差或损坏。

（7）禁止在雷电时或附近有高压导体的设备上测量绝缘电阻。

（8）表计电源未关闭前，切勿用手触及设备的测量部分或表计接线柱。拆线时，也不可直接触及引线的裸露部分。

三、钳形电流表

1. 主要作用

钳形电流表可用于高低压电流测量，在线测量电流。部分钳形电流表还具有峰值保持、数据保持、数据存储、无线传输等功能，能广泛应用于变电站、发电厂、工矿企业以及检测站、电工维修部门进行电流检测和野外电工作业等。钳形电流表的工作原理和变压器一样，二次线圈和测量用的电流表构成二次回路。当导线有交流电流通过时，线圈产生了交变磁场，在二次回路中产生了感应电流，电流的大小和一次电流的比例，相当于一次和二次线圈的匝数的反比。如图 5-5 和图 5-6 所示。

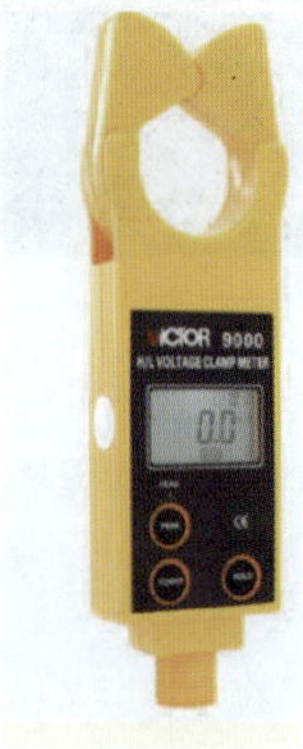

产品型号	VC9000
钳口尺寸	48mm
测量范围	0.1～1000A
测试精度	0.1mA
采样速率	约2次/s
工作温度	–10～40℃
存放温湿度	–10～60℃
超量程显示	OL
绝缘杆尺寸	绝缘强度AC60kV/rms
绝缘杆尺寸	32mm 1m/节（5节）
绝缘强度	30m
外形尺寸	AC 40kV/rms
换挡	0.1～1000A全自动换挡

图 5-5　钳形电流表

图 5-6　现场施工作业图

2. 使用方法和注意事项

（1）使用前，检查钳形电流表的外观情况：绝缘性能应良好，外壳应无破损，绝缘杆应清洁干燥；钳口应紧密接合，若指标抖晃，可重新开闭一次钳口，如果仍然抖晃，应仔细检查，注意清除钳口杂物污垢。

（2）用钳头卡住单根被测导线，钳头与被测导线垂直，钳口闭合紧密，被测导线在钳口中央。测量时应注意身体各部分与带电体保持安全距离。

（3）钳形电流表的工作温度为－40～40℃；存放温度为－40～60℃。

（4）测量范围在0.1～1000A全自动换挡。

（5）测量时应戴绝缘手套，不可同时接触异电位物体。

（6）测量完成后，将钳形电流表和绝缘杆拆开，放入专用工具袋内。

第六章 作业指导书

第一节 绝缘杆作业法带电更换直线杆绝缘子作业指导书

1. 范围

本作业指导书规定了采用绝缘杆作业法带电更换 10kV××线路××杆两边相绝缘子的现场标准化作业的工作步骤和技术要求。

本作业指导书适用于绝缘杆作业法带电更换 10kV××线路××杆两边相绝缘子。

2. 规范性引用文件

2.1 GB/T 18857—2019《配电线路带电作业技术导则》

2.2 GB/T 14286—2008《带电作业工具设备术语》

2.3 DL/T 858—2004《架空配电线路带电安装及作业工具设备》

2.4 Q/GDW 10520—2016《国家电网公司 10kV 配网不停电作业规范》

2.5 国家电网安质〔2014〕265 号《国家电网公司电力安全工作规程（配电部分）》

2.6 国家电网生〔2009〕190 号《关于印发国家电网公司深入开展现场标准化作业工作指导意见的通知》

3. 人员组合

本项目需要 4 人。

3.1 作业人员要求

√	序号	责任人	资质	人数
	1	工作负责人（监护人）	应具有 3 年以上的配电带电作业实际工作经验，熟悉设备状况，具有一定组织能力和事故处理能力，并经工作负责人的专门培训，考试合格。经本单位总工程师批准、书面公布	1 人
	2	杆上电工（1 号、2 号）	应通过 10kV 配电线路带电作业专项培训，考试合格并持有上岗证	2 人
	3	地面电工	应通过 10kV 配电线路带电作业专项培训，考试合格并持有上岗证	1 人

3.2 作业人员分工

√	序号	责任人	分工	责任人签名
	1		工作负责人（监护人）	
	2		1 号杆上电工	
	3		2 号杆上电工	
	4		地面电工	

4. 工器具

领用绝缘工具、安全用具及辅助器具，应核对工器具的使用电压等级和试验周期。领用绝缘工器具，应检查外观完好无损。

工器具运输，应存放在工具袋或工具箱内；金属工具和绝缘工器具应分开装运。

4.1 个人防护用具

√	序号	名称	规格/编号	单位	数量	备注
	1	绝缘安全帽	10kV	顶	4	
	2	绝缘手套	10kV	双	2	
	3	防刺穿手套		双	2	
	4	绝缘披肩	10kV	件	2	
	5	绝缘鞋		双	2	
	6	安全带		副	2	
	7	后备保护绳		副	2	
	8	护目镜		副	2	

4.2 绝缘遮蔽用具

√	序号	名称	规格/编号	单位	数量	备注
	1	导线遮蔽罩	10kV	根	8	
	2	柱式绝缘子遮蔽罩	10kV	只	2	
	3	横担、柱式绝缘子组合遮蔽罩	10kV	只	2	能对单横担、柱式绝缘子下部起到有效绝缘遮蔽作用

4.3 绝缘工具

√	序号	名称	规格/编号	单位	数量	备注
	1	多功能绝缘抱杆		套	1	图片见附录
	2	三齿耙绝缘操作杆		把	2	

续表

√	序号	名称	规格/编号	单位	数量	备注
	3	尖嘴钳绝缘操作杆		把	2	
	4	斜口钳绝缘操作杆		把	2	
	5	绝缘操作杆		把	1	用于设置绝缘遮蔽罩
	6	绝缘传递绳	20m	根	1	

4.4 仪器仪表

√	序号	名称	规格/编号	单位	数量	备注
	1	高压验电器	10kV	支	1	
	2	高压发生器	10kV	只	1	
	3	绝缘电阻检测仪	2500V	只	1	
	4	风速仪		只	1	
	5	温、湿度计		只	1	
	6	对讲机		套	1	

4.5 其他工具

√	序号	名称	规格/编号	单位	数量	备注
	1	脚扣		副	2	
	2	防潮苫布	3m×3m	块	1	
	3	个人常用工具		套	1	
	4	安全遮栏、安全围绳		副	若干	
	5	标示牌	“从此进出！”	块	1	
	6	标示牌	“在此工作！”	块	2	
	7	路障	“前方施工，车辆慢行”	块	2	

4.6 材料

√	序号	名称	规格/编号	单位	数量	备注
	1	柱式绝缘子	PS－15	只	2	
	2	绑线	铝，线径不小于2mm	圈	2	
	3	毛巾		条	2	

5. 作业程序

5.1 开工准备

<table>
<tr><th>√</th><th>序号</th><th>作业内容</th><th>步骤及要求</th></tr>
<tr><td rowspan="4"></td><td rowspan="4">1</td><td rowspan="4">现场复勘</td><td>工作负责人核对工作线路双重命名、杆号</td></tr>
<tr><td>工作负责人检查线路装置是否具备带电作业条件：
（1）作业点相邻两侧电杆埋深、杆身质量；
（2）作业点相邻两侧电杆导线的固结情况；
（3）作业点相邻两侧电杆之间导线应无断股等现象；
（4）作业电杆埋深、杆身质量</td></tr>
<tr><td>工作负责人检查气象条件（不需现场检查，但需在工作许可时汇报）：
（1）天气应晴好，无雷、雨、雪、雾；
（2）风力不大于 10.7m/s；
（3）气相对湿度不大于 80%</td></tr>
<tr><td>检查工作票所列安全措施，在工作票上补充安全措施</td></tr>
<tr><td rowspan="2"></td><td rowspan="2">2</td><td rowspan="2">执行工作许可制度</td><td>工作负责人按工作票内容与当值调度员联系，联系应用普通话</td></tr>
<tr><td>工作负责人在工作票上签字</td></tr>
<tr><td rowspan="4"></td><td rowspan="4">3</td><td rowspan="4">召开现场站班会</td><td>工作负责人宣读工作票</td></tr>
<tr><td>工作负责人检查工作班组成员精神状态、交代工作任务进行分工、交代工作中的安全措施和技术措施</td></tr>
<tr><td>工作负责人检查班组各成员对工作任务分工、安全措施和技术措施是否明确</td></tr>
<tr><td>班组各成员在工作票和作业指导书上签名确认</td></tr>
<tr><td rowspan="2"></td><td rowspan="2">4</td><td rowspan="2">布置工作现场</td><td>工作负责人组织班组成员设置工作现场的安全围栏、安全警示标志：
（1）安全围栏的范围应考虑作业中高空坠落和高空落物的影响以及道路交通，必要时联系交通部门；
（2）围栏的出入口应设置合理；
（3）警示标示应包括“从此进出”“施工现场”等，道路两侧应有“车辆慢行”或“车辆绕行”标示或路障</td></tr>
<tr><td>班组成员按要求将绝缘工器具放在防潮苫布上：
（1）防潮苫布应清洁、干燥；
（2）工器具应按定置管理要求分类摆放；
（3）绝缘工器具不能与金属工具、材料混放</td></tr>
<tr><td rowspan="3"></td><td rowspan="3">5</td><td rowspan="3">检查绝缘工器具</td><td>班组成员逐件对绝缘工器具进行外观检查：
（1）检查人员应戴清洁、干燥的手套；
（2）绝缘工具表面不应磨损、变形损坏，操作应灵活；
（3）个人安全防护用具和遮蔽、隔离用具应无针孔、砂眼、裂纹；
（4）检查安全带外观，并做冲击试验</td></tr>
<tr><td>班组成员使用绝缘电阻检测仪分段检测绝缘工具的表面绝缘电阻值：
（1）测量电极应符合规程要求（极宽 2cm、极间距 2cm）；
（2）正确使用（自检、测量）绝缘电阻检测仪（应采用点测的方法，不应使电极在绝缘工具表面滑动，避免刮伤绝缘工具表面）；
（3）绝缘电阻值不得低于 700MΩ</td></tr>
<tr><td>绝缘工器具检查完毕，向工作负责人汇报检查结果</td></tr>
</table>

续表

√	序号	作业内容	步骤及要求
	6	检测直线绝缘子	班组成员检测直线绝缘子： （1）班组成员对两只（新）直线绝缘子进行表面清洁和检查，绝缘子表面应无麻点、裂痕等现象； （2）用绝缘电阻检测仪检测绝缘子的绝缘电阻，不应低于500MΩ； （3）检测完毕，向工作负责人汇报检测结果
	7	登杆	杆上电工穿戴好绝缘安全帽、绝缘披肩和绝缘鞋，并由工作负责人检查
			杆上电工对安全带、后备保护绳、脚扣进行冲击试验并检查。应注意：冲击试验的高度不应高于0.5m
			获得工作负责人的许可后，杆上电工携带绝缘传递绳及工具袋登杆。应注意： （1）工具袋内，绝缘手套与金属工具、材料等应分开存放；绝缘传递绳应整捆背在2号杆上电工身上； （2）杆上电工应逐次交错登杆，1号杆上电工的位置高于2号杆上电工； （3）登杆过程应全程使用安全带，不得脱离安全带的保护，防止高空坠落

5.2 操作步骤

√	序号	作业内容	步骤及要求
	1	进入带电作业区域	杆上电工登杆至离带电体（架空主导线）2m左右时，调整好各自的站位，在电杆上绑好后备保护绳，并戴好绝缘手套。应注意： （1）后备保护绳应稍高于安全带，起到高挂低用的作用，但不能挂在横担上； （2）进入带电作业区域后，不能随意摘下绝缘手套
	2	设置绝缘遮蔽、隔离措施	获得工作负责人许可后，杆上电工设置两边相的绝缘遮蔽隔离措施： （1）两边相各自遮蔽的部位和顺序依次为：（绝缘子两侧）导线、柱式绝缘子、横担； （2）杆上电工与带电体的安全距离应大于0.4m，绝缘操作杆的有效绝缘长度不应小于1.0m； （3）绝缘遮蔽隔离措施应严密、牢固，连续遮蔽时重叠距离不得小于15cm； （4）杆上电工换相作业应获得工作负责人的许可； （5）防止高空落物
	3	安装多功能绝缘抱杆	在工作负责人监护下，杆上电工配合在电杆上安装好多功能绝缘抱杆。应注意： （1）多功能绝缘抱杆应安装在电源侧（即单横担对侧）； （2）多功能绝缘抱杆应先在地面将两绝缘臂调整到最低的位置，安装时抱杆应尽可能高，并且将两边相导线放置在绝缘臂的线槽内； （3）抱杆应安装牢固； （4）上下传递工器具应使用绝缘传递绳，绝缘传递绳的尾端不应碰触潮湿地面；工器具不应与电杆发生碰撞； （5）防止高空落物
	4	拆除内边相柱式绝缘子上的导线绑扎线	在工作负责人的监护下，杆上电工互相配合，拆除内边相柱式绝缘子上的导线绑扎线。方法如下： （1）杆上电工操作多功能绝缘抱杆两绝缘臂的机构，使绝缘臂上升，导线轻微受力； （2）用绝缘操作杆取下柱式绝缘子上的绝缘遮蔽罩，并确认其他绝缘遮蔽隔离措施是否严密；

续表

√	序号	作业内容	步骤及要求
	4	拆除内边相柱式绝缘子上的导线绑扎线	（3）杆上电工互相配合用斜口钳绝缘操作杆、尖嘴钳绝缘操作杆和三齿耙绝缘操作杆拆除柱式绝缘子上的导线绑扎线。 应注意： （1）杆上电工与带电体的安全距离应大于 0.4m，绝缘操作杆的有效绝缘长度不应小于 1.0m； （2）绑扎线的展放长度不应超过 10cm
	5	拆除外边相柱式绝缘子上的导线绑扎线	在工作负责人的监护下，杆上电工按照与内边相相同的方法拆除外边相直线绝缘子的绑扎线
	6	提升导线	在工作负责人的监护下，杆上电工操作多功能绝缘抱杆两绝缘臂的机构，提升导线。应注意： （1）应逐步提升导线，保证多功能绝缘抱杆两绝缘臂受力均衡； （2）导线提升的高度应不小于 40cm； （3）提升导线时应观察多功能绝缘抱杆、导线受力情况
	7	完善绝缘遮蔽隔离措施	完善两边相导线上的绝缘遮蔽隔离措施。应注意： （1）杆上电工与带电体的安全距离应大于 0.4m，绝缘操作杆的有效绝缘长度不应小于 1.0m； （2）绝缘遮蔽隔离措施应严密牢固、绝缘遮蔽组合的重叠距离不得小于15cm
	8	更换支持绝缘子	在工作负责人的监护下，杆上电工更换支持绝缘子。应注意： （1）杆上电工不得摘下或脱下个人安全防护用具； （2）拆、装支持绝缘子时不应失去绝缘传递绳的控制； （3）上下传递绝缘子应避免与电杆、绝缘斗碰撞； （4）不应发生高空落物。 绝缘子的安装工艺和质量应符合施工和验收规范的要求：表面应无损伤，线槽应与导线平行并安装牢固。应预先将绑扎线固定在新的柱式绝缘子上，并呈帽翅形状
	9	恢复完善绝缘遮蔽隔离措施	杆上电工恢复完善绝缘遮蔽和隔离措施。应注意： （1）应恢复完善绝缘遮蔽隔离措施的部位或构件为铁横担、绝缘子； （2）杆上电工与带电体的安全距离应大于 0.4m； （3）绝缘遮蔽隔离措施应严密牢固、绝缘遮蔽组合的重叠距离不得小于15cm
	10	下降导线	在工作负责人的监护下，杆上电工操作多功能绝缘抱杆两绝缘臂的机构，下降导线并将其搁置在柱式绝缘子线槽内。应注意： （1）应逐步下降导线，保证多功能绝缘抱杆两绝缘臂受力均衡； （2）导线进入柱式绝缘子线槽后，多功能绝缘抱杆两绝缘臂还应轻微受力，不得让导线脱离控制
	11	固定外边相导线	在工作负责人的监护下，杆上电工调整好站位高度和作业位置后，互相配合用斜口钳绝缘操作杆、尖嘴钳绝缘操作杆和三齿耙绝缘操作杆将外边相导线固定在柱式绝缘子上。应注意： （1）杆上电工与带电体的安全距离应大于 0.4m，绝缘操作杆的有效绝缘长度不应小于 1.0m； （2）绑扎过程中，扎线的展放长度程度不应大于 10cm； （3）防止高空落物。 绑扎线绑扎的施工工艺和质量应符合施工和验收规范的要求： （1）扎线应绑扎紧密、牢固； （2）扎线缠绕方向应与导线线股绞向一致、股数应符合要求
	12	固定内边相导线	在工作负责人的监护下，杆上电工按照与外边相相同的方法固定内边相导线

续表

√	序号	作业内容	步骤及要求
	13	恢复完善绝缘遮蔽隔离措施	在工作负责人的监护下，杆上电工恢复完善绝缘遮蔽隔离措施。应注意： （1）需恢复完善绝缘遮蔽隔离措施的部位为柱式绝缘子的扎线部位； （2）杆上电工与带电体的安全距离应大于 0.4m，绝缘操作杆的有效绝缘长度不应小于 1.0m； （3）绝缘遮蔽隔离措施应严密牢固，与导线上的绝缘遮蔽隔离措施重叠长度不应少于 15cm
	14	拆除多功能绝缘抱杆	在工作负责人的监护下，杆上电工调整好站位高度和作业位置后，互相配合拆除多功能绝缘抱杆。应注意： （1）应预先在多功能绝缘抱杆上捆绑好绝缘传递绳，绳扣应牢固； （2）上下传递应平稳，不应发生与电杆发生碰撞现象； （3）防止高空落物
	15	撤除绝缘遮蔽隔离措施	获得工作负责人的许可后，杆上电工调整好站位高度和作业位置后，依次拆除两边相绝缘遮蔽隔离措施。应注意： （1）各边相绝缘遮蔽隔离措施的拆除顺序依次为：横担、柱式绝缘子、导线； （2）杆上电工与带电体的安全距离应大于 0.4m，绝缘操作杆的有效绝缘长度不应小于 1.0m； （3）杆上电工换相作业应获得工作负责人的许可； （4）防止高空落物
	16	工程验收	杆上电工检查施工质量： （1）杆上无遗漏物； （2）装置无缺陷符合运行条件； （3）向工作负责人汇报施工质量
	17	撤离杆塔	杆上电工逐次交错下杆。应注意：下杆时应全程使用安全带，防止高空坠落

6. 工作结束

√	序号	作业内容	步骤及要求
	1	清理现场	工作负责人组织班组成员整理工具、材料。将工器具清洁后放入专用的箱（袋）中。清理现场，做到“工完、料尽、场地清”
	2	召开收工会	工作负责人组织召开现场收工会，做工作总结和点评工作： （1）正确点评本项工作的施工质量； （2）点评班组成员在作业中的安全措施的落实情况； （3）点评班组成员对规程的执行情况
	3	办理工作终结手续	工作负责人向调度汇报工作结束，并终结工作票

7. 验收记录

记录检修中发现的问题	
存在问题及处理意见	

8. 现场标准化作业指导书执行情况评估

评估内容	符合性	优		可操作项	
		良		不可操作项	
	可操作性	优		修改项	
		良		遗漏项	
存在问题					
改进意见					

第二节　绝缘杆作业法带电更换直线杆绝缘子及横担作业指导书

1. 范围

本作业指导书规定了采用绝缘杆作业法带电更换10kV××线路××杆两边相绝缘子及横担的现场标准化作业的工作步骤和技术要求。装置结构图见附录，该装置为单横担直线杆装置。

本作业指导书适用于绝缘杆作业法带电更换10kV××线路××杆两边相绝缘子及横担。

2. 规范性引用文件

2.1　GB/T 18857—2019《配电线路带电作业技术导则》

2.2　GB/T 14286—2008《带电作业工具设备术语》

2.3　DL/T 858—2004《架空配电线路带电安装及作业工具设备》

2.4　Q/GDW 10520—2016《国家电网公司10kV配网不停电作业规范》

2.5　国家电网安质〔2014〕265号《国家电网公司电力安全工作规程（配电部分）》

2.6　国家电网生〔2009〕190号《关于印发国家电网公司深入开展现场标准化作业工作指导意见的通知》

3. 人员组合

本项目需要4人。

3.1　作业人员要求

√	序号	责任人	资质	人数
	1	工作负责人（监护人）	应具有3年以上的配电带电作业实际工作经验，熟悉设备状况，具有一定组织能力和事故处理能力，并经工作负责人的专门培训，考试合格。经本单位总工程师批准、书面公布	1人

续表

√	序号	责任人	资质	人数
	2	杆上电工（1号、2号）	应通过10kV配电线路带电作业专项培训，考试合格并持有上岗证	2人
	3	地面电工	应通过10kV配电线路带电作业专项培训，考试合格并持有上岗证	1人

3.2　作业人员分工

√	序号	责任人	分工	责任人签名
	1		工作负责人（监护人）	
	2		1号杆上电工	
	3		2号杆上电工	
	4		地面电工	

4. 工器具

领用绝缘工具、安全用具及辅助器具，应核对工器具的使用电压等级和试验周期。领用绝缘工器具，应检查外观完好无损。

工器具运输，应存放在工具袋或工具箱内；金属工具和绝缘工器具应分开装运。

4.1　个人防护用具

√	序号	名称	规格/编号	单位	数量	备注
	1	绝缘安全帽	10kV	顶	4	
	2	绝缘手套	10kV	双	2	
	3	防刺穿手套		双	2	
	4	绝缘披肩	10kV	件	2	
	5	绝缘鞋		双	2	
	6	安全带		副	2	
	7	后备保护绳		副	2	
	8	护目镜		副	2	

4.2　绝缘遮蔽用具

√	序号	名称	规格/编号	单位	数量	备注
	1	导线遮蔽罩	10kV	根	8	
	2	柱式绝缘子遮蔽罩	10kV	只	2	

续表

√	序号	名称	规格/编号	单位	数量	备注
	3	横担、柱式绝缘子组合遮蔽罩	10kV	只	2	能对单横担、柱式绝缘子下部起到有效绝缘遮蔽作用
	4	绝缘毯	10kV，1000mm×800mm	块	2	
	5	绝缘短绳	ϕ6，0.6m	条	2	用于绑扎绝缘毯

4.3　绝缘工具

√	序号	名称	规格/编号	单位	数量	备注
	1	多功能绝缘抱杆		套	1	
	2	三齿耙绝缘操作杆		把	2	
	3	尖嘴钳绝缘操作杆		把	2	
	4	斜口钳绝缘操作杆		把	2	
	5	绝缘操作杆		把	1	用于设置绝缘遮蔽罩
	6	绝缘传递绳	20m	根	1	

4.4　仪器仪表

√	序号	名称	规格/编号	单位	数量	备注
	1	高压验电器	10kV	支	1	
	2	高压发生器	10kV	只	1	
	3	绝缘电阻检测仪	2500V	只	1	
	4	风速仪		只	1	
	5	温、湿度计		只	1	
	6	对讲机		套	1	

4.5　其他工具

√	序号	名称	规格/编号	单位	数量	备注
	1	脚扣		副	2	
	2	防潮苫布	3m×3m	块	1	
	3	个人常用工具		套	1	
	4	安全遮栏、安全围绳		副	若干	
	5	标示牌	“从此进出！”	块	1	
	6	标示牌	“在此工作！”	块	2	
	7	路障	“前方施工，车辆慢行”	块	2	

4.6 材料

√	序号	名称	规格/编号	单位	数量	备注
	1	柱式绝缘子	PS－15	只	2	
	2	单横担		副	1	规格与原横担相同
	3	绑线	铝，线径不小于 2mm	圈	2	
	4	毛巾		条	2	

5. 作业程序

5.1 开工准备

√	序号	作业内容	步骤及要求
	1	现场复勘	工作负责人核对工作线路双重命名、杆号
			工作负责人检查线路装置是否具备带电作业条件： （1）作业点相邻两侧电杆埋深、杆身质量； （2）作业点相邻两侧电杆导线的固结情况； （3）作业点相邻两侧电杆之间导线应无断股等现象； （4）作业电杆埋深、杆身质量
			工作负责人检查气象条件（不需现场检查，但需在工作许可时汇报）： （1）天气应晴好，无雷、雨、雪、雾； （2）风力不大于 10.7m/s； （3）气相对湿度不大于 80%
			检查工作票所列安全措施，在工作票上补充安全措施
	2	执行工作许可制度	工作负责人按工作票内容与当值调度员联系，确认线路重合闸装置已退出。联系应用普通话
			工作负责人在工作票上签字
	3	召开现场站班会	工作负责人宣读工作票
			工作负责人检查工作班组成员精神状态、交代工作任务进行分工、交代工作中的安全措施和技术措施
			工作负责人检查班组各成员对工作任务分工、安全措施和技术措施是否明确
			班组各成员在工作票和作业指导书上签名确认
	4	布置工作现场	工作负责人组织班组成员设置工作现场的安全围栏、安全警示标志： （1）安全围栏的范围应考虑作业中高空坠落和高空落物的影响以及道路交通，必要时联系交通部门； （2）围栏的出入口应设置合理； （3）警示标示应包括“从此进出”“施工现场”等，道路两侧应有“车辆慢行”或“车辆绕行”标示或路障
			班组成员按要求将绝缘工器具放在防潮苫布上： （1）防潮苫布应清洁、干燥； （2）工器具应按定置管理要求分类摆放； （3）绝缘工器具不能与金属工具、材料混放

续表

√	序号	作业内容	步骤及要求
	5	检查绝缘工器具	班组成员逐件对绝缘工器具进行外观检查： （1）检查人员应戴清洁、干燥的手套； （2）绝缘工具表面不应磨损、变形损坏，操作应灵活； （3）个人安全防护用具和遮蔽、隔离用具应无针孔、砂眼、裂纹； （4）检查安全带外观，并做冲击试验
			班组成员使用绝缘电阻检测仪分段检测绝缘工具的表面绝缘电阻值： （1）测量电极应符合规程要求（极宽 2cm、极间距 2cm）； （2）正确使用（自检、测量）绝缘电阻检测仪（应采用点测的方法，不应使电极在绝缘工具表面滑动，避免刮伤绝缘工具表面）； （3）绝缘电阻值不得低于 700MΩ
			绝缘工器具检查完毕，向工作负责人汇报检查结果
	6	检测直线绝缘子	班组成员检测直线绝缘子： （1）班组成员对三个（新）直线绝缘子进行表面清洁和检查，绝缘子表面应无麻点、裂痕等现象； （2）用绝缘电阻检测仪检测绝缘子的绝缘电阻，不应低于 500MΩ； （3）检测完毕，向工作负责人汇报检测结果
	7	登杆	杆上电工穿戴好绝缘安全帽、绝缘披肩和绝缘鞋，并由工作负责人检查
			杆上电工对安全带、后备保护绳、脚扣进行冲击试验并检查。应注意：冲击试验的高度不应高于 0.5m
			获得工作负责人的许可后，杆上电工携带绝缘传递绳及工具袋登杆。应注意： （1）工具袋内，绝缘手套与金属工具、材料等应分开存放；绝缘传递绳应整捆背在 2 号杆上电工身上； （2）杆上电工应逐次交错登杆，1 号杆上电工的位置高于 2 号杆上电工； （3）登杆过程应全程使用安全带，不得脱离安全带的保护，防止高空坠落

5.2 操作步骤

√	序号	作业内容	步骤及要求
	1	进入带电作业区域	杆上电工登杆至离带电体（架空主导线）2m 左右时，调整好各自的站位，在电杆上绑好后备保护绳，并戴好绝缘手套。应注意： （1）后备保护绳应稍高于安全带，起到高挂低用的作用，但不能挂在横担上； （2）进入带电作业区域后，不能随意摘下绝缘手套
	2	设置绝缘遮蔽、隔离措施	获得工作负责人许可后，杆上电工设置两边相的绝缘遮蔽隔离措施： （1）两边相各自遮蔽的部位和顺序依次为：（绝缘子两侧）导线、柱式绝缘子、横担； （2）杆上电工与带电体的安全距离应大于 0.4m，绝缘操作杆的有效绝缘长度不应小于 1.0m； （3）绝缘遮蔽隔离措施应严密、牢固，连续遮蔽时重叠距离不得小于 15cm； （4）杆上电工换相作业应获得工作负责人的许可； （5）防止高空落物
	3	安装多功能绝缘抱杆	在工作负责人监护下，杆上电工配合在电杆上安装好多功能绝缘抱杆。应注意： （1）多功能绝缘抱杆应安装在电源侧（即单横担对侧）； （2）多功能绝缘抱杆应先在地面将两绝缘臂调整到最低的位置，安装时抱杆应尽可能高，并且将两边相导线放置在绝缘臂的线槽内；

续表

√	序号	作业内容	步骤及要求
	3	安装多功能绝缘抱杆	（3）抱杆应安装牢固； （4）上下传递工器具应使用绝缘传递绳，绝缘传递绳的尾端不应碰触潮湿地面；工器具不应与电杆发生碰撞； （5）防止高空落物
	4	拆除内边相柱式绝缘子上的导线绑扎线	在工作负责人的监护下，杆上电工互相配合，拆除内边相柱式绝缘子上的导线绑扎线。方法如下： （1）杆上电工操作多功能绝缘抱杆两绝缘臂的机构，使绝缘臂上升，导线轻微受力； （2）用绝缘操作杆取下柱式绝缘子上的绝缘遮蔽罩，并确认其他绝缘遮蔽隔离措施是否严密； （3）杆上电工互相配合用斜口钳绝缘操作杆、尖嘴钳绝缘操作杆和三齿耙绝缘操作杆拆除柱式绝缘子上的导线绑扎线。 应注意： （1）杆上电工与带电体的安全距离应大于 0.4m，绝缘操作杆的有效绝缘长度不应小于 1.0m； （2）绑扎线的展放长度不应超过 10cm
	5	拆除外边相柱式绝缘子上的导线绑扎线	在工作负责人的监护下，杆上电工按照与内边相相同的方法拆除外边相直线绝缘子的绑扎线
	6	提升导线	在工作负责人的监护下，杆上电工操作多功能绝缘抱杆两绝缘臂的机构，提升导线。应注意： （1）应逐步提升导线，保证多功能绝缘抱杆两绝缘臂受力均衡； （2）导线提升的高度应不小于 40cm； （3）提升导线时应观察多功能绝缘抱杆、导线受力情况
	7	完善绝缘遮蔽隔离措施	完善两边相导线上的绝缘遮蔽隔离措施。应注意： （1）杆上电工与带电体的安全距离应大于 0.4m，绝缘操作杆的有效绝缘长度不应小于 1.0m； （2）绝缘遮蔽隔离措施应严密牢固、绝缘遮蔽组合的重叠距离不得小于 15cm
	8	更换横担、支持绝缘子	在工作负责人的监护下，杆上电工更换横担和支持绝缘子。方法如下： （1）杆上电工逐个拆除柱式绝缘子； （2）杆上电工用绝缘毯将铁横担两端头进行绝缘遮蔽； （3）杆上电工用记号笔在电杆上做好横担安装高度的记号； （4）杆上电工拆除旧横担； （5）地面电工在新横担上用绝缘毯将铁横担两端头进行绝缘遮蔽。并将绑扎线的中间绑缚在两柱式绝缘子上，调整好绑扎线呈帽翅形状； （6）杆上电工安装好新横担； （7）杆上电工安装新柱式绝缘子。 应注意： （1）杆上电工不得摘下或脱下个人安全防护用具； （2）应将横担、绝缘子分解逐步拆除或安装； （3）拆、装铁横担之前应用绝缘毯将铁横担两端头进行绝缘遮蔽，拆、装及上下传递过程中铁横担应控制平稳，防止一端翘起触碰导线； （4）拆、装柱式绝缘子和铁横担时不应失去绝缘传递绳的控制； （5）上下传递绝缘子、铁横担应避免与电杆碰撞； （6）不应发生高空落物。 横担和绝缘子的安装工艺应该符合要求： （1）横担的安装高度应与原横担相同； （2）横担应安装水平牢固。横担端部上下歪斜不应大于 20mm，横担端部左右扭斜不应大于 20mm； （3）绝缘子应在杆上组装，表面应无损伤，线槽应与导线平行并安装牢固

续表

√	序号	作业内容	步骤及要求
	9	恢复完善绝缘遮蔽隔离措施	杆上电工恢复完善绝缘遮蔽和隔离措施。应注意： （1）应恢复完善绝缘遮蔽隔离措施的部位或构件为铁横担、绝缘子； （2）杆上电工与带电体的安全距离应大于 0.4m； （3）绝缘遮蔽隔离措施应严密牢固、绝缘遮蔽组合的重叠距离不得小于 15cm
	10	下降导线	在工作负责人的监护下，杆上电工操作多功能绝缘抱杆两绝缘臂的机构，下降导线并将其搁置在柱式绝缘子线槽内。应注意： （1）应逐步下降导线，保证多功能绝缘抱杆两绝缘臂受力均衡； （2）导线进入柱式绝缘子线槽后，多功能绝缘抱杆两绝缘臂还应轻微受力，不得让导线脱离控制
	11	固定外边相导线	在工作负责人的监护下，杆上电工调整好站位高度和作业位置后，互相配合用斜口钳绝缘操作杆、尖嘴钳绝缘操作杆和三齿耙绝缘操作杆将外边相导线固定在柱式绝缘子上。应注意： （1）杆上电工与带电体的安全距离应大于 0.4m，绝缘操作杆的有效绝缘长度不应小于 1.0m； （2）绑扎过程中，扎线的展放长度程度不应大于 10cm； （3）防止高空落物。 绑扎线绑扎的施工工艺和质量应符合施工和验收规范的要求： （1）扎线应绑扎紧密、牢固； （2）扎线缠绕方向应与导线线股绞向一致、股数应符合要求
	12	固定内边相导线	在工作负责人的监护下，杆上电工按照与外边相相同的方法固定内边相导线
	13	恢复完善绝缘遮蔽隔离措施	在工作负责人的监护下，杆上电工恢复完善绝缘遮蔽隔离措施。应注意： （1）需恢复完善绝缘遮蔽隔离措施的部位为柱式绝缘子的扎线部位； （2）杆上电工与带电体的安全距离应大于 0.4m，绝缘操作杆的有效绝缘长度不应小于 1.0m； （3）绝缘遮蔽隔离措施应严密牢固，与导线上的绝缘遮蔽隔离措施重叠长度不应少于 15cm
	14	拆除多功能绝缘抱杆	在工作负责人的监护下，杆上电工调整好站位高度和作业位置后，互相配合拆除多功能绝缘抱杆。应注意： （1）应预先在多功能绝缘抱杆上捆绑好绝缘传递绳，绳扣应牢固； （2）上下传递应平稳，不应发生与电杆发生碰撞现象； （3）防止高空落物
	15	撤除绝缘遮蔽隔离措施	获得工作负责人的许可后，杆上电工调整好站位高度和作业位置后，依次拆除两边相绝缘遮蔽隔离措施。应注意： （1）各边相绝缘遮蔽隔离措施的拆除顺序依次为：横担、柱式绝缘子、导线； （2）杆上电工与带电体的安全距离应大于 0.4m，绝缘操作杆的有效绝缘长度不应小于 1.0m； （3）杆上电工换相作业应获得工作负责人的许可； （4）防止高空落物
	16	工程验收	杆上电工检查施工质量： （1）杆上无遗漏物； （2）装置无缺陷符合运行条件； （3）向工作负责人汇报施工质量
	17	撤离杆塔	杆上电工逐次交错下杆。应注意：下杆时应全程使用安全带，防止高空坠落

6. 工作结束

√	序号	作业内容	步骤及要求
	1	清理现场	工作负责人组织班组成员整理工具、材料。将工器具清洁后放入专用的箱（袋）中。清理现场，做到“工完、料尽、场地清”

续表

√	序号	作业内容	步骤及要求
	2	召开收工会	工作负责人组织召开现场收工会，做工作总结和点评工作： （1）正确点评本项工作的施工质量； （2）点评班组成员在作业中的安全措施的落实情况； （3）点评班组成员对规程的执行情况
	3	办理工作终结手续	工作负责人向调度汇报工作结束，并终结工作票

7. 验收记录

记录检修中发现的问题	
存在问题及处理意见	

8. 现场标准化作业指导书执行情况评估

评估内容	符合性	优		可操作项	
		良		不可操作项	
	可操作性	优		修改项	
		良		遗漏项	
存在问题					
改进意见					

9. 附录

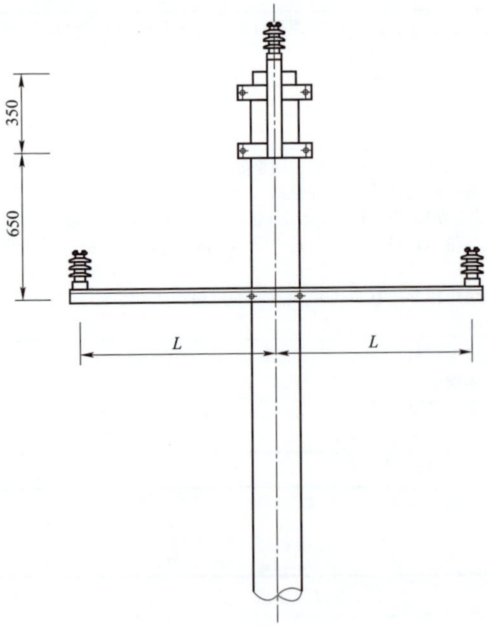

装置结构示意图

多功能绝缘抱杆

第三节 绝缘杆作业法带电更换接跌落式熔断器作业指导书

1. 范围

本作业指导书规定了绝缘杆作业法带电更换 10kV××线××号杆三相跌落式熔断器的现场标准化作业的工作步骤和技术要求。装置结构为主导线三角形排列的架空单回路 90° T 接架空分支线路。装置结构图见附录。

本作业指导书适用于绝缘杆作业法带电更换 10kV××线××号杆三相跌落式熔断器。

2. 规范性引用文件

2.1 GB/T 18857—2019《配电线路带电作业技术导则》

2.2 GB/T 14286—2008《带电作业工具设备术语》

2.3 DL/T 858—2004《架空配电线路带电安装及作业工具设备》

2.4 Q/GDW 10520—2016《国家电网公司 10kV 配网不停电作业规范》

2.5 国家电网安质〔2014〕265 号《国家电网公司电力安全工作规程（配电部分）》

2.6 国家电网生〔2009〕190 号《关于印发国家电网公司深入开展现场标准化作业工作指导意见的通知》

3. 人员组合

本项目需要 4 人。

3.1 作业人员要求

√	序号	责任人	资质	人数
	1	工作负责人（监护人）	应具有 3 年以上的配电带电作业实际工作经验，熟悉设备状况，具有一定组织能力和事故处理能力，并经工作负责人的专门培训，考试合格	1
	2	杆上电工（1 号、2 号）	应通过 10kV 配电线路带电作业专项培训，考试合格并持有上岗证	2
	3	地面电工	应通过 10kV 配电线路带电作业专项培训，考试合格并持有上岗证	1

3.2 作业人员分工

√	序号	责任人	分工	责任人签名
	1		工作负责人（监护人）	
	2		1 号杆上电工	
	3		2 号杆上电工	
	4		地面电工	

4. 工器具

领用绝缘工器具时应核对工器具的使用电压等级和试验周期，并应检查外观完好无损。

工器具运输，应存放在工具袋或工具箱内；金属工具和绝缘工器具应分开装运。

4.1 个人安全防护用具

√	序号	名称	规格/编号	单位	数量	备注
	1	绝缘安全帽	10kV	顶	4	
	2	绝缘手套	10kV	双	2	
	3	防刺穿手套		双	2	
	4	绝缘披肩	10kV	件	2	
	5	绝缘鞋		双	2	
	6	安全带		副	2	
	7	后备保护绳		副	2	
	8	护目镜		副	2	

4.2 绝缘遮蔽工具

√	序号	名称	规格/编号	单位	数量	备注
	1	导线绝缘遮蔽罩	10kV	只	4	
	2	柱式绝缘子遮蔽罩	10kV	只	2	

4.3 绝缘工具

√	序号	名称	规格/编号	单位	数量	备注
	1	绝缘操作杆	10kV	副	1	用于设置绝缘遮蔽罩
	2	线夹传送杆	10kV	副	1	
	3	套筒操作杆	10kV	副	1	
	4	绝缘绳	ϕ12mm×12m	根	1	

4.4 金属工具

√	序号	名称	规格/编号	单位	数量	备注
	1	断线钳		把	1	

4.5 仪器仪表

√	序号	名称	规格/编号	单位	数量	备注
	1	高压验电器	10kV	支	1	
	2	高压发生器	10kV	只	1	
	3	绝缘电阻检测仪	2500V	只	1	
	4	风速仪		只	1	
	5	温、湿度计		只	1	
	6	对讲机		套	1	

4.6 其他工具

√	序号	名称	规格/编号	单位	数量	备注
	1	脚扣		副	2	
	2	防潮苫布	3m×3m	块	1	
	3	操作杆支架		只	2	
	4	个人常用工具		套	1	绝缘柄或绝缘包覆
	5	安全遮栏、安全围绳		副	若干	
	6	标示牌	“从此进出！”	块	1	
	7	标示牌	“在此工作！”	块	1	
	8	路障	“前方施工，车辆慢行”	块	2	

4.7 材料

√	序号	名称	规格/编号	单位	数量	备注
	1	跌落式熔断器		只	3	
	2	引线	$70mm^2$	圈	1	
	3	绝缘胶带		圈	1	
	4	毛巾		块	2	

5. 作业程序

5.1 开工准备

√	序号	作业内容	步骤及要求
	1	现场复勘	工作负责人核对工作线路双重命名、杆号
			工作负责人检查线路装置是否具备带电作业条件： （1）作业电杆杆根、埋深、杆身质量； （2）跌落式熔断器熔管已取下； （3）跌落式熔断器负荷侧已挂好接地线，具备防倒送电的措施

续表

√	序号	作业内容	步骤及要求
	1	现场复勘	工作负责人检查气象条件（不需现场检查，但需在工作许可时汇报）： （1）天气应晴好，无雷、雨、雪、雾； （2）风力不大于 10.7m/s； （3）气相对湿度不大于 80%
			检查工作票所列安全措施，在工作票上补充安全措施
	2	执行工作许可制度	工作负责人按工作票内容与当值调度员联系。联系应用普通话
			工作负责人在工作票上签字
	3	召开现场站班会	工作负责人宣读工作票
			工作负责人检查工作班组成员精神状态、交代工作任务进行分工、交代工作中的安全措施和技术措施
			工作负责人检查班组各成员对工作任务分工、安全措施和技术措施是否明确
			班组各成员在工作票和作业指导书上签名确认
	4	布置工作现场	工作负责人组织班组成员设置工作现场的安全围栏、安全警示标志： （1）安全围栏的范围应考虑作业中高空坠落和高空落物的影响以及道路交通，必要时联系交通部门； （2）围栏的出入口应设置合理； （3）警示标示应包括“从此进出”“施工现场”等，道路两侧应有“车辆慢行”或“车辆绕行”标示或路障
			班组成员按要求将绝缘工器具放在防潮苫布上： （1）防潮苫布应清洁、干燥； （2）工器具应按定置管理要求分类摆放； （3）绝缘工器具不能与金属工具、材料混放
	5	检查绝缘工器具	班组成员逐件对绝缘工器具进行外观检查： （1）检查人员应戴清洁、干燥的手套； （2）绝缘工具表面不应磨损、变形损坏，操作应灵活； （3）个人安全防护用具和遮蔽、隔离用具应无针孔、砂眼、裂纹； （4）检查安全带外观，并做冲击试验
			班组成员使用绝缘电阻检测仪分段检测绝缘工具的表面绝缘电阻值： （1）测量电极应符合规程要求（极宽 2cm、极间距 2cm）； （2）正确使用（自检、测量）绝缘电阻检测仪（应采用点测的方法，不应使电极在绝缘工具表面滑动，避免刮伤绝缘工具表面）； （3）绝缘电阻值不得低于 700MΩ
			绝缘工器具检查完毕，向工作负责人汇报检查结果
	6	登杆	杆上电工穿戴好绝缘安全帽、绝缘披肩，并由工作负责人检查
			杆上电工对安全带、后备保护绳、脚扣进行冲击试验并检查。应注意：冲击试验的高度不应高于 0.5m
			获得工作负责人的许可后，杆上电工携带绝缘传递绳及工具袋登杆。应注意： （1）工具袋内，绝缘手套、手工工具等应分开存放；绝缘传递绳应整捆背在 2 号杆上电工身上； （2）杆上电工应逐次交错登杆，1 号杆上电工的位置高于 2 号杆上电工； （3）登杆过程应全程使用安全带，不得脱离安全带的保护，防止高空坠落

5.2　作业过程

√	序号	作业内容	步骤及要求
	1	进入带电作业区域	杆上电工登杆至合适的作业位置时，调整好各自的站位，在电杆上绑好后备保护绳，并戴好绝缘手套。应注意： （1）后备保护绳应稍高于安全带，起到高挂低用的作用，但不能挂在横担上； （2）进入带电作业区域后，不能随意摘下绝缘手套
	2	设置绝缘遮蔽隔离措施	在工作负责的监护下，1 号杆上电工用绝缘操作杆按照从下到上，由近至远的原则，设置两边相绝缘遮蔽隔离措施。应注意： （1）跌落式熔断器上方的边相绝缘遮蔽隔离措施的设置部位及其顺序依次为：需搭接中间相引线一侧主导线及支持绝缘子；另边相的绝缘遮蔽措施的设置部位及其顺序依次为：需搭接中间相引线一侧的主导线和支持绝缘子； （2）1 号杆上电工应与带电体保持足够的距离（大于 0.4m），绝缘操作杆的有效绝缘长度应大于 0.7m； （3）绝缘遮蔽应严实、牢固，导线遮蔽罩间重叠部分应大于 15cm； （4）防止高空落物
	3	拆开单只跌落式熔断器侧上引线与主导线连接	在工作负责的监护下，1 号、2 号杆上电工配合拆开单只跌落式熔断器侧上引线。拆引方法如下： （1）用线夹传送杆夹住 J 型线夹； （2）用套筒操作杆旋松 J 型线夹螺杆； （3）用线夹传送杆将引线与主导线脱离，控制引线向装置外侧拉开，放下 J 型线夹。 应注意： （1）杆上电工与跌落式熔断器上接线柱的距离应大于 0.4m。为保证 1 号杆上电工的安全距离，在拆开引线与主导线连接时，1 号杆上电工应在跌落式熔断器的横担对侧； （2）绝缘工具的有效绝缘长度（跌落式熔断器上接线柱到绝缘杆手持部位的长度减去中间的金属接续长度）应大于 0.7m； （3）防止高空落物。 引线拆开后的施工工艺和质量应满足要求： （1）拆开后，引线应防止引线弹跳； （2）引线弧度方向整体向下，引线向装置外侧拉开； （3）防止高空落物
	4	拆开另边相跌落式熔断器侧上引线与主导线连接	在工作负责人的监护下，1 号、2 号杆上电工调整好站位，按照相同的步骤和要求拆开另边相跌落式熔断器上引线
			1 号杆上电工用绝缘操作杆调整好主导线上的绝缘遮蔽隔离措施。绝缘遮蔽措施应严密牢固，绝缘遮蔽组合的重叠部分不少于 15cm
	5	拆开中间相跌落式熔断器上引线与主导线连接	在工作负责人的监护下，1 号、2 号杆上电工调整好站位，按照相同的步骤和要求拆开中间相跌落式熔断器上引线
	6	更换单只侧的跌落式熔断器	在工作负责人的监护下，1 号、2 号杆上电工调整好站位，1 号杆上电工拆除跌落式熔断器上引线。应注意： （1）应控制动作幅度； （2）拆除时，应防止引线弹跳； （3）杆上电工应与带电体保持足够的距离（大于 0.4m）
			1 号杆上电工拆开下接线柱引线
			1 号杆上电工更换跌落式熔断器： （1）拆跌落式熔断器之前应用绝缘传递绳将其捆好； （2）上下传递跌落式熔断器时，应控制平稳，不得与电杆、构件等碰撞； （3）不得有高空落物现象

续表

√	序号	作业内容	步骤及要求
	6	更换单只侧的跌落式熔断器	1号、2号杆上电工配合将上引线安装在对应的跌落式熔断器上。应注意： （1）应同时检查跌落式熔断器绝缘子有无破损，调整好角度和安装的牢固程度； （2）引线应安装牢固； （3）安装引线时应防止引线弹跳； （4）防止高空落物
	7	更换另边相侧和中间相的跌落式熔断器	在工作负责人的监护下，1号、2号杆上电工调整好站位，按照相同的步骤和要求更换另边相侧和中间相的跌落式熔断器
	8	搭接中间相引线	在工作负责人的监护下，1号、2号杆上电工配合搭接好中间相引线。搭接方法如下： （1）用线夹传送杆锁住J型线夹和引线，将引线挂接到主导线搭接部位上，线夹传送杆宜向上用力； （2）用套筒操作杆紧固J型线夹； （3）拆除线夹传送杆。 应注意： （1）杆上电工与跌落式熔断器上接线柱的距离应大于0.4m； （2）绝缘工具的有效绝缘长度（跌落式熔断器上接线柱到绝缘杆手持部位的长度减去中间的金属接续长度）应大于0.7m； （3）在传送引线时，应注意引线与电杆之间的距离，并防止其超出绝缘遮蔽措施的遮蔽范围。引线宜从装置外侧向上传送，且引线端头宜朝向电杆； （4）防止高空落物。 引线的搭接工艺和质量应符合施工和验收规范的要求： （1）每相引线穿出线夹的长度约为2～3cm； （2）J型线夹垫片整齐无歪斜现象，搭接紧密； （3）引线长度适宜，弧度均匀； （4）引线无散股、断股现象； （5）引线与电杆之间的距离应大于20cm
	9	搭接近侧边相引线	在工作负责人的监护下，1号、2号杆上电工调整好站位，用绝缘操作杆调整主导线上的绝缘遮蔽隔离措施，露出引线搭接位置后，按照与中间相相同的步骤和要求配合搭接好近侧边相引线。应注意：引线与引线之间的距离应大于30cm
	10	搭接单只跌落式熔断器侧引线	在工作负责人的监护下，1号、2号杆上电工调整好站位，按照与中间相相同的步骤和要求配合搭接好单只跌落式熔断器侧引线
	11	撤除绝缘遮蔽隔离措施	在工作负责人的监护下，1号杆上电工用绝缘操作杆按照与设置绝缘遮蔽措施相反的顺序，撤除两边相绝缘遮蔽隔离措施。应注意： （1）1号杆上电工应与带电体保持足够的距离（大于0.4m），绝缘操作杆的有效绝缘长度应大于0.7m； （2）防止高空落物
	12	工作验收	杆上电工检查施工质量： （1）杆上无遗漏物； （2）装置无缺陷符合运行条件； （3）向工作负责人汇报施工质量
	13	撤离杆塔	杆上电工逐次交错下杆。应注意： （1）下杆前，2号电工应先收起绝缘传递绳背在身上； （2）下杆时应全程使用安全带，防止高空坠落

6. 工作结束

√	序号	作业内容	步骤及要求
	1	工作负责人组织班组成员清理工具和现场	工作负责人组织班组成员整理工具、材料。将工器具清洁后放入专用的箱（袋）中。清理现场，做到“工完、料尽、场地清”

续表

√	序号	作业内容	步骤及要求
	2	工作负责人召开收工会	工作负责人组织召开现场收工会，做工作总结和点评工作： （1）正确点评本项工作的施工质量； （2）点评班组成员在作业中的安全措施的落实情况； （3）点评班组成员对规程的执行情况
	3	办理工作终结手续	工作负责人向调度汇报工作结束，并终结工作票

7. 验收记录

记录检修中发现的问题	
存在问题及处理意见	

8. 现场标准化作业指导书执行情况评估

评估内容	符合性	优		可操作项	
		良		不可操作项	
	可操作性	优		修改项	
		良		遗漏项	
存在问题					
改进意见					

9. 附录

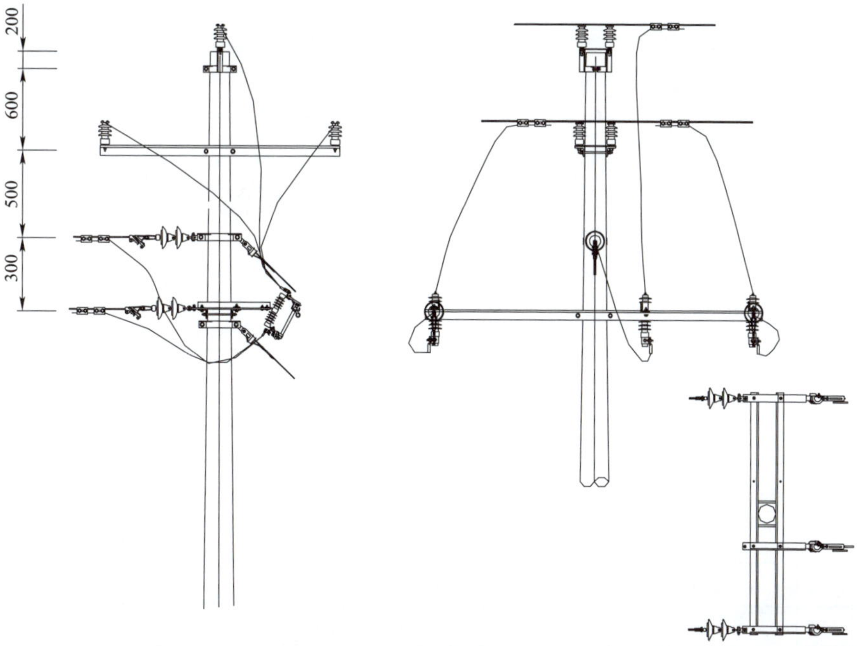

装置结构图

第四节　绝缘手套作业法带电更换耐张绝缘子串及横担作业指导书

1. 范围

本作业指导书规定了采用绝缘手套作业法带电更换 10kV××线路××杆耐张绝缘子串及横担的现场标准化作业的工作步骤和技术要求。装置结构图见附录。

本作业指导书适用于绝缘手套作业法带电更换耐张绝缘子串及横担。

2. 规范性引用文件

2.1　GB/T 18857—2019《配电线路带电作业技术导则》

2.2　GB/T 14286—2008《带电作业工具设备术语》

2.3　DL/T 858—2004《架空配电线路带电安装及作业工具设备》

2.4　Q/GDW 10520—2016《国家电网公司 10kV 配网不停电作业规范》

2.5　国家电网安质〔2014〕265 号《国家电网公司电力安全工作规程（配电部分）》

2.6　国家电网生〔2009〕190 号《关于印发国家电网公司深入开展现场标准化作业工作指导意见的通知》

3. 人员组合

本项目需要 5 人。

3.1　作业人员要求

√	序号	责任人	资质	人数
	1	工作负责人（监护人）	应具有 3 年以上的配电带电作业实际工作经验，熟悉设备状况，具有一定组织能力和事故处理能力，并经工作负责人的专门培训，考试合格。经本单位总工程师批准、书面公布	1 人
	2	专职监护人	应具有 3 年以上的配电带电作业实际工作经验，熟悉设备状况，具有一定组织能力和事故处理能力，并经专门培训，考试合格。经本单位总工程师批准、书面公布	1 人
	3	斗内电工（1 号、2 号）	应通过 10kV 配电线路带电作业专项培训，考试合格并持有上岗证	2 人
	4	地面电工	应通过 10kV 配电线路带电作业专项培训，考试合格并持有上岗证	1 人

3.2　作业人员分工

√	序号	责任人	分工	责任人签名
	1		工作负责人（监护人）	
	2		专职监护人	

续表

√	序号	责任人	分工	责任人签名
	3		1 号斗内电工	
	4		2 号斗内电工	
	5		地面电工	

4. 工器具

领用绝缘工具、安全用具及辅助器具，应核对工器具的使用电压等级和试验周期。领用绝缘工器具，应检查外观完好无损。

工器具运输，应存放在工具袋或工具箱内；金属工具和绝缘工器具应分开装运。

4.1 作业装备

√	序号	名称	规格/编号	单位	数量	备注
	1	绝缘斗臂车	10kV	辆	2	

4.2 个人防护用具

√	序号	名称	规格/编号	单位	数量	备注
	1	绝缘安全帽	10kV	顶	5	
	2	绝缘手套	10kV	双	2	
	3	防刺穿手套		双	2	
	4	绝缘披肩	10kV	件	2	
	5	绝缘鞋		双	2	
	6	安全带		副	2	
	7	护目镜		副	2	

4.3 绝缘遮蔽用具

√	序号	名称	规格/编号	单位	数量	备注
	1	导线遮蔽罩	10kV	根	6	
	2	跳线导线软质遮蔽罩	10kV	只	3	
	3	绝缘毯	10kV	块	28	
	4	绝缘毯夹		只	56	

4.4 绝缘工具

√	序号	名称	规格/编号	单位	数量	备注
	1	扁带式绝缘紧线器	N－1500	把	2	
	2	绝缘传递绳	30m	根	2	
	3	绝缘绳套		根	4	
	4	后备绝缘保护绳		根	2	

4.5 金属工具

√	序号	名称	规格/编号	单位	数量	备注
	1	铝合金卡线器	SKL－2 或 GK－2	只	4	
	2	取销钳		把	2	

4.6 仪器仪表

√	序号	名称	规格/编号	单位	数量	备注
	1	绝缘电阻检测仪	2500V	套	1	
	2	高压验电器	10kV	支	1	
	3	高压发生器	10kV	只	1	
	4	风速仪		只	1	
	5	温湿度计		只	1	
	6	对讲机		套	3	

4.7 其他工具

√	序号	名称	规格/编号	单位	数量	备注
	1	防潮苫布	3m×3m	块	1	
	2	个人常用工具		套	1	
	3	安全遮栏、安全围绳		副	若干	
	4	标示牌	“从此进出！”	块	1	
	5	标示牌	“在此工作！”	块	2	
	6	路障	“前方施工，车辆慢行”	块	2	

4.8　材料

√	序号	名称	规格/编号	单位	数量	备注
	1	悬式绝缘子	XP－70C	片	12	
	2	耐张线夹		只	6	
	3	高压双横担		副	1	
	4	瓷横担绝缘子		只	1	
	5	塑铝线		m	2	
	6	毛巾		条	2	

5. 作业程序

5.1　开工准备

√	序号	作业内容	步骤及要求
	1	现场复勘	工作负责人核对工作线路双重命名、杆号
			工作负责人检查地形环境是否符合作业要求： （1）平整坚实； （2）地面倾斜度不大于 7°
			工作负责人检查线路装置是否具备带电作业条件： （1）作业点相邻两侧电杆埋深、杆身质量； （2）作业点相邻两侧电杆导线的固结情况； （3）作业点相邻两侧电杆之间导线应无断股等现象； （4）作业电杆埋深、杆身质量
			工作负责人检查气象条件： （1）天气应晴好，无雷、雨、雪、雾； （2）风力不大于 10.7m/s； （3）气相对湿度不大于 80%
			检查工作票所列安全措施，在工作票上补充安全措施
	2	执行工作许可制度	工作负责人按工作票内容与当值调度员联系，确认线路重合闸装置已退出。联系应用普通话
			在工作票上签字
	3	召开现场站班会	工作负责人宣读工作票
			工作负责人检查工作班组成员精神状态、交代工作任务进行分工、交代工作中的安全措施和技术措施
			工作负责人检查班组各成员对工作任务分工、安全措施和技术措施是否明确
			班组各成员在工作票和作业指导书上签名确认
	4	停放绝缘斗臂车	斗臂车驾驶员将两辆绝缘斗臂车位置停放到最佳位置： （1）停放的位置应便于绝缘斗臂车绝缘斗到达作业位置，避开附近电力线和障碍物，并能保证作业时绝缘斗臂车的绝缘臂有效绝缘长度； （2）停放位置坡度不大于 7°，绝缘斗臂车应顺线路停放

续表

√	序号	作业内容	步骤及要求
	4	停放绝缘斗臂车	斗臂车操作人员支放绝缘斗臂车支腿： （1）不应支放在沟道盖板上； （2）软土地面应使用垫块或枕木，垫板重叠不超过 2 块，呈 45°角； （3）支腿顺序应正确（“H”型支腿的车型，应先伸出水平支腿，再伸出垂直支腿；在坡地停放，应先支前支腿，后支后支腿）； （4）支撑应到位。车辆前后、左右呈水平；“H”型支腿的车型四轮应离地。坡地停放调整水平后，车辆前后水平度应不大于 3°
			斗臂车操作人员将绝缘斗臂车可靠接地： （1）接地线应采用有透明护套的不小于 $16mm^2$ 的多股软铜线； （2）检查确认临时接地体埋深应不少于 0.6m
	5	布置工作现场	工作负责人组织班组成员设置工作现场的安全围栏、安全警示标志： （1）安全围栏的范围应考虑作业中高空坠落和高空落物的影响以及道路交通，必要时联系交通部门； （2）围栏的出入口应设置合理； （3）警示标示应包括“从此进出”“施工现场”等，道路两侧应有“车辆慢行”或“车辆绕行”标示或路障
			班组成员按要求将绝缘工器具放在防潮苫布上： （1）防潮苫布应清洁、干燥； （2）工器具应按定置管理要求分类摆放； （3）绝缘工器具不能与金属工具、材料混放
	6	检查绝缘工器具	班组成员对绝缘工器具进行外观检查： （1）检查人员应戴清洁、干燥的手套； （2）绝缘工具表面不应磨损、变形损坏，操作应灵活； （3）个人安全防护用具和遮蔽、隔离用具应无针孔、砂眼、裂纹； （4）检查斗内专用绝缘安全带外观，并做冲击试验
			班组成员使用绝缘电阻检测仪分段检测绝缘工具（本项目的绝缘工具为绝缘绳套、绝缘吊绳和扁带式绝缘紧线器）的表面绝缘电阻值： （1）测量电极应符合规程要求（极宽 2cm、极间距 2cm）； （2）正确使用（自检、测量）绝缘电阻检测仪（应采用点测的方法，不应使电极在绝缘工具表面滑动，避免刮伤绝缘工具表面）； （3）绝缘电阻值不得低于 700MΩ
			绝缘工器具检查完毕，向工作负责人汇报检查结果
	7	检查绝缘斗臂车	斗内电工检查绝缘斗臂车表面状况：绝缘斗、绝缘臂应清洁、无裂纹损伤
			斗内电工试操作绝缘斗臂车： （1）试操作应空斗进行； （2）应有回转、升降、伸缩的过程，确认液压、机械、电气系统正常可靠，确认制动装置可靠
			绝缘斗臂车检查和试操作完毕，斗内电工向工作负责人汇报检查结果
	8	检测绝缘子	班组成员检测耐张绝缘子： （1）对（新）耐张绝缘子进行表面清洁和检查，绝缘子表面应光滑，无麻点、裂痕等现象；开口销不应有折断、裂纹等现象，开口销应对称开口，开口角度应为 30°～60°； （2）用绝缘电阻检测仪检测绝缘子的绝缘电阻，不应低于 500MΩ； （3）检测完毕，向工作负责人汇报检测结果

续表

√	序号	作业内容	步骤及要求
	9	斗内电工进入绝缘斗臂车绝缘斗	斗内电工穿戴好全套的个人安全防护用具： （1）个人安全防护用具包括绝缘帽、绝缘服、绝缘裤、绝缘手套（戴防穿刺手套）、绝缘鞋（套鞋）等； （2）工作负责人应检查斗内电工个人防护用具的穿戴是否正确
			斗内电工携带工器具进入绝缘斗： （1）工器具应分类放置工具袋中； （2）工器具的金属部分不准超出绝缘斗沿面； （3）工具和人员重量不得超过绝缘斗额定载荷
			斗内电工将斗内专用绝缘安全带系挂在斗内专用挂钩上

5.2 操作步骤

√	序号	作业内容	步骤及要求
	1	进入带电作业区域	经工作负责人许可后，1 号、2 号斗内电工分别操作绝缘斗臂车，进入带电作业区域。 进入带电作业区域时应注意： （1）绝缘斗移动应平稳匀速，应无大幅晃动现象。绝缘斗下降、上升的速度不应超过 0.5m/s；绝缘斗边沿的最大线速度不应超过 0.5m/s； （2）转移绝缘斗时应注意绝缘斗臂车周围杆塔、线路等情况，绝缘臂的金属部位与带电体和地电位物体的距离大于 1.0m。 进入带电作业区域作业后应注意： （1）绝缘斗臂车绝缘臂的有效绝缘长度不应小于 1.0m； （2）禁止斗内电工脱下（或摘下）个人安全防护用具
	2	设置内边相绝缘遮蔽、隔离措施	获得工作负责人许可后，1 号、2 号斗内电工将绝缘斗调整到内边相道路侧（即靠近绝缘斗臂车）的合适位置，按照由近至远、先大后小的原则对内边相设置绝缘遮蔽隔离措施。应注意： （1）遮蔽的部位和顺序依次为：电杆两侧的导线、跨接线、耐张线夹、耐张绝缘子串、横担； （2）斗内电工在对导线和引线设置绝缘遮蔽隔离措施时，动作应轻缓，与横担之间应有足够的安全距离（不小于 0.4m），与邻相导线之间应有足够的安全距离（不小于 0.6m）； （3）设置绝缘遮蔽隔离措施时，1 号、2 号斗内电工应同相同步进行，且应避免发生身体接触； （4）绝缘遮蔽隔离措施应严密、牢固，连续遮蔽时重叠距离不得小于 15cm
	3	设置外边相绝缘遮蔽、隔离措施	获得工作负责人许可后，斗内电工转移绝缘斗到外边相外侧的合适位置，按照与内边相相同的方法和要求设置外边相绝缘遮蔽、隔离措施
	4	设置中间相绝缘遮蔽、隔离措施	获得工作负责人许可后，斗内电工转移绝缘斗到中间相的合适位置，按照与内边相相同的方法和要求设置中间相绝缘遮蔽、隔离措施
	5	安装（新）耐张横担和耐张绝缘子串、瓷横担绝缘子	在工作负责人的监护下，1 号斗内电工利用 1 号绝缘斗臂车的绝缘吊臂起吊新横担，在 2 号斗内电工的协助下，将其安装在旧横担上方 0.4m 处。并安装好耐张绝缘子串、瓷横担绝缘子。 应注意： （1）上下传递横担等物件应避免与电杆、绝缘斗、导线发生碰撞； （2）横担、绝缘子等不应搁置在绝缘斗上（内）； （3）各部件、材料在安装完毕后才可解去吊绳； （4）应防止高空落物，地面工作人员禁止站在绝缘斗臂车绝缘臂、绝缘斗以及装置正下方。

续表

√	序号	作业内容	步骤及要求
	5	安装（新）耐张横担和耐张绝缘子串、瓷横担绝缘子	耐张横担的安装工艺应满足施工和验收规范的要求： （1）安装牢固可靠，螺杆应与构件面垂直，螺头平面与构件间不应有间隙； （2）螺栓紧好后，螺杆丝扣露出的长度不应少于两个螺距。每端垫圈不应超过两个； （3）横担组装时，螺栓的穿入方向应符合规定：水平方向由内向外，垂直方向由下向上； （4）横担安装应平正，安装偏差应符合规定：横担端部上下歪斜不应大于20mm；横担端部左右扭斜不应大于20mm。 绝缘子串的安装工艺应满足施工和验收规范的要求： （1）牢固，连接可靠，防止积水； （2）应清除表面灰垢、附着物及不应有的涂料； （3）与电杆、导线金具连接处，无卡压现象； （4）耐张串上的弹簧销子、螺栓及穿钉应由上向下穿； （5）采用的闭口销或开口销不应有折断、裂纹等现象。当采用开口销时应对称开口，开口角度应为30°～60°。严禁用线材或其他材料代替闭口销、开口销。 跨接线瓷横担绝缘子的安装应满足施工和验收规范的要求： （1）顶端顺线路歪斜不应大于10mm； （2）全瓷式瓷横担绝缘子的固定处应加软垫
	6	转移内边相导线至新横担	在工作负责人的监护下，1号、2号斗内电工转移至内边相合适工作位置，将内边相导线转移至新横担上。方法如下： （1）在新横担上拴好绝缘绳套。每侧两根，一根拴在近侧一根横担上，另一根拴在对侧一根横担上（后备保护与主紧线工具应固定在构件不同的部位）。分别作为紧线和安装后备保护绝缘绳用； （2）在新横担、跨接线瓷横担绝缘子及两侧耐张绝缘子串上设置绝缘遮蔽隔离措施； （3）从旧横担的瓷横担绝缘子上解开跨接线的绑扎线，并完善跨接线的绝缘遮蔽隔离措施； （4）1号、2号斗内电工各自调整绝缘斗位置，解开引线外侧的导线上的遮蔽措施，在导线上安装好铝合金卡线器和绝缘紧线器，并恢复该处绝缘遮蔽隔离措施； （5）收紧导线，直至旧耐张绝缘子串松弛； （6）斗内电工在主紧线用的铝合金卡线器外侧安装后备保护用的另一个铝合金卡线器和后备绝缘保护绳，然后在收紧后备保护绳后恢复该处绝缘遮蔽隔离措施； （7）1号、2号斗内电工各自将耐张线夹从旧耐张绝缘子上脱开，挂接到新的耐张绝缘子串上。完善耐张线夹、耐张绝缘子串上的绝缘遮蔽隔离措施； （8）将跨接线绑扎固定到新横担的瓷横担绝缘子上。完善瓷横担绝缘子上的绝缘遮蔽隔离措施。 应注意： （1）绝缘绳套接触横担的内侧应垫好毛巾或其他防止绳套磨损的措施； （2）绝缘绳套与绝缘紧线器连接的端部应超出绝缘子串（的线路侧），有效绝缘长度不应小于0.4m； （3）1号、2号斗内电工在收紧导线时，应同步进行； （4）紧线和转移导线时，工作负责人、专责监护人应密切横担及电杆的受力情况； （5）应随时完善各部位的绝缘遮蔽隔离措施，绝缘遮蔽隔离措施应严密牢固，绝缘遮蔽组合的重叠长度不应小于15cm； （6）防止高空落物
	7	拆除内边相旧耐张绝缘子串和跨接线瓷横担绝缘子	在工作负责人的监护下，1号、2号斗内电工拆除内边相的旧耐张绝缘子串和跨接线瓷横担绝缘子。应注意： （1）拆卸绝缘子前，应先绑好绝缘吊绳； （2）绝缘子不应直接放置在绝缘斗内，上下传递应注意避免与电杆、绝缘斗碰撞； （3）避免高空落物现象

续表

√	序号	作业内容	步骤及要求
	8	转移外边相导线至新横担	在工作负责人的监护下，1号、2号斗内电工转移至外边相合适工作位置，按照与转移内边相导线相同的方法和要求转移外边相导线至新横担上
	9	拆除外边相旧耐张绝缘子串和跨接线瓷横担绝缘子	在工作负责人的监护下，1号、2号斗内电工按照与拆除内边相旧耐张绝缘子串相同的方法和要求拆除外边相旧耐张绝缘子串和跨接线瓷横担绝缘子
	10	拆除旧耐张横担	在工作负责人的监护下，1号、2号斗内电工转移至中间相合适工作位置，互相配合，拆除旧耐张横担。应注意： （1）拆卸旧耐张横担前应先绑好绝缘吊绳； （2）在拆卸及向下传递旧耐张横担时，应注意避免和导线、电杆、绝缘斗发生碰撞； （3）旧耐张横担不应搁置在绝缘斗上； （4）避免高空落物现象，地面工作人员禁止站在绝缘斗臂车绝缘臂和绝缘斗以及装置正下方
	11	拆除中间相绝缘遮蔽隔离措施	在工作负责人的监护下，1号、2号斗内电工调整绝缘斗位置，按照从小到大、由远至近的顺序依次拆除中间相绝缘遮蔽隔离措施。应注意： （1）拆除绝缘遮蔽隔离措施的顺序依次为：横担、耐张绝缘子串、耐张线夹、跨接线和主导线； （2）拆除引线的绝缘遮蔽隔离措施时，动作应尽量轻缓； （3）拆除导线上的绝缘遮蔽隔离措施时，应与电杆保持有足够的安全距离（不小于0.4m），与邻相导体保持有足够的安全距离（不小于0.6m）； （4）拆除引线的绝缘遮蔽隔离措施时，1号、2号斗内电工应同相同步进行，避免发生身体接触
	12	拆除外边相绝缘遮蔽隔离措施	在工作负责人的监护下，1号、2号斗内电工转移绝缘斗至外边相的外侧，按照与中间相相同的方法和要求拆除外边相上的绝缘遮蔽隔离措施
	13	拆除内边相绝缘遮蔽隔离措施	在工作负责人的监护下，1号、2号斗内电工转移绝缘斗至内边相的外侧，按照与中间相相同的方法和要求拆除内边相上的绝缘遮蔽隔离措施
	14	工程验收	斗内电工撤出带电作业区域。撤出带电作业区域时： （1）应无大幅晃动现象； （2）绝缘斗下降、上升的速度不应超过0.5m/s； （3）绝缘斗边沿的最大线速度不应超过0.5m/s
			斗内电工检查施工质量： （1）杆上无遗漏物； （2）装置无缺陷符合运行条件； （3）向工作负责人汇报施工质量
	15	撤离杆塔	斗内电工下降绝缘斗返回地面、收回绝缘臂时应注意绝缘斗臂车周围杆塔、线路等情况

6. 工作结束

√	序号	作业内容	步骤及要求
	1	清理现场	斗内电工收回绝缘斗臂车各部件复位： （1）收回绝缘斗臂车接地线； （2）绝缘斗臂车在坡地停放，应先收后支腿，后收前支腿； （3）支腿收回顺序应正确："H"型支腿的车型，应先收回垂直支腿，再收回水平支腿
			工作负责人组织班组成员整理工具、材料。将工器具清洁后放入专用的箱（袋）中。清理现场，做到"工完、料尽、场地清"

续表

√	序号	作业内容	步骤及要求
	2	召开收工会	工作负责人组织召开现场收工会，做工作总结和点评工作： （1）正确点评本项工作的施工质量； （2）点评班组成员在作业中的安全措施的落实情况； （3）点评班组成员对规程的执行情况
	3	办理工作终结手续	工作负责人向调度汇报工作结束，并终结工作票

7. 验收记录

记录检修中发现的问题	
存在问题及处理意见	

8. 现场标准化作业指导书执行情况评估

评估内容	符合性	优		可操作项	
		良		不可操作项	
	可操作性	优		修改项	
		良		遗漏项	
存在问题					
改进意见					

9. 附录

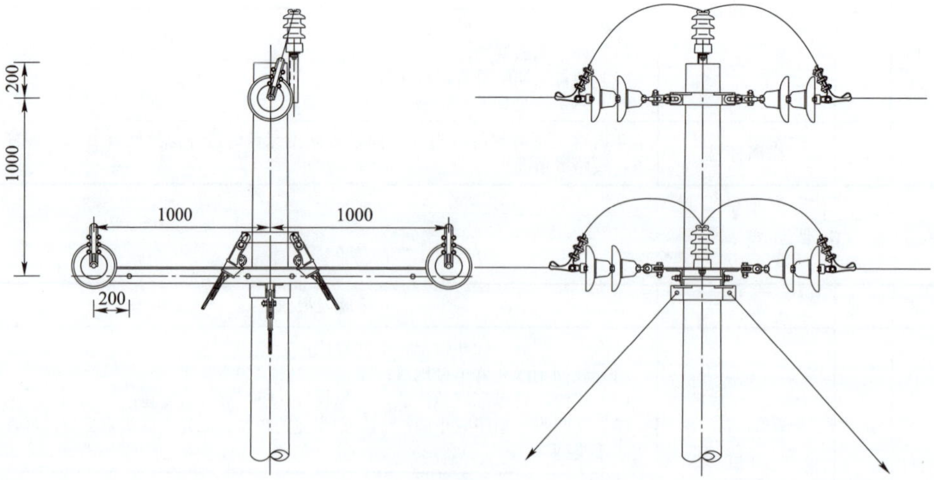

装置结构图

第五节 绝缘手套作业法组立或撤除直线电杆作业指导书

1. 范围

本作业指导书规定了绝缘斗臂车绝缘手套作业法组立10kV××线××号杆（直线杆）的现场标准化作业的工作步骤和技术要求。装置结构图见附录。

本作业指导书适用于绝缘斗臂车绝缘手套作业法组立10kV××线××号杆。

2. 规范性引用文件

2.1 GB/T 18857—2019《配电线路带电作业技术导则》

2.2 GB/T 14286—2008《带电作业工具设备术语》

2.3 DL/T 858—2004《架空配电线路带电安装及作业工具设备》

2.4 Q/GDW 10520—2016《国家电网公司10kV配网不停电作业规范》

2.5 国家电网安质〔2014〕265号《国家电网公司电力安全工作规程（配电部分）》

2.6 国家电网生〔2009〕190号《关于印发国家电网公司深入开展现场标准化作业工作指导意见的通知》

3. 人员组合

本项目需要7人。

3.1 作业人员要求

√	序号	责任人	资质	人数
	1	工作负责人（监护人）	应具有3年以上的配电带电作业实际工作经验，熟悉设备状况，具有一定组织能力和事故处理能力，并经工作负责人的专门培训，考试合格。经本单位总工程师批准、书面公布	1
	2	（1号、2号绝缘斗臂车）斗内电工	应通过10kV配电线路带电作业专项培训，考试合格并持有上岗证	2
	3	杆上电工	应通过10kV配电线路带电作业专项培训，考试合格并持有上岗证	1
	4	地面电工（1号、2号）	应通过10kV配电线路带电作业专项培训，考试合格并持有上岗证	2
	5	吊车操作工	应通过特种车（吊车）专项培训，考试合格并持有上岗证	1

3.2 作业人员分工

√	序号	责任人	分工	责任人签名
	1		工作负责人（监护人）	
	2		1号绝缘斗臂车斗内电工	

续表

√	序号	责任人	分工	责任人签名
	3		2 号绝缘斗臂车斗内电工	
	4		杆上电工	
	5		1 号地面电工	
	6		2 号地面电工	
	7		吊车操作工	

4. 工器具

领用绝缘工器具应核对工器具的使用电压等级和试验周期，并应检查外观完好无损。

工器具运输，应存放在工具袋或工具箱内；金属工具和绝缘工器具应分开装运。

4.1 作业装备

√	序号	名称	规格/编号	单位	数量	备注
	1	绝缘斗臂车	10kV	辆	2	
	2	吊车	8t	辆	1	带接地线和接地棒

4.2 个人安全防护用具

√	序号	名称	规格/编号	单位	数量	备注
	1	绝缘安全帽	10kV	顶	7	
	2	绝缘披肩	10kV	件	2	
	3	绝缘手套	10kV	副	2	
	4	防刺穿手套		副	2	
	5	安全带		根	2	
	6	绝缘鞋		双	5	
	7	护目镜		副	2	

4.3 绝缘遮蔽用具

√	序号	名称	规格/编号	单位	数量	备注
	1	绝缘毯	10kV，800mm × 1000mm	块	15	
	2	绝缘夹		只	30	
	3	导线遮蔽罩	10kV，2.5m	根	12	
	4	电杆包毯	10kV，2.5m	块	2	

4.4 绝缘工具

√	序号	名称	型号/规格	单位	数量	备注
	1	导线绝缘提升支架		副	1	可同时提升架空线路三相导线
	2	绝缘传递绳	30m	套	2	
	3	绝缘控制绳		根	3	

4.5 仪器仪表

√	序号	名称	型号/规格	单位	数量	备注
	1	绝缘检测仪	2500V 及以上	套	1	
	2	对讲机		套	3	

4.6 其他工具

√	序号	名称	规格/编号	单位	数量	备注
	1	防潮苫布	3m×3m	块	1	
	2	电杆接地线		根	1	配接地棒
	3	铁锹		把	2	
	4	个人工具		套	1	
	5	安全遮栏、安全围绳		副	若干	
	6	标示牌	“从此进出！”	块	1	
	7	标示牌	“在此工作！”	块	2	
	8	路障	“前方施工，车辆慢行”	块	2	

4.7 材料

包括装置性材料和消耗性材料。

√	序号	名称	规格/编号	单位	数量	备注
	1	拔稍杆	12m	根	1	
	2	高压横担		副	1	
	3	支持绝缘子		只	3	
	4	杆头抱箍		副	1	
	5	导线绑扎线		卷	若干	

5. 作业程序

5.1 开工准备

√	序号	作业内容	步骤及要求
	1	现场复勘	工作负责人核对工作线路双重命名、杆号
			工作负责人检查地形环境是否符合作业要求： （1）平整坚实； （2）地面倾斜度不大于7°
			工作负责人检查线路装置是否具备带电作业条件： （1）作业点两侧电杆基础、埋深、杆身质量符合要求； （2）检查作业点两侧导线应无损伤、绑扎固定应牢固可靠，弧垂适度； （3）作业点电杆基坑已挖好，并且电杆基坑深度偏差、横线路及顺线路方向的位移均符合要求： 1）杆深应为$L/10+0.7$m（L为电杆高度），允许偏差为－50～100mm； 2）位移不超过50mm。 （4）滑坡（马道）符合要求：长度1.5m、坡度呈45°，宽度约为50cm； （5）电杆已就位
			工作负责人检查气象条件（不需现场检查，但需在工作许可时汇报）： （1）天气应晴好，无雷、雨、雪、雾； （2）风力不大于10.7m/s； （3）气相对湿度不大于80%
			工作负责人检查工作票所列安全措施，在工作票上补充安全措施
	2	执行工作许可制度	工作负责人按工作票内容与当值调度员联系，确认线路重合闸装置已退出。联系应用普通话
			工作负责人在工作票上签字
	3	召开现场站班会	工作负责人宣读工作票
			工作负责人检查工作班组成员精神状态、交代工作任务进行分工、交代工作中的安全措施和技术措施
			工作负责人检查班组各成员对工作任务分工、安全措施和技术措施是否明确
			班组各成员在工作票和作业指导书上签名确认
	4	停放绝缘斗臂车	斗臂车驾驶员将1号、2号绝缘斗臂车位置分别停放到最佳位置。应注意： （1）停放的位置应便于绝缘斗臂车绝缘斗到达作业位置，且应注意吊车停放的空间。避开附近电力线和障碍物，并能保证作业时绝缘斗臂车的绝缘臂有效绝缘长度； （2）停放位置坡度不大于7°，绝缘斗臂车应顺线路停放； （3）尽可能小地影响道路交通
			斗臂车操作人员支放绝缘斗臂车支腿。应注意： （1）不应支放在沟道盖板上； （2）软土地面应使用垫块或枕木，垫板重叠不超过两块，呈45°角； （3）支腿顺序应正确（“H”型支腿的车型，应先伸出水平支腿，再伸出垂直支腿；在坡地停放，应先支前支腿，后支后支腿）； （4）支撑应到位。车辆前后、左右呈水平；“H”型支腿的车型四轮应离地。坡地停放调整水平后，车辆前后倾斜应不大于3°
			斗臂车操作人员将绝缘斗臂车可靠接地。应注意： （1）接地线应采用有透明护套的不小于16mm^{2}的多股软铜线； （2）临时接地体埋深应不小于0.6m

续表

√	序号	作业内容	步骤及要求
	5	停放吊车	吊车操作人员将吊车停放到最佳位置。应注意： （1）尽量避开绝缘斗臂车的工作活动范围； （2）避免停放在沟道盖板上； （3）软土地面应使用垫块或枕木
			吊车操作人员支放吊车支腿、并将吊车可靠接地。应注意： （1）支撑应到位，车辆前后、左右呈水平； （2）临时接地体埋深应不少于 0.6m
	6	布置工作现场	工作负责人组织班组成员设置工作现场的安全围栏、安全警示标志： （1）安全围栏的范围应考虑作业中高空坠落、高空落物和倒杆的影响，以及在遮蔽、隔离措施不完整或失效情况下电杆碰触带电体跨步电压的影响区域。当影响道路交通时，应联系交通部门； （2）围栏的出入口应设置合理； （3）警示标示应包括“从此进出”“施工现场”等，道路两侧应有“车辆慢行”或“车辆绕行”标示或路障
			班组成员按要求将绝缘工器具放在防潮苫布上： （1）防潮苫布应清洁、干燥； （2）工器具应按定置管理要求分类摆放； （3）绝缘工器具不能与金属工具、材料混放
	7	检查绝缘工器具	班组成员逐件对绝缘工器具进行外观检查： （1）检查人员应戴清洁、干燥的手套； （2）绝缘工具表面不应磨损、变形损坏，操作应灵活； （3）个人安全防护用具和遮蔽、隔离用具应无针孔、砂眼、裂纹； （4）检查斗内专用绝缘安全带外观，并做冲击试验
			班组成员使用绝缘电阻检测仪分段检测绝缘工具（本项目的绝缘工具为绝缘传递绳、绝缘绳扣、绝缘后备保护绳、绝缘分流线防坠绳、“T”形绝缘横担）的表面绝缘电阻值： （1）测量电极应符合规程要求（极宽 2cm、极间距 2cm）； （2）正确使用（自检、测量）绝缘电阻检测仪（应采用点测的方法，不应使电极在绝缘工具表面滑动，避免刮伤绝缘工具表面）； （3）绝缘电阻值不得低于 700MΩ
			绝缘工器具检查完毕，向工作负责人汇报检查结果
	8	检查绝缘斗臂车	斗内电工检查绝缘斗臂车表面状况：绝缘斗、绝缘臂应清洁，无裂纹损伤
			斗内电工试操作绝缘斗臂车： （1）试操作应空斗进行； （2）试操作应充分，有回转、升降、伸缩的过程。确认液压、机械、电气系统正常可靠，确认制动装置可靠
			绝缘斗臂车检查和试操作完毕，斗内电工向工作负责人汇报检查结果
	9	检查支持绝缘子和电杆	检测支持绝缘子：清洁绝缘子，并做表面检查，绝缘子表面应光滑，无麻点，裂痕等
			检查水泥杆表面应光滑平整、臂厚均匀，无露筋、跑浆、纵横向裂纹等
	10	斗内电工进入绝缘斗臂车工作斗	绝缘斗臂车斗内电工穿戴好全套的个人安全防护用具： （1）个人安全防护用具包括绝缘帽、绝缘服、绝缘裤、绝缘手套（戴防穿刺手套）、绝缘鞋（套鞋）、护目镜等； （2）工作负责人应检查斗内电工个人防护用具是否穿戴正确

续表

√	序号	作业内容	步骤及要求
	10	斗内电工进入绝缘斗臂车工作斗	绝缘斗臂车斗内电工携带工器具进入绝缘斗： （1）工器具应分类放置工具袋中； （2）工器具的金属部分不准超出绝缘斗沿面； （3）工具和人员重量不得超过绝缘斗额定载荷
			绝缘斗臂车斗内电工将斗内专用绝缘安全带系挂在斗内专用挂钩上

5.2 操作步骤

√	序号	作业内容	步骤及要求
	1	进入带电作业区域	经工作负责人许可后，2 号绝缘斗臂车斗内电工操作绝缘斗臂车，进入带电作业区域，绝缘斗移动应平稳匀速，在进入带电作业区域时： （1）应无大幅晃动现象； （2）绝缘斗下降、上升的速度不应超过 0.5m/s； （3）绝缘斗边沿的最大线速度不应超过 0.5m/s； （4）转移绝缘斗时应注意绝缘斗臂车周围杆塔、线路等情况，绝缘臂的金属部位与带电体和地电位物体的距离应大于 1.0m； （5）进入带电作业区域作业后，绝缘斗臂车绝缘臂的有效绝缘长度不应小于 1.0m
	2	设置内边相绝缘遮蔽隔离措施	获得工作负责人的许可后，2 号绝缘斗臂车斗内电工转移绝缘斗至内边相合适工作位置，按照由近至远、从下到上的顺序对主导线进行绝缘遮蔽隔离。应注意： （1）遮蔽的范围应足够，一般应按立杆过程中，电杆落坑时可能触及的范围设置； （2）设置绝缘遮蔽隔离措施时，动作应轻缓，与邻相导线之间应有足够的安全距离（不小于 0.6m），且应控制导线晃动幅度； （3）绝缘遮蔽隔离措施应严密、牢固，绝缘遮蔽组合的重叠距离不得小于 15cm
	3	设置外边相绝缘遮蔽措施	获得工作负责人的许可后，2 号绝缘斗臂车斗内电工转移绝缘斗至外边相合适工作位置，按照与内边相相同的方法对外边相设置绝缘遮蔽隔离措施
	4	设置中间相绝缘遮蔽措施	获得工作负责人的许可后，2 号绝缘斗臂车斗内电工转移绝缘斗至中间相合适工作位置，按照与内边相相同的方法对中间相设置绝缘遮蔽隔离措施
	5	安装导线绝缘提升支架	获得工作负责人的许可后，1 号绝缘斗臂车斗内电工转移绝缘斗至架空线路上方，放下导线绝缘提升支架。在 2 号绝缘斗臂车斗内电工配合下，将三相导线挂设在导线绝缘提升支架上。 应注意：导线绝缘提升支架的吊点应与 1 号绝缘斗臂车的小吊臂前端点在一铅垂线上
	6	提升三相导线	1 号绝缘斗臂车斗内电工操作小吊，提升导线绝缘提升支架。导线提升的目测高度应高出作业点两侧电杆 0.7m 左右。 应注意：提升导线时，工作负责人应密切观察转移 1 号绝缘斗臂车受力情况，同时观察作业点两侧电杆和导线的受力情况
	7	立杆地面准备	地面电工将马槽配套工具放置在坑洞内
			地面电工将钢丝绳扣套在电杆吊点位置，并套在吊车吊钩上。 应注意：吊点一般选择在电杆重心上方 1.5m 处。电杆重心的计算公式：距电杆杆根 $0.4H+0.5$m，H 为电杆长度

续表

√	序号	作业内容	步骤及要求
	7	立杆地面准备	工作负责人指挥吊车操作人员将电杆杆梢吊离地面约 1m 后，进行如下工作： （1）检查吊车支腿及吊点、钢丝绳等受力部位的受力情况，并进行冲击； （2）地面人员用电杆绝缘包毯等对电杆梢头设置绝缘遮蔽隔离措施。应注意：电杆自上而下的遮蔽范围应在 5m 及以上； （3）地面电工在电杆吊点下方 20cm 处的两侧系好绝缘控制绳。 （4）地面电工将电杆接地线绑缚在电杆杆根 3m 线位置（或电杆焊接钢箍），临时接地体埋深应不小于 0.6m
	8	立杆	工作负责人指挥吊车操作人员开始缓缓起吊，由地面电工控制绝缘绳、将电杆导入电杆基坑。应注意： （1）在起吊过程中应随时注意电杆根部是否顶住滑板向下移动； （2）杆梢与架空线路的距离应大于 0.4m； （3）吊车的吊臂最上端与带电导线的距离应大于 1.5m； （4）电杆起立到 60°左右时，杆根应进入到电杆基坑内； （5）工作负责人、地面电工禁止站在吊车起重臂、绝缘斗臂车绝缘臂及电杆的下方
			电杆起立校正后，地面电工回土夯实电杆基坑、滑坡。电杆的施工质量应满足施工和验收规范的要求： （1）夯实回土应每次填土 50cm 后夯实一次，电杆基坑和滑坡宜设置防沉土层。土层上部面积不宜小于坑口面积，培土高度应超出地面 300mm； （2）电杆顺线路方向位移不应超过设计档距的 3%，横线路方向位移不应超过 50mm
	9	安装直线横担、杆头抱箍、支持绝缘子	2 号绝缘斗臂车斗内电工与杆上电工、地面电工配合安装直线横担和杆头抱箍、支持绝缘子。应注意： （1）杆上电工登杆前应对安全带、后备保护绳、脚扣等进行冲击试验并检查； （2）上下传递横担等物件应避免与电杆、绝缘斗发生碰撞； （3）横担、绝缘子等不应搁置在绝缘斗上（内）； （4）应防止高空落物。 横担、杆头抱箍的安装工艺应满足施工和验收规范的要求： （1）单横担安装高度应正确，且应装在电杆负荷侧。安装牢固可靠，螺杆应与构件面垂直，螺头平面与构件间不应有间隙；杆头抱箍螺栓的穿入由左向右（面向受电侧）或按统一方向； （2）螺栓紧好后，螺杆丝扣露出的长度不应少于两个螺距。每端垫圈不应超过两个； （3）横担安装应平正，安装偏差应符合规定：横担端部上下歪斜不应大于 20mm；横担端部左右扭斜不应大于 20mm。 支持绝缘子的安装工艺应满足施工和验收规范的要求： （1）安装牢固，线槽方向正确； （2）应清除表面灰垢、表面无破损
	10	完善绝缘遮蔽措施	2 号绝缘斗臂车斗内电工分别对横担、杆头抱箍、支持绝缘子、电杆顶部等进行绝缘遮蔽。应注意：遮蔽措施应严密牢固，绝缘遮蔽组合的重叠距离不得小于 15cm
	11	固定导线	在工作负责人的监护下，1 号、2 号绝缘斗臂车斗内电工配合释放三相架空导线，并拆除导线绝缘提升支架。应注意： （1）导线、杆头抱箍、横担、绝缘子及电杆顶部的绝缘遮蔽措施应严密牢固。导线与横担等物件之间的绝缘遮蔽措施应不少于 3 层； （2）导线绝缘提升支架下降应缓慢平稳，应注意控制导线的晃动幅度
			2 号绝缘斗臂车斗内电工逐相固定导线。应注意： （1）三相导线的固结可按先两边相、再中间相的顺序进行； （2）应控制扎线展放的长度，一般不宜大于 10cm；

续表

√	序号	作业内容	步骤及要求
	11	固定导线	（3）导线固定后，应及时恢复绝缘子扎线部位的绝缘遮蔽隔离措施。遮蔽措施应严密牢固，绝缘遮蔽组合的重叠部分不应小于15cm。 导线在支持绝缘子上的固结工艺和质量应符合施工和验收规范的要求： （1）裸铝导线在绝缘子上固定应缠绕铝包带，缠绕长度应超出接触部分30mm。铝包带的缠绕方向应与外层线股的绞制方向一致； （2）扎线应绑扎紧密、牢固。扎线缠绕方向应与导线线股绞向一致、股数应符合要求，应有2个交叉将导线压在绝缘子顶槽，扎线收尾短头应绞成小辫并压平，且麻花不少于5个
	12	拆除中间相绝缘遮蔽	获得工作负责人的许可后，1号、2号绝缘斗臂车斗内电工分别转移至电杆两侧的中间相合适工作位置，按照先小后大、从上到下、由远至近的顺序拆除绝缘遮蔽措施。应注意： （1）动作应轻缓，与已撤除绝缘遮蔽措施的异电位物体之间保持足够的距离（相对地不小于0.4m，相间不小于0.6m）； （2）1号、2号绝缘斗臂车斗内电工应同相进行，且不应发生身体接触
	13	拆除外边相绝缘遮蔽	获得工作负责人的许可后，1号、2号绝缘斗臂车斗内电工分别转移至电杆两侧的外边相合适工作位置，按照与中间相相同的方法和要求拆除外边相绝缘遮蔽隔离措施
	14	拆除内边相绝缘遮蔽	获得工作负责人的许可后，1号、2号绝缘斗臂车斗内电工分别转移至电杆两侧的内边相合适工作位置，按照与中间相相同的方法和要求拆除内边相绝缘遮蔽隔离措施
	15	工作验收	斗内电工撤出带电作业区域。撤出带电作业区域时： （1）应无大幅晃动现象； （2）绝缘斗下降、上升的速度不应超过0.5m/s； （3）绝缘斗边沿的最大线速度不应超过0.5m/s
			斗内电工检查施工质量： （1）杆上无遗漏物； （2）装置无缺陷符合运行条件； （3）向工作负责人汇报施工质量
	16	撤离杆塔	下降绝缘斗返回地面、收回绝缘臂时应注意绝缘斗臂车周围杆塔、线路等情况

6. 工作结束

√	序号	作业内容	步骤及要求
	1	工作负责人组织班组成员清理工具和现场	绝缘斗臂车各部件复位，收回绝缘斗臂车支腿
			工作负责人组织班组成员整理工具、材料。将工器具清洁后放入专用的箱（袋）中。清理现场，做到“工完、料尽、场地清”
	2	工作负责人召开收工会	工作负责人组织召开现场收工会，做工作总结和点评工作： （1）正确点评本项工作的施工质量； （2）点评班组成员在作业中的安全措施的落实情况； （3）点评班组成员对规程的执行情况
	3	办理工作终结手续	工作负责人向调度汇报工作结束，并终结工作票

7. 验收记录

记录检修中发现的问题	
存在问题及处理意见	

8. 现场标准化作业指导书执行情况评估

评估内容	符合性	优		可操作项	
		良		不可操作项	
	可操作性	优		修改项	
		良		遗漏项	
存在问题					
改进意见					

9. 附录

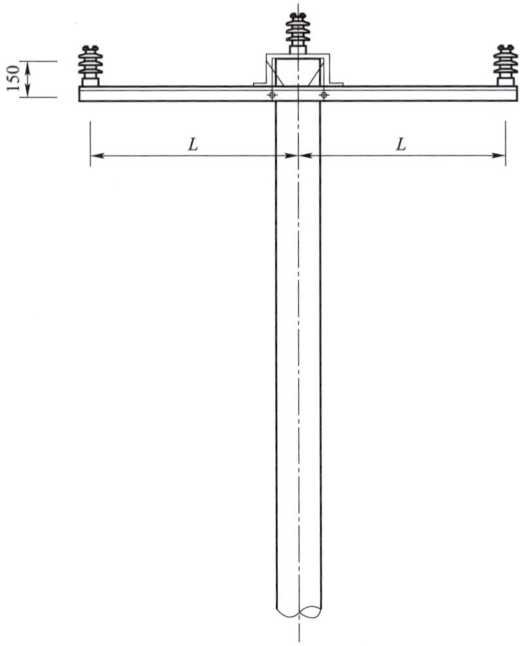

电杆组立后的装置示意图

第六节　绝缘手套作业法更换直线电杆作业指导书

1. 范围

本作业指导书规定了绝缘斗臂车绝缘手套作业法更换10kV××线××号杆（直线杆）的现场标准化作业的工作步骤和技术要求。装置结构图见附录。

本作业指导书适用于绝缘斗臂车绝缘手套作业法更换10kV××线××号杆。

2. 规范性引用文件

2.1　GB/T 18857—2019《配电线路带电作业技术导则》

2.2　GB/T 14286—2008《带电作业工具设备术语》

2.3　DL/T 858—2004《架空配电线路带电安装及作业工具设备》

2.4　Q/GDW 10520—2016《国家电网公司10kV配网不停电作业规范》

2.5　国家电网安质〔2014〕265号《国家电网公司电力安全工作规程（配电部分）》

2.6　国家电网生〔2009〕190号《关于印发国家电网公司深入开展现场标准化作业工作指导意见的通知》

3. 人员组合

本项目需要7人。

3.1　作业人员要求

√	序号	责任人	资质	人数
	1	工作负责人（监护人）	应具有3年以上的配电带电作业实际工作经验，熟悉设备状况，具有一定组织能力和事故处理能力，并经工作负责人的专门培训，考试合格。经本单位总工程师批准、书面公布	1
	2	（1号、2号绝缘斗臂车）斗内电工	应通过10kV配电线路带电作业专项培训，考试合格并持有上岗证	2
	3	杆上电工	应通过10kV配电线路带电作业专项培训，考试合格并持有上岗证	1
	4	地面电工（1号、2号）	应通过10kV配电线路带电作业专项培训，考试合格并持有上岗证	2
	5	吊车操作工	应通过特种车（吊车）专项培训，考试合格并持有上岗证	1

3.2　作业人员分工

√	序号	责任人	分工	责任人签名
	1		工作负责人（监护人）	
	2		1号绝缘斗臂车斗内电工	

续表

√	序号	责任人	分工	责任人签名
	3		2 号绝缘斗臂车斗内电工	
	4		杆上电工	
	5		1 号地面电工	
	6		2 号地面电工	
	7		吊车操作工	

4. 工器具

领用绝缘工器具应核对工器具的使用电压等级和试验周期，并应检查外观完好无损。

工器具运输，应存放在工具袋或工具箱内；金属工具和绝缘工器具应分开装运。

4.1　装备

√	序号	名称	规格/编号	单位	数量	备注
	1	绝缘斗臂车	10kV	辆	2	
	2	吊车	8t	辆	1	带接地线和接地棒

4.2　个人安全防护用具

√	序号	名称	规格/编号	单位	数量	备注
	1	绝缘安全帽	10kV	顶	7	
	2	绝缘披肩	10kV	件	2	
	3	绝缘手套	10kV	副	2	
	4	防刺穿手套		副	2	
	5	安全带		根	2	
	6	绝缘鞋		双	5	
	7	护目镜		副	2	

4.3　绝缘遮蔽用具

√	序号	名称	规格/编号	单位	数量	备注
	1	绝缘毯	10kV，800mm×1000mm	块	15	
	2	绝缘夹		只	30	
	3	导线遮蔽罩	10kV，2.5m	根	12	
	4	电杆包毯	10kV，2.5m	块	2	

4.4　绝缘工具

√	序号	名称	型号/规格	单位	数量	备注
	1	导线绝缘提升支架		副	1	可同时提升架空线路三相导线
	2	绝缘传递绳	30m	套	2	
	3	绝缘控制绳		根	3	

4.5　仪器仪表

√	序号	名称	型号/规格	单位	数量	备注
	1	绝缘检测仪	2500V 及以上	套	1	
	2	对讲机		套	3	

4.6　其他工具

√	序号	名称	规格/编号	单位	数量	备注
	1	防潮苫布	3m×3m	块	1	
	2	电杆接地线		根	1	配接地棒
	3	铁锹		把	2	
	4	个人工具		套	1	
	5	安全遮栏、安全围绳		副	若干	
	6	标示牌	“从此进出！”	块	1	
	7	标示牌	“在此工作！”	块	2	
	8	路障	“前方施工，车辆慢行”	块	2	

4.7　材料

包括装置性材料和消耗性材料。

√	序号	名称	规格/编号	单位	数量	备注
	1	拔稍杆	12m	根	1	
	2	高压横担		副	1	
	3	支持绝缘子		只	3	
	4	杆头抱箍		副	1	
	5	导线绑扎线		卷	若干	

5. 作业程序

5.1 开工准备

√	序号	作业内容	步骤及要求
	1	现场复勘	工作负责人核对工作线路双重命名、杆号
			工作负责人检查地形环境是否符合作业要求： （1）平整坚实； （2）地面倾斜度不大于 7°
			工作负责人检查线路装置是否具备带电作业条件： （1）作业点及两侧电杆基础、埋深、杆身质量符合要求； （2）检查作业点及两侧导线应无损伤、绑扎固定应牢固可靠，弧垂适度； （3）（新）电杆已就位
			工作负责人检查气象条件（不需现场检查，但需在工作许可时汇报）： （1）天气应晴好，无雷、雨、雪、雾； （2）风力不大于 10.7m/s； （3）气相对湿度不大于 80%
			工作负责人检查工作票所列安全措施，在工作票上补充安全措施
	2	执行工作许可制度	工作负责人按工作票内容与当值调度员联系，确认线路重合闸装置已退出。联系应用普通话
			工作负责人在工作票上签字
	3	召开现场站班会	工作负责人宣读工作票
			工作负责人检查工作班组成员精神状态、交代工作任务进行分工、交代工作中的安全措施和技术措施
			工作负责人检查班组各成员对工作任务分工、安全措施和技术措施是否明确
			班组各成员在工作票和作业指导书上签名确认
	4	停放绝缘斗臂车	斗臂车驾驶员将 1 号、2 号绝缘斗臂车位置分别停放到最佳位置。应注意： （1）停放的位置应便于绝缘斗臂车绝缘斗到达作业位置，且应注意吊车停放的空间。避开附近电力线和障碍物，并能保证作业时绝缘斗臂车的绝缘臂有效绝缘长度； （2）停放位置坡度不大于 7°，绝缘斗臂车应顺线路停放； （3）应做到尽可能小的影响道路交通
			斗臂车操作人员支放绝缘斗臂车支腿。应注意： （1）不应支放在沟道盖板上； （2）软土地面应使用垫块或枕木，垫板重叠不超过两块，呈 45° 角。 （3）支腿顺序应正确（“H”型支腿的车型，应先伸出水平支腿，再伸出垂直支腿；在坡地停放，应先支前支腿，后支后支腿）； （4）支撑应到位。车辆前后、左右呈水平；“H”型支腿的车型四轮应离地。坡地停放调整水平后，车辆前后倾斜应不大于 3°
			斗臂车操作人员将绝缘斗臂车可靠接地。应注意： （1）接地线应采用有透明护套的不小于 $16mm^2$ 的多股软铜线； （2）临时接地体埋深应不小于 0.6m
	5	停放吊车	吊车操作人员将吊车停放到最佳位置。应注意： （1）应尽量避开绝缘斗臂车的工作活动范围； （2）避免停放在沟道盖板上； （3）软土地面应使用垫块或枕木

续表

<table>
<tr><th>√</th><th>序号</th><th>作业内容</th><th>步骤及要求</th></tr>
<tr><td></td><td>5</td><td>停放吊车</td><td>吊车操作人员支放吊车支腿、并将吊车可靠接地。应注意：
（1）支撑应到位，车辆前后、左右呈水平；
（2）临时接地体埋深应不小于 0.6m</td></tr>
<tr><td rowspan="2"></td><td rowspan="2">6</td><td rowspan="2">布置工作现场</td><td>工作负责人组织班组成员设置工作现场的安全围栏、安全警示标志：
（1）安全围栏的范围应考虑作业中高空坠落和高空落物和倒杆的影响，以及在遮蔽、隔离措施不完整或失效情况下电杆碰触带电体跨步电压的影响区域。当影响道路交通时，应联系交通部门；
（2）围栏的出入口应设置合理；
（3）警示标示应包括“从此进出”“施工现场”等，道路两侧应有“车辆慢行”或“车辆绕行”标示或路障</td></tr>
<tr><td>班组成员按要求将绝缘工器具放在防潮苫布上：
（1）防潮苫布应清洁、干燥；
（2）工器具应按定置管理要求分类摆放；
（3）绝缘工器具不能与金属工具、材料混放</td></tr>
<tr><td rowspan="3"></td><td rowspan="3">7</td><td rowspan="3">检查绝缘工器具</td><td>班组成员逐件对绝缘工器具进行外观检查：
（1）检查人员应戴清洁、干燥的手套
（2）绝缘工具表面不应磨损、变形损坏，操作应灵活；
（3）个人安全防护用具和遮蔽、隔离用具应无针孔、砂眼、裂纹；
（4）检查斗内专用绝缘安全带外观，并做冲击试验</td></tr>
<tr><td>班组成员使用绝缘电阻检测仪分段检测绝缘工具（本项目的绝缘工具为绝缘传递绳、绝缘绳扣、绝缘后备保护绳、绝缘分流线防坠绳、“T”形绝缘横担）的表面绝缘电阻值：
（1）测量电极应符合规程要求（极宽 2cm、极间距 2cm）；
（2）正确使用（自检、测量）绝缘电阻检测仪（应采用点测的方法，不应使电极在绝缘工具表面滑动，避免刮伤绝缘工具表面）；
（3）绝缘电阻值不得低于 700MΩ</td></tr>
<tr><td>绝缘工器具检查完毕，向工作负责人汇报检查结果</td></tr>
<tr><td rowspan="3"></td><td rowspan="3">8</td><td rowspan="3">检查绝缘斗臂车</td><td>斗内电工检查绝缘斗臂车表面状况：绝缘斗、绝缘臂应清洁，无裂纹损伤</td></tr>
<tr><td>斗内电工试操作绝缘斗臂车：
（1）试操作应空斗进行；
（2）试操作应充分，有回转、升降、伸缩的过程。确认液压、机械、电气系统正常可靠，确认制动装置可靠</td></tr>
<tr><td>绝缘斗臂车检查和试操作完毕，斗内电工向工作负责人汇报检查结果</td></tr>
<tr><td rowspan="2"></td><td rowspan="2">9</td><td rowspan="2">检查支持绝缘子和电杆</td><td>检测支持绝缘子：清洁绝缘子，并做表面检查，绝缘子表面应光滑，无麻点、裂痕等</td></tr>
<tr><td>检查水泥杆表面应光滑平整、臂厚均匀，无露筋、跑浆、纵横向裂纹等</td></tr>
<tr><td rowspan="3"></td><td rowspan="3">10</td><td rowspan="3">斗内电工进入绝缘斗臂车工作斗</td><td>绝缘斗臂车斗内电工穿戴好全套的个人安全防护用具：
（1）个人安全防护用具包括绝缘帽、绝缘服、绝缘裤、绝缘手套（戴防穿刺手套）、绝缘鞋（套鞋）、护目镜等；
（2）工作负责人应检查斗内电工个人防护用具的穿戴是否正确</td></tr>
<tr><td>绝缘斗臂车斗内电工携带工器具进入绝缘斗：
（1）工器具应分类放置工具袋中；
（2）工器具的金属部分不准超出绝缘斗沿面；
（3）工具和人员重量不得超过绝缘斗额定载荷</td></tr>
<tr><td>绝缘斗臂车斗内电工将斗内专用绝缘安全带系挂在斗内专用挂钩上</td></tr>
</table>

5.2 操作步骤

√	序号	作业内容	步骤及要求
	1	进入带电作业区域	经工作负责人许可后，2 号绝缘斗臂车斗内电工操作绝缘斗臂车，进入带电作业区域。 在进入带电作业区域时，应注意： （1）控制平稳，无大幅晃动现象； （2）绝缘斗移动速度应缓慢匀速：绝缘斗下降、上升的速度不应超过 0.5m/s；绝缘斗边沿的最大线速度不应超过 0.5m/s。 进入带电作业区域后，应注意： （1）绝缘斗臂车绝缘臂的有效绝缘长度不应小于 1.0m； （2）禁止摘下或脱下个人绝缘防护用具
	2	设置内边相绝缘遮蔽隔离措施	获得工作负责人的许可后，2 号绝缘斗臂车斗内电工转移绝缘斗至内边相合适工作位置，按照由近至远、从下到上、先大后小的顺序主导线进行绝缘遮蔽隔离。应注意： （1）设置绝缘遮蔽隔离措施的部位依次为：支持绝缘子两侧导线、支持绝缘子、横担（或杆头抱箍）； （2）导线上绝缘遮蔽的范围应足够，应按撤杆、立杆过程中电杆可能触及的范围设置； （3）设置绝缘遮蔽隔离措施时，动作应轻缓，与邻相导线之间应有足够的安全距离（不小于 0.6m），且应控制导线晃动幅度； （4）绝缘遮蔽隔离措施应严密、牢固，绝缘遮蔽组合的重叠距离不得小于 15cm
	3	设置外边相绝缘遮蔽措施	获得工作负责人的许可后，2 号绝缘斗臂车斗内电工转移绝缘斗至外边相合适工作位置，按照与内边相相同的方法设置外边相绝缘遮蔽隔离措施
	4	设置中间相绝缘遮蔽措施	获得工作负责人的许可后，2 号绝缘斗臂车斗内电工转移绝缘斗至外边相合适工作位置，按照与内边相相同的方法设置中间相绝缘遮蔽隔离措施
	5	安装导线绝缘提升支架	在工作负责人的监护下，1 号、2 号绝缘斗臂车斗内电工互相配合，将三相导线挂设在绝缘提升支架上。方法如下： （1）1 号绝缘斗臂车斗内电工转移绝缘斗至架空线路上方，放下导线绝缘提升支架； （2）在 2 号绝缘斗臂车斗内电工配合下，将三相导线挂设在导线绝缘提升支架上； （3）1 号绝缘斗臂车斗内电工操作小吊，提升导线绝缘提升支架，使导线轻微受力。 应注意：导线绝缘提升支架的吊点应与 1 号绝缘斗臂车的小吊臂前端点在一铅垂线上
	6	拆除三相导线的扎线	2 号绝缘斗臂车斗内电工逐相拆除三相导线在支持绝缘子上的绑扎线。方法如下： （1）最小范围地解开支持绝缘子扎线部位的绝缘遮蔽措施； （2）拆除扎线。扎线应边解边收，展放长度不应大于 10cm； （3）完善导线上的绝缘遮蔽隔离措施。绝缘遮蔽隔离措施应严密、牢固，绝缘遮蔽组合的重叠距离不得小于 15cm
	7	提升三相导线	1 号绝缘斗臂车斗内电工操作小吊，提升导线绝缘提升支架。 应注意： （1）导线提升高度约为 0.7m； （2）提升导线时，工作负责人应密切观察转移 1 号绝缘斗臂车受力情况，同时观察作业点两侧电杆和导线的受力情况

续表

√	序号	作业内容	步骤及要求
	8	拆除支持绝缘子、横担、杆头抱箍等附件，并完善电杆杆梢绝缘遮蔽隔离措施	2号绝缘斗臂车斗内电工与杆上电工、地面电工配合拆除支持绝缘子和杆头抱箍、直线横担。应注意： （1）杆上电工登杆前应对安全带、后备保护绳、脚扣等进行冲击试验并检查； （2）上下传递横担等物件应避免与电杆、绝缘斗发生碰撞； （3）横担、绝缘子等不应搁置在绝缘斗上（内）； （4）应防止高空落物
			杆上电工下杆后，2号绝缘斗臂车斗内电工完善电杆杆梢绝缘遮蔽隔离措施。应注意： （1）电杆杆梢的绝缘遮蔽隔离的范围应考虑从电杆基坑拔出及放倒时可能与导线碰触的因素； （2）绝缘遮蔽隔离措施应严密、牢固，绝缘遮蔽组合的重叠距离不得小于15cm
	9	拔除（旧）电杆	工作负责人指挥吊车操作人员及配合人员一起拔除旧杆。过程如下： （1）2号绝缘斗臂车斗内电工将钢丝绳扣套在电杆吊点位置，并套在吊车吊钩上。应注意：吊点一般选择在电杆重心上方1.5m处。电杆重心的计算公式：距电杆杆根 $0.4H+0.5$m，H 为电杆长度； （2）吊车操作人员开始缓缓起吊，使钢丝绳扣轻微受力。2号绝缘斗臂车斗内电工检查钢丝绳受力情况； （3）2号绝缘斗臂车斗内电工在吊点下方20cm处的两侧系好绝缘控制绳； （4）地面电工将电杆接地线绑缚在电杆杆根3m线位置（或电杆焊接钢箍），临时接地体埋深应不小于0.6m； （5）地面电工挖除杆根夯土，并挖滑坡（马道）； （6）吊车操作人员开始缓缓起吊，并由地面电工控制绝缘绳、将电杆拔出基坑。 应注意： （1）在起吊过程中，随时注意杆梢与架空线路的距离应大于0.4m； （2）吊车的吊臂最上端与带电导线的距离应大于1.5m； （3）工作负责人应随时检查吊车支腿及吊点、钢丝绳等受力部位的受力情况； （4）工作负责人、地面电工禁止站在吊车起重臂、绝缘斗臂车绝缘臂及电杆的下方
	10	立杆地面准备	休整马道（滑坡长度1.5m、坡度呈45°，宽度约为50cm）后，地面电工将马道配套工具放置在坑洞内
			地面电工将钢丝绳扣套在电杆吊点位置，并套在吊车吊钩上
			工作负责人指挥吊车操作人员将电杆杆梢吊离地面约1m后，进行如下工作： （1）检查吊车支腿及吊点、钢丝绳等受力部位的受力情况，并进行冲击； （2）地面人员用电杆绝缘包毯等对电杆梢头设置绝缘遮蔽隔离措施。应注意：电杆自上而下的遮蔽范围应在5m及以上； （3）地面电工在电杆吊点下方20cm处的两侧系好绝缘控制绳； （4）地面电工将电杆接地线绑缚在电杆杆根3m线位置（或电杆焊接钢箍），临时接地体埋深应不小于0.6m
	11	立杆	工作负责人指挥吊车操作人员开始缓缓起吊，由地面电工控制绝缘绳、将电杆导入电杆基坑。应注意： （1）在起吊过程中应随时注意电杆根部是否顶住滑板向下移动； （2）杆梢与架空线路的距离应大于0.4m； （3）吊车的吊臂最上端与带电导线的距离应大于1.5m； （4）地面电工禁止站在吊车起重臂、绝缘斗臂车绝缘臂及电杆的下方
			电杆起立校正后，地面电工回土夯实电杆基坑、滑坡。电杆的施工质量应满足施工和验收规范的要求： （1）夯实回土应每次填土50cm后夯实一次，电杆基坑和滑坡宜设置防沉土层。土层上部面积不宜小于坑口面积，培土高度应超出地面300mm； （2）电杆顺线路方向位移不应超过设计档距的3%，横线路方向位移不应超过50mm

续表

√	序号	作业内容	步骤及要求
	12	安装直线横担、杆头抱箍、支持绝缘子	2 号绝缘斗臂车斗内电工与杆上电工、地面电工配合安装直线横担和杆头抱箍、支持绝缘子。应注意： （1）杆上电工登杆前应对安全带、后备保护绳、脚扣等进行冲击试验并检查； （2）上下传递横担等物件应避免与电杆、绝缘斗发生碰撞； （3）横担、绝缘子等不应搁置在绝缘斗上（内）； （4）防止高空落物。 横担、杆头抱箍的安装工艺应满足施工和验收规范的要求： （1）单横担安装高度应正确，且应装在电杆负荷侧。安装牢固可靠，螺杆应与构件面垂直，螺头平面与构件间不应有间隙；杆头抱箍螺栓的穿入由左向右（面向受电侧）或按统一方向； （2）螺栓紧好后，螺杆丝扣露出的长度不应少于两个螺距。每端垫圈不应超过两个； （3）横担安装应平正，安装偏差应符合规定：横担端部上下歪斜不应大于 20mm；横担端部左右扭斜不应大于 20mm。 支持绝缘子的安装工艺应满足施工和验收规范的要求： （1）安装牢固，线槽方向正确； （2）应清除表面灰垢、表面无破损
	13	完善绝缘遮蔽措施	2 号绝缘斗臂车斗内电工分别对横担、杆头抱箍、支持绝缘子、电杆顶部等进行绝缘遮蔽。应注意：遮蔽措施应严密牢固，绝缘遮蔽组合的重叠距离不得小于 15cm
	14	固定导线	在工作负责人的监护下，1 号、2 号绝缘斗臂车斗内电工配合释放三相架空导线，并拆除导线绝缘提升支架。应注意： （1）导线、杆头抱箍、横担、绝缘子及电杆顶部的绝缘遮蔽措施应严密牢固。导线与横担等物件之间的绝缘遮蔽措施应不少于 3 层； （2）导线绝缘提升支架下降应缓慢平稳，应注意控制导线的晃动幅度
			2 号绝缘斗臂车斗内电工逐相固定导线。应注意： （1）三相导线的固结可按先两边相、再中间相的顺序进行； （2）应控制扎线展放的长度，一般不宜大于 10cm； （3）导线固定后，应及时恢复绝缘子扎线部位的绝缘遮蔽隔离措施。遮蔽措施应严密牢固，绝缘遮蔽组合的重叠部分不应小于 15cm。 导线在支持绝缘子上的固结工艺和质量应符合施工和验收规范的要求： （1）裸铝导线在绝缘子上固定应缠绕铝包带，缠绕长度应超出接触部分 30mm。铝包带的缠绕方向应与外层线股的绞制方向一致； （2）扎线应绑扎紧密、牢固。扎线缠绕方向应与导线线股绞向一致、股数应符合要求，应有 2 个交叉将导线压在绝缘子顶槽，扎线收尾短头应绞成小辫并压平，且麻花不少于 5 个
	15	拆除中间相绝缘遮蔽	获得工作负责人的许可后，1 号、2 号绝缘斗臂车斗内电工分别转移至电杆两侧的中间相合适工作位置，按照先小后大、从上到下、由远至近的顺序拆除绝缘遮蔽措施。应注意： （1）动作应轻缓，与已撤除绝缘遮蔽措施的异电位物体之间保持足够的距离（相对地不小于 0.4m，相间不小于 0.6m）； （2）1 号、2 号绝缘斗臂车斗内电工应同相进行，且不应发生身体接触
	16	拆除外边相绝缘遮蔽	获得工作负责人的许可后，1 号、2 号绝缘斗臂车斗内电工分别转移至电杆两侧的外边相合适工作位置，按照与中间相相同的方法和要求拆除外边相绝缘遮蔽隔离措施
	17	拆除内边相绝缘遮蔽	获得工作负责人的许可后，1 号、2 号绝缘斗臂车斗内电工分别转移至电杆两侧的内边相合适工作位置，按照与中间相相同的方法和要求拆除内边相绝缘遮蔽隔离措施

续表

√	序号	作业内容	步骤及要求
	18	工作验收	斗内电工撤出带电作业区域。撤出带电作业区域时： （1）应无大幅晃动现象； （2）绝缘斗下降、上升的速度不应超过 0.5m/s； （3）绝缘斗边沿的最大线速度不应超过 0.5m/s
			斗内电工检查施工质量： （1）杆上无遗漏物； （2）装置无缺陷符合运行条件； （3）向工作负责人汇报施工质量
	19	撤离杆塔	下降绝缘斗返回地面、收回绝缘臂时应注意绝缘斗臂车周围杆塔、线路等情况

6. 工作结束

√	序号	作业内容	步骤及要求
	1	工作负责人组织班组成员清理工具和现场	绝缘斗臂车各部件复位，收回绝缘斗臂车支腿
			工作负责人组织班组成员整理工具、材料。将工器具清洁后放入专用的箱（袋）中。清理现场，做到“工完、料尽、场地清”
	2	工作负责人召开收工会	工作负责人组织召开现场收工会，做工作总结和点评工作： （1）正确点评本项工作的施工质量； （2）点评班组成员在作业中的安全措施的落实情况； （3）点评班组成员对规程的执行情况
	3	办理工作终结手续	工作负责人向调度汇报工作结束，并终结工作票

7. 验收记录

记录检修中发现的问题	
存在问题及处理意见	

8. 现场标准化作业指导书执行情况评估

评估内容	符合性	优		可操作项	
		良		不可操作项	
	可操作性	优		修改项	
		良		遗漏项	
存在问题					
改进意见					

9. 附录

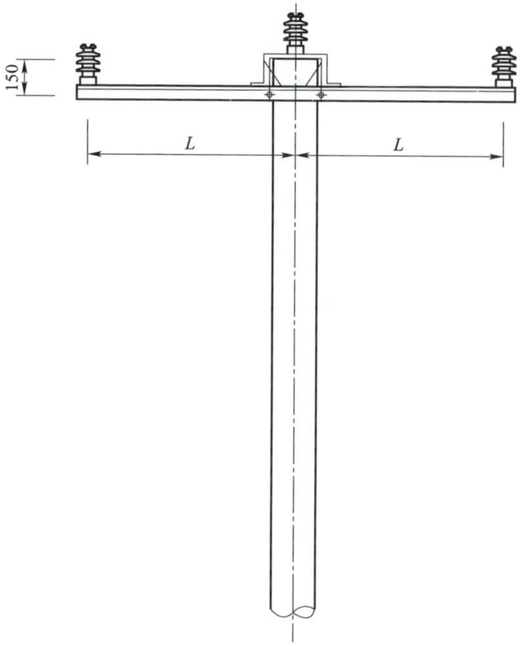

电杆组立后的装置示意图

第七节　绝缘手套作业法带电直线杆改终端杆标准作业指导书

1. 适用范围

本作业指导书规定了采用旁路作业法 10kV××线路××号杆直线杆改终端杆的现场标准化作业的工作步骤和技术要求。

本作业指导书适用于采用旁路作业法 10kV××线路××号杆直线杆改终端杆。

2. 规范性引用文件

2.1　GB/T 18857—2019《配电线路带电作业技术导则》

2.2　GB/T 14286—2008《带电作业工具设备术语》

2.3　GB/T 34577—2017《配电线路旁路作业技术导则》

2.4　DL/T 858—2004《架空配电线路带电安装及作业工具设备》

2.5　Q/GDW 10520—2016《国家电网公司 10kV 配网不停电作业规范》

2.6　Q/GDW 249—2009《10kV 旁路作业设备技术条件》

2.7 国家电网安质〔2014〕265 号《国家电网公司电力安全工作规程（配电部分）》

2.8 国家电网生〔2009〕190 号《关于印发国家电网公司深入开展现场标准化作业工作指导意见的通知》

3. 人员组合

本项目需要 8 人。

3.1 作业人员要求

√	序号	责任人	资质	人数
	1	工作负责人（兼监护人）	应通过 10kV 配电带电作业专项培训，考试合格并持有上岗证。应具有配电带电作业实际工作经验，熟悉设备状况，具有一定组织能力和事故处理能力，并经工作负责人的专门培训，考试合格，经本单位总工程师批准、书面公布	1 人
	2	专责监护人	应通过 10kV 配电带电作业专项培训，考试合格并持有上岗证。应具有配电带电作业实际工作经验，熟悉设备状况，具有一定组织能力和事故处理能力	1 人
	3	斗内电工	应通过 10kV 配电带电作业专项培训，考试合格并持有上岗证	4 人
	4	地面电工	应通过 10kV 配电带电作业专项培训，考试合格并持有上岗证	2 人

3.2 作业人员分工

√	序号	责任人	分工	责任人签名
	1		工作负责人（兼监护人）	
	2		专责监护人	
	3		1 号车斗内电工	
	4		2 号车斗内电工	
	5		地面电工	

4. 工器具

领用绝缘工器具应核对工器具的使用电压等级和试验周期，并应检查外观完好无损。

工器具运输，应存放在工具袋或工具箱内；金属工具和绝缘工器具应分开装运。

4.1 装备

√	序号	名称	型号/规格	单位	数量	备注
	1	绝缘斗臂车		辆	2	

4.2 个人安全防护用具

√	序号	名称	型号/规格	单位	数量	备注
	1	绝缘安全帽		顶	8	
	2	绝缘披肩		件	4	
	3	绝缘手套		副	4	
	4	防护手套		副	4	
	5	斗内绝缘安全带		根	4	
	6	护目镜		副	4	

4.3 绝缘遮蔽用具

√	序号	名称	型号/规格	单位	数量	备注
	1	绝缘毯	800mm × 1000mm	块	40	
	2	绝缘夹		只	70	
	3	导线绝缘软管	60cm	根	16	
	4	导线遮蔽管	2.5m	根	12	
	5	导线遮蔽管	1.2m	根	3	

4.4 绝缘工具

√	序号	名称	型号/规格	单位	数量	备注
	1	绝缘紧线器	N－1500	把	2	
	2	绝缘绳扣	加强型	根	3	
	3	绝缘保险绳	加强型	根	2	用于后备保护
	4	绝缘传递绳	20m	套	2	
	5	绝缘滑轮		个	1	

4.5 仪器仪表

√	序号	名称	型号/规格	单位	数量	备注
	1	绝缘检测仪	2500V 及以上	套	1	最大输出电压应为5000V，用于检测悬式绝缘子
	2	钳形电流表		台（只）	1	最大量程应大于线路最大负荷电流
	3	高压验电器	10kV	支	1	
	4	高压发生器	10kV	只	1	

续表

√	序号	名称	型号/规格	单位	数量	备注
	5	多方通话系统		套	1	
	6	核相仪		套	1	
	7	温度计		只	1	
	8	风速仪		只	1	

4.6 金属工具

√	序号	名称	规格/编号	单位	数量	备注
	1	棘轮断线钳		把	1	
	2	绝缘导线剥皮器		把	2	
	3	卡线器		副	4	
	4	临时拉线		m	15	
	5	地桩		根	5	

4.7 其他工具

√	序号	名称	规格/编号	单位	数量	备注
	1	防潮苫布	3m×3m	块	1	
	2	个人工具		套	1	
	3	钢丝刷		把	2	
	4	安全遮栏、安全围绳		副	若干	
	5	标示牌	"从此进出！"	块	1	
	6	标示牌	"在此工作！"	块	2	
	7	电动扳手	ϕ17mm	把	2	
	8	剥线器		把	2	
	9	卸扣	2t	只	4	
	10	硬质斗用工具箱		只	2	
	11	帆布工具袋		只	2	
	12	铁榔头		把	1	
	13	电缆清洁纸		张	8	
	14	绝缘硅脂		支	1	
	15	布手套		双	5	
	16	清洁毛巾		块	2	

4.8 设备及材料

包括装置性材料和消耗性材料。

√	序号	名称	规格/编号	单位	数量	备注
	1	拉线金具		套	1	
	2	钢绞线		m	16	
	3	绝缘拉线		个	1	
	4	高压双横担及联铁		套	1	
	5	绝缘自粘带	3M	盘	3	
	6	清洁干燥布		条	若干	

5. 作业程序

5.1 开工准备

√	序号	作业内容	步骤及要求
	1	现场复勘	工作负责人核对工作线路双重命名、杆号
			工作负责人检查地形环境是否符合作业要求： （1）平整坚实； （2）地面倾斜度不大于 7°
			工作负责人检查线路装置是否具备带电作业条件： （1）作业点及两侧电杆基础、埋深、杆身质量； （2）检查作业点两侧导线应无损伤、绑扎固定应牢固可靠，弧垂适度
			工作负责人检查气象条件（不需现场检查，但需在工作许可时汇报）： （1）天气应晴好，无雷、雨、雪、雾； （2）风力不大于 10.7m/s； （3）气相对湿度不大于 80%
			工作负责人检查工作票所列安全措施，在工作票上补充安全措施
	2	执行工作许可制度	工作负责人按工作票内容与当值调度员联系，确认线路重合闸装置已退出。联系时应用普通话（二级许可应有设备主人或工区联系值班调控人员后方可许可带电作业工作负责人）
			工作负责人在工作票上签字
	3	召开现场站班会	工作负责人宣读工作票
			工作负责人检查工作班组成员精神状态、交代工作任务进行分工、交代工作中的安全措施和技术措施
			工作负责人检查班组各成员对工作任务分工、安全措施和技术措施是否明确
			班组各成员在工作票和作业指导书上签名确认
	4	停放绝缘斗臂车	斗臂车驾驶员将 2 辆绝缘斗臂车位置分别停放到最佳位置，1 号车在电杆小号侧（即电源侧），2 号车在电杆的大号侧（即负荷侧）： （1）停放的位置应便于绝缘斗臂车绝缘斗到达作业位置，避开附近电力线和障碍物，并能保证作业时绝缘斗臂车的绝缘臂有效绝缘长度； （2）停放位置坡度不大于 7°，绝缘斗臂车应顺线路停放； （3）应做到尽可能小的影响道路交通（重要路口工作需要设立专职监护人）

续表

√	序号	作业内容	步骤及要求
	4	停放绝缘斗臂车	斗臂车操作人员支放绝缘斗臂车支腿： （1）不应支放在沟道盖板上； （2）软土地面应使用垫块或枕木，垫板重叠不超过 2 块，呈 45°角； （3）支腿顺序应正确（“H”型支腿的车型，应先伸出水平支腿，再伸出垂直支腿；在坡地停放，应先支前支腿，后支后支腿）； （4）支撑应到位。车辆前后、左右呈水平；“H”型支腿的车型四轮应离地。坡地停放调整水平后，车辆前后倾斜应不大于 3°
			斗臂车操作人员将绝缘斗臂车可靠接地： （1）接地线应采用有透明护套的不小于 $16mm^2$ 的多股软铜线； （2）临时接地体埋深应不小于 0.6m
	5	布置工作现场	工作负责人组织班组成员设置工作现场的安全围栏、安全警示标志： （1）安全围栏的范围应考虑作业中高空坠落和高空落物的影响以及道路交通，必要时联系交通部门； （2）围栏的出入口应设置合理； （3）警示标示应包括“从此进出”“施工现场”等，道路两侧应有“车辆慢行”或“车辆绕行”标示或路障（重要路口工作需要设立专职监护人）
			班组成员按要求将绝缘工器具放在防潮苫布上： （1）防潮苫布应清洁、干燥； （2）工器具应按定置管理要求分类摆放； （3）绝缘工器具不能与金属工具、材料混放（有条件可以有专门的工器具架子或柜子摆放）
	6	检查绝缘工器具	班组成员逐件对绝缘工器具进行外观检查： （1）检查人员应戴清洁、干燥的手套； （2）绝缘工具表面不应磨损、变形损坏，操作应灵活； （3）个人安全防护用具和遮蔽、隔离用具应无针孔、砂眼、裂纹； （4）检查斗内专用绝缘安全带外观，并做冲击试验
			班组成员使用绝缘电阻检测仪分段检测绝缘工具（本项目的绝缘工具为绝缘拉杆、绝缘传递绳、绝缘绳扣、绝缘后备保护绳、绝缘分流线防坠绳、“T”型绝缘横担）的表面绝缘电阻值： （1）测量电极应符合规程要求（极宽 2cm、极间距 2cm）； （2）正确使用（自检、测量）绝缘电阻检测仪（应采用点测的方法，不应使电极在绝缘工具表面滑动，避免刮伤绝缘工具表面）； （3）绝缘电阻值不得低于 700MΩ
			绝缘工器具检查完毕，向工作负责人汇报检查结果
	7	检查绝缘斗臂车	斗内电工检查绝缘斗臂车表面状况：绝缘斗、绝缘臂应清洁、无裂纹损伤
			斗内电工试操作绝缘斗臂车： （1）试操作应空斗进行； （2）试操作应充分，有回转、升降、伸缩的过程。确认液压、机械、电气系统正常可靠，确认制动装置可靠
			绝缘斗臂车检查和试操作完毕，斗内电工向工作负责人汇报检查结果
	8	检查旁路开关和旁路电缆	清洁、检查旁路开关和旁路电缆： （1）检查旁路开关是否外部损坏； 对旁路开关用绝缘电阻表进行绝缘电阻测试： 开关分闸状态：绝缘电阻不应低于 1000MΩ；实测__MΩ 开关合闸状态：相与相、相与地之间的绝缘电阻不应低于 1000MΩ。实测__MΩ （2）对旁路开关进行试操作三次，确认分合闸机构良好；

续表

√	序号	作业内容	步骤及要求
	8	检查旁路开关和旁路电缆	（3）清洁旁路电缆接线夹接触面的氧化物； （4）检查旁路开关和旁路电缆的额定荷载电流并对照线路负荷电流（可根据现场勘查或运行资料获得），分流线的额定荷载电流应大于等于 1.2 倍的线路负荷电流； （5）旁路电缆表面绝缘应无明显磨损或破损现象； （6）旁路电缆接线夹应操作灵活
	9	安装绝缘小吊	（1）地面电工和 1 号车斗内电工配合安装小吊； （2）小吊臂试操作回转、升降、伸缩的过程，确认液压、机械、电气系统正常可靠，确认制动装置可靠； （3）吊绳试操作，确认下放、回收过程正常可靠
	10	检测悬式绝缘子	班组成员检测悬式绝缘子： （1）清洁绝缘子，并做表面检查，绝缘子表面应光滑，无麻点，裂痕等； （2）用绝缘电阻检测仪（5000V 电压）逐个进行绝缘电阻测定。绝缘电阻值不得小于 500MΩ
	11	斗内电工进入绝缘斗臂车工作斗	1 号、2 号绝缘斗臂车斗内电工穿戴好全套的个人安全防护用具： （1）个人安全防护用具包括绝缘帽、绝缘服、绝缘裤、绝缘手套（戴防穿刺手套）、绝缘鞋（套鞋）、护目镜等； （2）工作负责人应检查斗内电工个人防护用具的穿戴是否正确
			绝缘斗臂车斗内电工携带工器具进入绝缘斗： （1）工器具应分类放置工具袋中； （2）工器具的金属部分不准超出绝缘斗沿面； （3）工具和人员重量不得超过绝缘斗额定载荷
			绝缘斗臂车斗内电工将斗内专用绝缘安全带系挂在斗内专用挂钩上

5.2　操作步骤

√	序号	作业内容	步骤及要求
	1	进入带电作业区域	1 号、2 号绝缘斗臂车斗内电工经工作负责人许可后，分别操作绝缘斗臂车，进入带电作业区域，绝缘斗移动应平稳匀速，在进入带电作业区域时： （1）应无大幅晃动现象； （2）绝缘斗下降、上升的速度不应超过 0.5m/s； （3）绝缘斗边沿的最大线速度不应超过 0.5m/s； （4）转移绝缘斗时应注意绝缘斗臂车周围杆塔、线路等情况，绝缘臂的金属部位与带电体和地电位物体的距离大于 1.0m； （5）进入带电作业区域作业后，绝缘斗臂车绝缘臂的有效绝缘长度不应小于 1.0m
	2	验电	1 号绝缘斗臂车斗内 1 号电工在工作负责人的监护下，使用高压验电器对横担等地电位构件进行验电，确认装置无漏电等绝缘不良现象。应注意： （1）验电时，必须戴绝缘手套； （2）验电前，应进行验电器自检，以及使用高压发生器检测验电器是否合格（在保证安全距离的情况下也可在带电体上进行）； （3）验电时，斗内电工应与邻近的构件、导体保持足够的距离（不小于 0.4m），高压验电器的绝缘柄的有效绝缘长度不小于 0.7m； （4）如横担等接地构件有电，不应继续进行本项目

续表

√	序号	作业内容	步骤及要求
	3	测量架空线路负荷电流	1 号绝缘斗臂车斗内 1 号电工用钳形电流表检测架空线路负荷电流，确认工作点一侧电流小 0.1A。如不满足要求，应终止本项作业。应注意： （1）使用钳形电流表时，应先选择最大量程，按照实际符合电流情况逐级向下一级量程切换并读取数据； （2）检测电流时，应选择内边相架空线路，并与相邻的异电位导体或构件保持足够的安全距离（相对地不小于 0.4m，相间不小于 0.6m）。 记录线路负荷电流数值：A
	4	绝缘遮蔽	按照从近到远、从下到上、先大后小的原则对三相带电导线及支持绝缘子扎线设置绝缘遮蔽措施，先内边相、再外边相、最后中间相，应注意： （1）斗内作业人员与地面作业人员传递绝缘工器具时，应使用绝缘吊绳，并捆绑牢固，防止高空落物； （2）斗内作业人员设置绝缘遮蔽、隔离措施时应穿戴绝缘手套，并应注意站位，与地电位物体应保持足够安全距离（0.4m）； （3）绝缘遮蔽应严实、牢固，连接处应有 15cm 及以上的重叠部分
	5	拉线安装	2 号绝缘斗臂车斗内电工配合地面电工进行安装需要作业杆的拉线，应注意： （1）安装拉线严格安装线路规程、工艺要求； （2）安装拉线过程中防止拉线的跑、跳，保持对满足带电体的安全距离； （3）地面电工安装好拉线后向工作负责人报告
	6	更换横担联铁、杆头抱箍、安装耐张绝缘子串	1 号绝缘斗臂车斗内电工与 2 号绝缘斗臂车斗用小吊配合拆除（中间相）杆顶支架和直线横担，安装耐张横担和杆头抱箍，并安装好三相悬式绝缘子串。应注意： （1）上下传递横担等物件应避免与电杆、绝缘斗发生碰撞； （2）横担、绝缘子等不应搁置在绝缘斗上（内）； （3）应防止高空落物。 耐张横担、杆头抱箍的安装工艺应满足施工和验收规范的要求： （1）安装牢固可靠，螺杆应与构件面垂直，螺头平面与构件间不应有间隙； （2）螺栓紧好后，螺杆丝扣露出的长度不应少于两个螺距。每端垫圈不应超过两个； （3）横担组装时，螺栓的穿入方向应符合规定：水平方向由内向外，垂直方向由下向上。杆头抱箍螺栓的穿入由左向右（面向受电侧）或按统一方向； （4）横担安装应平正，安装偏差应符合规定：横担端部上下歪斜不应大于 20mm；横担端部左右扭斜不应大于 20mm。 绝缘子串的安装工艺应满足施工和验收规范的要求： （1）牢固，连接可靠，防止积水； （2）应清除表面灰垢、附着物及不应有的涂料； （3）与电杆、导线金具连接处，无卡压现象； （4）耐张串上的弹簧销子、螺栓及穿钉应由上向下穿； （5）采用的闭口销或开口销不应有折断、裂纹等现象。当采用开口销时应对称开口，开口角度应为 30°～60°。严禁用线材或其他材料代替闭口销、开口销
	7	安装紧线用绝缘绳扣、后备保护绳	在耐张横担和杆头安装绝缘绳扣、后备保护绳。应注意：绝缘绳扣、后备保护绳内侧应做好防磨损的措施
			对耐张横担、杆头抱箍、绝缘子串、电杆顶部等进行绝缘遮蔽。应注意：遮蔽措施应严密牢固，绝缘遮蔽组合的重叠距离不得小于 15cm
	8	收紧中间相导线	1 号、2 号绝缘斗臂车斗内电工在工作负责人的监护下，收紧导线。应注意： （1）紧线时，应保证绝缘绳扣有 0.4m 及以上的绝缘有效长度； （2）紧线时，1 号、2 号绝缘斗臂车斗内电工应同时操作，使横担受力均衡； （3）工作负责人应紧密监视电杆、横担的受力情况，同时监视作业点两侧电杆受力情况
			好安装绝缘后备保护绳，并收紧。应注意：后备保护的卡线器应装在与绝缘紧线器连接的卡线器的外侧

续表

√	序号	作业内容	步骤及要求
	9	中间相导线开分断	1 号、2 号绝缘斗臂车斗内电工在工作负责人的监护下，用绝缘断线剪开断导线。应注意：1 号、2 号绝缘斗臂车斗内电工分别控制中间相导线开断点两侧的导线，防止开断后，断头晃动
			1 号、2 号绝缘斗臂车斗内电工在工作负责人的监护下，分别将断开的导线固定在中间相对应的耐张线夹内。应注意：耐张线夹应有足够的紧固力，其握着力与导线的保证计算拉断比不小于 90%
			完善绝缘子串和耐张线夹的绝缘遮蔽措施。应注意：绝缘遮蔽措施应严密牢固，绝缘遮蔽组合的重叠距离不得小于 15cm
	10	撤除中间相绝缘后备保护绳和绝缘紧线器	1 号、2 号绝缘斗臂车斗内电工撤除中间相绝缘后备保护绳和绝缘紧线器。应注意：松开紧线器时，1 号、2 号绝缘斗臂车斗内电工应同时操作，以保证横担受力均衡
			恢复导线上的绝缘遮蔽隔离措施。应注意：绝缘遮蔽措施应严密牢固，绝缘遮蔽组合的重叠距离不得小于 15cm
	11	外边相导线开分断改耐张	在工作负责人的监护下，1 号、2 号绝缘斗臂车斗内电工转移绝缘斗至外边相合适工作位置，按照与中间相相同的步骤和方法将外边相导线开分断改耐张
	12	内边相导线开分断改耐张	在工作负责人的监护下，1 号、2 号绝缘斗臂车斗内电工转移绝缘斗至内边相合适工作位置，按照与中间相相同的步骤和方法将内边相导线开分断改耐张
	13	拆除两侧后再拆除中间相（近侧先）导线	在获得工作负责人的许可后，1 号车斗内电工同地面电工配合安装并固定滑轮及临时拉线，2 号车斗内电工使用卡线器并卡好导线地面电工配合拉好绝缘绳子并固定。1 号车斗内电工用紧线器对其拆除导线进行紧固后报告工作负责人，经工作负责人同意后 1 号使用对其导线进行剪断，2 号电工配合地面电工将其导线放下。 应注意： （1）做好对所放导线两侧临时拉线的检查、固定，严格按照线路撤放线要求进行； （2）充分计算导线应力要求，严禁突然剪断导线； （3）保持对带电体的安全距离
	14	拆除中间相绝缘遮蔽	获得工作负责人的许可后，1 号、2 号绝缘斗臂车斗内电工分别转移至电杆两侧的中间相合适工作位置，按照先小后大、从上到下、由远至近、先地电位后带电体的顺序拆除绝缘遮蔽措施。应注意： （1）动作应轻缓，与已撤除绝缘遮蔽措施的异电位物体之间保持足够的距离（相对地不小于 0.4m，相间不小于 0.6m）； （2）1 号、2 号绝缘斗臂车斗内电工应同相进行，且不应发生身体接触
	15	拆除外边相绝缘遮蔽	获得工作负责人的许可后，1 号、2 号绝缘斗臂车斗内电工分别转移至电杆两侧的外边相合适工作位置，按照与中间相相同的方法和要求拆除外边相绝缘遮蔽隔离措施
	16	拆除内边相绝缘遮蔽	获得工作负责人的许可后，1 号、2 号绝缘斗臂车斗内电工分别转移至电杆两侧的内边相合适工作位置，按照与中间相相同的方法和要求拆除内边相绝缘遮蔽隔离措施
	17	工作验收	斗内电工撤出带电作业区域。撤出带电作业区域时： （1）应无大幅晃动现象； （2）绝缘斗下降、上升的速度不应超过 0.5m/s； （3）绝缘斗边沿的最大线速度不应超过 0.5m/s

续表

√	序号	作业内容	步骤及要求
	17	工作验收	斗内电工检查施工质量： （1）杆上无遗漏物； （2）装置无缺陷符合运行条件； （3）向工作负责人汇报施工质量
	18	撤离杆塔	下降绝缘斗返回地面、收回绝缘臂时应注意绝缘斗臂车周围杆塔、线路等情况

6. 工作结束

√	序号	作业内容	步骤及要求
	1	工作负责人组织班组成员清理工具和现场	绝缘斗臂车各部件复位，收回绝缘斗臂车支腿
			工作负责人组织班组成员整理工具、材料。将工器具清洁后放入专用的箱（袋）中。清理现场，做到“工完、料尽、场地清”
	2	工作负责人召开收工会	工作负责人组织召开现场收工会，做工作总结和点评工作： （1）正确点评本项工作的施工质量； （2）点评班组成员在作业中的安全措施的落实情况； （3）点评班组成员对规程的执行情况
	3	办理工作终结手续	工作负责人向调度汇报工作结束，并终结工作票

7. 验收记录

记录检修中发现的问题	
存在问题及处理意见	

8. 现场标准化作业指导书执行情况评估

评估内容	符合性	优		可操作项	
		良		不可操作项	
	可操作性	优		修改项	
		良		遗漏项	
存在问题					
改进意见					

第八节　绝缘手套作业法带负荷更换跌落式熔断器作业指导书

1. 范围

本作业指导书规定了采用绝缘手套作业法带负荷更换 10kV××线路××杆

跌落式熔断器的现场标准化作业的工作步骤和技术要求。

本作业指导书适用于绝缘手套作业法带负荷更换 10kV××线路××杆跌落式熔断器。

2. 规范性引用文件

2.1 GB/T 14286—2008《带电作业工具设备术语》

2.2 GB/T 18857—2019《配电线路带电作业技术导则》

2.3 GB/T 34577—2017《配电线路旁路作业技术导则》

2.4 DL/T 858—2004《架空配电线路带电安装及作业工具设备》

2.5 Q/GDW 249—2009《10kV 旁路作业设备技术条件》

2.6 Q/GDW 520—2010《国家电网公司 10kV 架空配电线路带电作业管理规范》

2.7 Q/GDW 10520—2016《国家电网公司 10kV 配网不停电作业规范》

2.8 国家电网生〔2009〕190 号《关于印发国家电网公司深入开展现场标准化作业工作指导意见的通知》

2.9 国家电网安监〔2009〕664 号《国家电网公司电力安全工作规程（线路部分）》

2.10 国家电网安质〔2014〕265 号《国家电网公司电力安全工作规程（配电部分）》

3. 人员组合

本项目需要 8 人。

3.1 作业人员要求

√	序号	责任人	资质	人数
	1	工作负责人（兼监护人）	应通过 10kV 配电带电作业专项培训，考试合格并持有上岗证。应具有配电带电作业实际工作经验，熟悉设备状况，具有一定组织能力和事故处理能力，并经工作负责人的专门培训，考试合格，经本单位总工程师批准、书面公布	1 人
	2	专责监护人	应通过 10kV 配电带电作业专项培训，考试合格并持有上岗证。应具有配电带电作业实际工作经验，熟悉设备状况，具有一定组织能力和事故处理能力	1 人
	3	斗内电工（1 号、2 号）	应通过 10kV 配电线路带电作业专项培训，考试合格并持有上岗证	4 人
	4	地面电工	应通过 10kV 配电线路带电作业专项培训，考试合格并持有上岗证	2 人

3.2 作业人员分工

√	序号	责任人	分工	责任人签名
	1		工作负责人（监护人）	
	2		专责监护人	
	3		1 号绝缘斗臂车斗内电工	
	4		2 号绝缘斗臂车斗内电工	
	5		地面电工	

4. 工器具

领用绝缘工具、安全用具及辅助器具，应核对工器具的使用电压等级和试验周期。领用绝缘工器具，应检查外观完好无损。

工器具运输，应存放在工具袋或工具箱内；金属工具和绝缘工器具应分开装运。

4.1 装备

√	序号	名称	规格/型号	单位	数量	备注
	1	绝缘斗臂车	10kV	辆	2	
	2	绝缘引流线	10kV，8m	根	3	其荷载能力应不小于架空线路最大负荷电流的 1.2 倍

4.2 个人防护用具

√	序号	名称	规格/型号	单位	数量	备注
	1	绝缘安全帽	10kV	顶	8	
	2	绝缘手套	10kV	双	4	
	3	防刺穿手套	10kV	双	4	
	4	绝缘披肩	10kV	件	4	
	5	斗内绝缘安全带		副	4	
	6	护目镜		副	4	

4.3 绝缘遮蔽用具

√	序号	名称	规格/型号	单位	数量	备注
	1	跳线导线软质遮蔽罩	10kV	根	12	
	2	绝缘毯	10kV	块	20	
	3	绝缘毯夹	10kV	只	40	
	4	导线遮蔽管	10kV，1.5m	根	12	

4.4 绝缘工具

√	序号	名称	规格/型号	单位	数量	备注
	1	绝缘吊绳	12m	根	2	
	2	绝缘绳套	0.8m	根	6	
	3	绝缘操作棒	10kV	根	1	

4.5 仪器仪表

√	序号	名称	规格/型号	单位	数量	备注
	1	高压验电器	10kV		1	
	2	工频高压发生器	10kV		1	
	3	温湿度计			1	
	4	绝缘电阻测试仪	2500V 或 5000V		1	
	5	风速仪			1	
	6	多方通话系统			1	
	7	绝缘手套检测仪	G99		1	
	8	钳形电流表			1	

4.6 其他工具

√	序号	名称	规格/型号	单位	数量	备注
	1	安全遮栏、安全围绳		副	若干	
	2	防潮苫布	3m×3m；2m×2m	块	3	
	3	个人工具		套	2	棘轮扳手、螺丝刀、卷尺等
	4	电动扳手	ϕ17mm	把	2	
	5	导线剥皮器		把	2	
	6	斗用工具箱		只	2	
	7	帆布工具筒		只	2	
	8	毯夹挂架		只	2	
	9	安全遮栏			若干	
	10	钢丝刷		把	2	
	11	铁榔头		把	1	
	12	标示牌	“从此进出！”	块	1	
	13	标示牌	“在此工作！”	块	1	
	14	路障	“前方施工，车辆慢行”	块	2	

续表

√	序号	名称	规格/型号	单位	数量	备注
	15	棉手套		双	6	
	16	工具袋		只	1	工作负责人使用
	17	干燥清洁布		块	2	
	18	工作负责人马甲		件	1	
	19	专责监护人马甲		件	1	

4.7 材料

√	序号	名称	规格/型号	单位	数量	备注
	1	跌落式熔断器	RW7－10/200	只	3	
	2	熔管		只	3	
	3	绝缘导线	JKLJY－10－×	m	15	截面积与主导线同
	4	铜铝设备线夹		只	6	
	5	并沟线夹		只	12	
	6	毛巾		条	2	

5. 作业程序

5.1 开工准备

<table>
<tr><th>√</th><th>序号</th><th>作业内容</th><th>步骤及要求</th></tr>
<tr><td rowspan="5"></td><td rowspan="5">1</td><td rowspan="5">现场复勘</td><td>工作负责人核对工作线路双重命名、杆号</td></tr>
<tr><td>工作负责人检查地形环境是否符合作业要求：
（1）平整坚实；
（2）地面倾斜度不大于7°</td></tr>
<tr><td>工作负责人检查线路装置是否具备带电作业条件：
（1）作业电杆埋深、杆身质量；
（2）跌落式熔断器绝缘子是否良好，外观有无机械强度破坏等现象</td></tr>
<tr><td>工作负责人检查气象条件（不需现场检查，但需在工作许可时汇报）：
（1）天气应晴好，无雷、雨、雪、雾；
（2）风力不大于10.7m/s；
（3）气相对湿度不大于80%
实测数据：风力（　　）；温度（　　）；湿度（　　）</td></tr>
<tr><td>工作负责人检查工作票所列安全措施，在工作票上补充安全措施</td></tr>
<tr><td rowspan="2"></td><td rowspan="2">2</td><td rowspan="2">执行工作许可制度</td><td>工作负责人按工作票内容与当值调度员或运维人员联系，确认线路重合闸装置已退出。联系时应用普通话</td></tr>
<tr><td>工作负责人在工作票上签字</td></tr>
</table>

续表

√	序号	作业内容	步骤及要求
	3	布置工作现场	工作负责人组织班组成员设置工作现场的安全围栏、安全警示标志： （1）安全围栏的范围应考虑作业中高空坠落和高空落物的影响以及道路交通，必要时联系交通部门； （2）围栏的出入口应设置合理； （3）警示标示应包括“从此进出”“施工现场”等，道路两侧应有“车辆慢行”或“车辆绕行”标示或路障
			班组成员按要求将绝缘工器具放在防潮苫布上： （1）防潮苫布应清洁、干燥； （2）工器具应按定置管理要求分类摆放； （3）绝缘工器具不能与金属工具、材料混放
	4	召开现场站班会	工作负责人宣读工作票
			工作负责人检查工作班组成员精神状态、交代工作任务进行分工、交代工作中的安全措施和技术措施
			工作负责人检查班组各成员对工作任务分工、安全措施和技术措施是否明确
			班组各成员在工作票和作业指导书上签名确认
	5	停放绝缘斗臂车	斗臂车驾驶员将绝缘斗臂车位置停放到最佳位置： （1）停放的位置应便于绝缘斗臂车绝缘斗到达作业位置，避开附近电力线和障碍物，并能保证作业时绝缘斗臂车的绝缘臂有效绝缘长度； （2）停放位置坡度不大于 7°，绝缘斗臂车应顺线路停放； （3）1 号绝缘斗臂车停放于电源侧，2 号绝缘斗臂车停放于负荷侧
			斗臂车操作人员支放绝缘斗臂车支腿： （1）不应支放在沟道盖板上； （2）软土地面应使用垫块或枕木，垫板重叠不超过 2 块，呈 45° 角； （3）支腿顺序应正确（“H”型支腿的车型，应先伸出水平支腿，再伸出垂直支腿；在坡地停放，应先支前支腿，后支后支腿）； （4）支撑应到位。车辆前后、左右呈水平；“H”型支腿的车型四轮应离地。坡地停放调整水平后，车辆前后水平度应不大于 3°
			斗臂车操作人员将绝缘斗臂车可靠接地（临时接地体已打入地中，不需设置）： （1）接地线应采用有透明护套的不小于 $16mm^2$ 的多股软铜线； （2）检查确认临时接地体埋深应不少于 0.6m
	6	检查绝缘工器具	班组成员逐件对绝缘工器具进行外观检查： （1）检查人员应戴清洁、干燥的手套； （2）用清洁干燥的布对绝缘工器具进行擦拭； （3）绝缘工具表面不应磨损、变形损坏，操作应灵活； （4）绝缘防护用具和遮蔽、隔离用具应无针孔、砂眼、裂纹； （5）检查斗内专用安全带外观，并做冲击试验； （6）绝缘手套在使用前要压入空气，检查有无针孔缺陷； （7）高压验电器自检按钮检查正常，并用工频高压发生器检查是否良好
			班组成员使用绝缘电阻检测仪分段检测绝缘工具（本项目的绝缘工具为绝缘传递绳和绝缘绳套、绝缘操作杆、绝缘吊绳、验电器）的表面绝缘电阻值： （1）测量电极应符合规程要求（极宽 2cm、极间距 2cm）； （2）正确使用（自检、测量）绝缘电阻检测仪（应采用点测的方法，不应使电极在绝缘工具表面滑动，避免刮伤绝缘工具表面）； （3）绝缘电阻值不得低于 700MΩ
			绝缘工器具检查完毕，向工作负责人汇报检查结果

续表

√	序号	作业内容	步骤及要求
	7	检查绝缘斗臂车	斗内电工检查绝缘斗臂车表面状况：绝缘斗、绝缘臂应清洁、无裂纹损伤
			斗内电工试操作绝缘斗臂车： （1）试操作应空斗进行； （2）试操作应充分，有回转、升降、伸缩的过程。确认液压、机械、电气系统正常可靠，确认制动装置可靠
			绝缘斗臂车检查和试操作完毕，斗内电工向工作负责人汇报检查结果
	8	检测（新）跌落式熔断器	班组成员检测三只新跌落式熔断器： （1）（新）跌落式熔断器进行表面清洁和检查：绝缘子各部分零件完整；瓷件表面光滑，无麻点、裂痕等现象；转轴光滑灵活，铸件不应有裂纹、砂眼、锈蚀； （2）安装熔管进行试拉合，合闸机构应良好； （3）用绝缘电阻检测仪检测跌落式熔断器上下接线柱与中间安装连板之间的绝缘电阻不应低于 500MΩ； （4）检测完毕，向工作负责人汇报检测结果
	9	检查绝缘分流线	斗内电工清洁、检查绝缘分流线： （1）清洁绝缘分流线接线夹接触面的氧化物； （2）检查绝缘分流线的额定荷载电流并对照线路负荷电流（可根据现场勘查或运行资料获得），分流线的额定荷载电流应大于等于 1.2 倍的线路负荷电流； （3）绝缘分流线表面绝缘应无明显磨损或破损现象； （4）绝缘分流线接线夹应操作灵活
	10	斗内电工进入绝缘斗臂车绝缘斗	斗内电工穿戴好全套的个人安全防护用具和护目镜： （1）个人安全防护用具包括绝缘帽、绝缘披肩、绝缘手套（戴防穿刺手套）、安全带、护目镜等； （2）工作负责人应检查斗内电工个人防护用具的穿戴是否正确
			1 号车、2 号车斗内电工进入绝缘斗，将绝缘安全带系挂在斗内专用挂钩上。地面电工与斗内电工配合将工器具放入绝缘斗。 应注意： （1）工器具应分类放置工具袋中； （2）工器具的金属部分不准超出绝缘斗沿面； （3）工具和人员重量不得超过绝缘斗额定载荷
			斗内电工将斗内专用绝缘安全带系挂在斗内专用挂钩上

5.2 操作步骤

√	序号	作业内容	步骤及要求
	1	进入带电作业区域	经工作负责人许可后，1 号、2 号绝缘斗臂车斗内电工分别操作绝缘斗臂车，进入带电作业区域。 绝缘斗移动应平稳匀速。在进入带电作业区域时，应注意： （1）控制平稳，无大幅晃动现象； （2）绝缘斗移动速度应缓慢匀速：绝缘斗下降、上升的速度不应超过 0.5m/s；绝缘斗边沿的最大线速度不应超过 0.5m/s； （3）转移绝缘斗时应注意绝缘斗臂车周围杆塔、线路等情况，绝缘臂的金属部位与带电体的距离应不小于 0.9m。 进入带电作业区域后，应注意： （1）绝缘斗臂车绝缘臂的有效绝缘长度不应小于 1.0m； （2）禁止摘下或脱下个人绝缘防护用具

续表

√	序号	作业内容	步骤及要求
	2	验电	在工作负责人的监护下，1 号斗内电工使用高压验电器对上横担、跌落式熔断器横担等地电位构件进行验电，确认装置无漏电等绝缘不良现象。应注意： （1）验电的顺序为：跌落式熔断器、横担等； （2）验电前，应验电器进行自检，以及使用高压发生器检测验电器是否合格（在保证安全距离的情况下也可在带电体上进行）； （3）验电时，斗内电工应与邻近的构件、导体保持足够的距离（不小于 0.4m），高压验电器的绝缘柄的有效绝缘长度不小于 0.7m； （4）如横担等接地构件有电，不应继续进行本项目
	3	测量架空线路负荷电流	2 号斗内电工用钳形电流表检测架空线路负荷电流，确认满足绝缘分流线的负载能力。如不满足要求，应终止本项作业。应注意： （1）使用钳形电流表时，应先选择最大量程，按照实际符合电流情况逐级向下一级量程切换并读取数据； （2）检测电流时，应选择内边相架空线路，并与相邻的异电位导体或构件保持足够的安全距离（相对地不小于 0.4m，相间不小于 0.6m）。 记录线路负荷电流数值：A 相　A；B 相　A；C 相　A
	4	设置内边相绝缘遮蔽、隔离措施	获得工作负责人许可后，1 号、2 号绝缘斗臂车斗内电工分别将绝缘斗调整到内边相的合适位置，对内边相设置绝缘遮蔽隔离措施。按照由近至远、从下到上、先大后小的顺序对作业中可能触及的部位进行绝缘遮蔽隔离，具体遮蔽的部位和顺序依次为如下： （1）电源侧：主导线、跌落式熔断器上引线、耐张线夹，跌落式熔断器（包括上、下接线板及安装连板），跌落式熔断器横担，耐张绝缘子串； （2）负荷侧：主导线、跌落式熔断器下引线、耐张线夹，耐张绝缘子串，上横担。 应注意： （1）斗内电工在设置绝缘遮蔽隔离措施时，动作应轻缓，与横担之间应有足够的安全距离（不小于 0.4m），与邻相导线之间应有足够的安全距离（不小于 0.6m）； （2）严禁 1 号、2 号斗内电工串入电路、发生身体接触及与周围异电位物体上的绝缘遮蔽隔离措施长时间碰触等； （3）绝缘遮蔽隔离措施应严密、牢固，绝缘遮蔽组合的重叠距离不得小于 15cm
	5	设置外边相绝缘遮蔽、隔离措施	获得工作负责人许可后，斗内电工转移绝缘斗到外边相的合适位置，按照与内边相相同的方法和要求对外边相设置绝缘遮蔽隔离措施
	6	设置中间相绝缘遮蔽、隔离措施	获得工作负责人许可后，斗内电工转移绝缘斗到中间相的合适位置，按照与内边相相同的方法和要求对中间相设置绝缘遮蔽隔离措施。 应注意： （1）绝缘遮蔽的部位还应包括拉线上部、电杆应等地电位构件； （2）遮蔽的部位和顺序依次为主导线、开关引线； （3）作业电工在对带电体设置绝缘遮蔽措施时，动作应轻缓，与横担等地电位构件间应有足够的安全距离（不小于 0.4m），与邻相导线之间应有足够的安全距离（不小于 0.6m）； （4）设置绝缘遮蔽措施时，不应同时设置不同电位导体或构件上的绝缘遮蔽用具； （5）绝缘遮蔽隔离措施应严密、牢固，绝缘遮蔽组合的重叠距离不得小于 15cm
	7	安装中间相绝缘分流线，确认绝缘分流线分流正常	获得工作负责人的许可后，1 号、2 号斗内电工调整绝缘斗至中间相合适工作位置
			地面电工将绝缘分流线传递给斗内电工。传递时应注意： （1）绝缘分流线应妥善圈好； （2）上下传递时，不应与电杆、绝缘斗发生碰撞。

续表

√	序号	作业内容	步骤及要求
	7	安装中间相绝缘分流线，确认绝缘分流线分流正常	获得工作负责人的许可后，1号、2号斗内电工配合安装中间相绝缘分流线。安装绝缘分流线的流程如下： （1）将绝缘分流线的两端线夹用防坠绳扣卡在导线上； （2）解开导线上搭接绝缘分流线部位的绝缘遮蔽隔离措施，清除导线氧化层； （3）安装绝缘分流线； （4）补充完善绝缘分流线线夹处的绝缘遮蔽隔离措施。 应注意： （1）斗内电工应戴防护目镜； （2）绝缘分流线安装应牢固，防止松脱； （3）绝缘分流线应妥善固定，与地电位构件接触部位应有绝缘遮蔽隔离措施，与邻相绝缘分流线或导体之间有不少于20cm的距离； （4）安装引流线应同相同步进行； （5）引流线接点处除自身夹紧力外，不应受其他扭力
			2号斗内电工用钳形电流表检查绝缘分流线通流情况，确认分流正常
	8	安装外边相绝缘分流线，确认绝缘分流线分流正常	获得工作负责人的许可后，1号、2号斗内电工调整绝缘斗至外边相合适工作位置，按照与中间相相同的方法和要求，安装好外边相的绝缘分流线
			2号斗内电工用钳形电流表检查绝缘分流线通流情况，确认分流正常
	9	安装内边相绝缘分流线，确认绝缘分流线分流正常	获得工作负责人的许可后，1号、2号斗内电工调整绝缘斗至内边相合适工作位置，按照与中间相相同的方法和要求，安装好内边相的绝缘分流线
			2号斗内电工用钳形电流表检查绝缘分流线通流情况，确认分流正常
	10	拉开内边相跌落式熔断器熔管，拆除引线	在工作负责人的监护下，1号斗内电工调整绝缘斗至内边相合适工作位置，用绝缘拉杆拉开并取下跌落式熔断器熔管。 应注意：应检查完善跌落式熔断器安装连板和横担处的绝缘遮蔽隔离措施，绝缘遮蔽隔离措施应严密、牢固，绝缘遮蔽组合处的重叠长度不小于15cm
			在工作负责人的监护下，1号、2号斗内电工调整绝缘斗至内边相合适工作位置，拆除跌落式熔断器上、下引线。 应注意： （1）拆跌落式熔断器下引线时，为避免牵引带电引线移动绝缘斗时带来安全隐患，宜从耐张线夹尾端开断后从跌落式熔断器下接线柱上拆除； （2）1号、2号斗内作业人员应控制作业幅度，禁止串入电路
			在工作负责人的监护下，1号、2号斗内电工完善装置两侧耐张线夹处的绝缘遮蔽隔离措施。应注意：绝缘遮蔽隔离措施应严密、牢固，绝缘遮蔽组合的重叠部分长度不应小于15cm
	11	拉开外边相跌落式熔断器熔管，拆除引线	在工作负责人的监护下，1号、2号斗内电工调整绝缘斗至外边相合适工作位置，按照与内边相相同的方法和要求拆除跌落式熔断器引线，并恢复完善装置两侧耐张线夹处的绝缘遮蔽隔离措施
	12	拉开中间相跌落式熔断器熔管，拆除引线	在工作负责人的监护下，1号、2号斗内电工调整绝缘斗至中间相合适工作位置，按照与内边相相同的方法和要求拆除跌落式熔断器引线，并恢复完善装置两侧耐张线夹处的绝缘遮蔽隔离措施
	13	更换三相跌落式熔断器	1号、2号斗内电工更换三相跌落式熔断器，并进行试拉合。 （新）跌落式熔断器的安装工艺质量应满足施工验收规范的要求： （1）安装牢固、排列整齐，无歪斜现象； （2）熔断器水平相间距离不小于500mm； （3）跌落式熔断器熔管轴线与地面的垂线夹角为15°～30°； （4）新跌落式熔断器的绝缘子不应有破损现象。

续表

√	序号	作业内容	步骤及要求
	13	更换三相跌落式熔断器	（5）操作时灵活可靠、接触紧密。合熔丝管时上触头应有一定的压缩行程。 应注意： （1）拆跌落式熔断器之前应用绝缘传递绳将其捆好，新跌落式熔断器安装后才可解去绝缘传递绳； （2）跌落式熔断器不得直接放在绝缘斗内，上下传递跌落式熔断器时，应控制平稳，不得与绝缘斗和装置碰撞； （3）跌落式熔断器试拉合后，应取下熔管； （4）不得有高空落物现象
	14	恢复完善绝缘遮蔽措施	1 号、2 号斗内电工恢复完善跌落式熔断器横担、安装连板等处的绝缘遮蔽措施。应注意：绝缘遮蔽隔离措施应严密、牢固，绝缘遮蔽组合的重叠部分长度应不小于 15cm
	15	恢复中间相跌落式熔断器引线，合上熔管，并确认分流正常	在工作负责人的监护下，1 号、2 号斗内电工调整绝缘斗至中间相合适工作位置，恢复中间相跌落式熔断器上、下引线。恢复下引线的方法如下： （1）解开主导线上引线搭接部位的绝缘遮蔽隔离措施，用钢丝刷清洁金属氧化物或脏污； （2）在跌落式熔断器下接线板安装好引线； （3）用带有双沟线夹的绝缘操作杆锁住引线端头，将其固定到主导线上； （4）斗内电工调整绝缘斗位置后，用并沟线夹固定引线。 引线的工艺质量应满足施工验收规范的要求： （1）引线应搭接牢固，弧度优美； （2）引线与电杆等地电位构件间的距离不应小于 20cm，与邻相带电体之间的距离不应小于 30cm。 应注意： （1）应使用绝缘手工工具； （2）应控制动作幅度，手工工具不应与周围构件撞击； （3）1 号、2 号斗内作业人员应控制作业幅度，禁止串入电路或发生身体接触及与周围异电位物体上的绝缘遮蔽隔离措施长时间碰触等； （4）防止高空落物
			在工作负责人的监护下，1 号、2 号斗内电工恢复完善主导线、引线绝缘遮蔽隔离措施。应注意：遮蔽隔离措施应严密牢固，绝缘遮蔽组合应有不少于 15cm 的重叠长度
			在工作负责人的监护下，1 号斗内电工用绝缘拉杆合上跌落式熔断器熔管。应注意： （1）1 号斗内电工应与跌落式熔断器保持足够的距离； （2）防止高空落物
			在工作负责人的监护下，1 号斗内电工恢复完善跌落式熔断器（包括熔管和上、下接线板）的绝缘遮蔽隔离措施。应注意：遮蔽隔离措施应严密牢固，绝缘遮蔽组合应有不少于 15cm 的重叠长度
			2 号斗内电工用钳形电流表测量跌落式熔断器通流情况，确认分流正常
	16	恢复外边相跌落式熔断器引线，合上熔管，并确认分流正常	在工作负责人的监护下，1 号、2 号斗内电工调整绝缘斗至外边相合适工作位置，按照与内边相相同的方法和要求恢复外边相跌落式熔断器引线，合上熔管，并恢复完善主导线、引线、跌落式熔断器上的绝缘遮蔽隔离措施
			2 号斗内电工用钳形电流表测量跌落式熔断器通流情况，确认分流正常
	17	恢复内边相跌落式熔断器引线，合上熔管，并确认分流正常	在工作负责人的监护下，1 号、2 号斗内电工调整绝缘斗至内边相合适工作位置，按照与内边相相同的方法和要求恢复内边相跌落式熔断器引线，合上熔管，并恢复完善主导线、引线、跌落式熔断器上的绝缘遮蔽隔离措施
			2 号斗内电工用钳形电流表测量跌落式熔断器通流情况，确认分流正常

续表

√	序号	作业内容	步骤及要求
	18	撤除内边相绝缘分流线	在工作负责人监护下，1 号、2 号斗内电工调整绝缘斗至内边相合适工作位置，撤除绝缘分流线。应注意： （1）斗内电工应戴护目镜； （2）撤除绝缘分流线应同相同步进行
	19	撤除外边相绝缘分流线	在工作负责人监护下，1 号、2 号斗内电工调整绝缘斗至外边相合适工作位置，按照与内边相相同方法撤除外边相绝缘分流线
	20	撤除中间相绝缘分流线	在工作负责人监护下，1 号、2 号斗内电工调整绝缘斗至中间相合适工作位置，按照与内边相相同方法撤除中间相绝缘分流线
	21	拆除中间相绝缘遮蔽隔离措施	获得工作负责人的许可后，1 号、2 号斗内电工调整绝缘斗至中间相合适工作位置，按照先小后大、从上到下，由远至近的原则依次拆除中间相绝缘遮蔽隔离措施： （1）拆除绝缘遮蔽隔离措施的顺序依次为电杆、拉线、上横担、耐张绝缘子串、耐张线夹、跌落式熔断器、引线等； （2）拆除绝缘遮蔽隔离措施时，动作应轻缓，与横担等地电位构件之间应有足够的安全距离（不小于 0.4m），与邻相导线之间应有足够的安全距离（不小于 0.6m）； （3）严禁 1 号、2 号斗内电工串入电路、发生身体接触及与周围异电位物体上的绝缘遮蔽隔离措施长时间碰触等
	22	拆除外边相绝缘遮蔽隔离措施	获得工作负责人的许可后，斗内电工转移绝缘斗至外边相，按照相同的方法和要求依次拆除外边相上的绝缘遮蔽隔离措施
	23	拆除内边相绝缘遮蔽隔离措施	获得工作负责人的许可后，斗内电工转移绝缘斗至内边相，按照相同的方法和要求依次拆除外内相上的绝缘遮蔽隔离措施
	24	工程验收	斗内电工撤出带电作业区域。撤出带电作业区域时： （1）应无大幅晃动现象； （2）绝缘斗下降、上升的速度不应超过 0.5m/s； （3）绝缘斗边沿的最大线速度不应超过 0.5m/s
			斗内电工检查施工质量： （1）杆上无遗漏物； （2）装置无缺陷符合运行条件； （3）向工作负责人汇报施工质量
	25	撤离杆塔	斗内电工下降绝缘斗返回地面、收回绝缘臂时应注意绝缘斗臂车周围杆塔、线路等情况

6. 工作结束

√	序号	作业内容	步骤及要求
	1	清理现场	斗内电工收回绝缘斗臂车各部件复位： （1）收回绝缘斗臂车接地线（不需收回临时接地体）； （2）绝缘斗臂车在坡地停放，应先收后支腿，后收前支腿； （3）支腿收回顺序应正确（“H”型支腿的车型，应先收回垂直支腿，再收回水平支腿）
			工作负责人组织班组成员整理工具、材料。将工器具清洁后放入专用的箱（袋）中。清理现场，做到“工完、料尽、场地清”

续表

√	序号	作业内容	步骤及要求
	2	召开收工会	工作负责人组织召开现场收工会，做工作总结和点评工作： （1）正确点评本项工作的施工质量； （2）点评班组成员在作业中的安全措施的落实情况； （3）点评班组成员对规程的执行情况
	3	办理工作终结手续	工作负责人向调度或运维人员汇报工作结束，并终结工作票

7. 验收记录

记录作业中发现的问题	
存在问题及处理意见	

8. 现场标准化作业指导书执行情况评估

评估内容	符合性	优		可操作项	
		良		不可操作项	
	可操作性	优		修改项	
		良		遗漏项	
存在问题					
改进意见					

第九节　绝缘手套作业法带负荷更换导线非承力线夹作业指导书

1. 范围

本作业指导书规定了采用绝缘手套作业法带负荷更换 10kV××线路××杆内边相导线非承力线夹的现场标准化作业的工作步骤和技术要求。装置结构图见附录。

本作业指导书适用于绝缘手套作业法带负荷更换 10kV××线路××杆内边相导线非承力线夹。

2. 规范性引用文件

2.1　GB/T 18857—2008《配电线路带电作业技术导则》

2.2　Q/GDW 520—2010《国家电网公司 10kV 架空配电线路带电作业管理规范》

2.3　国家电网生〔2009〕190 号《关于印发国家电网公司深入开展现场标

准化作业工作指导意见的通知》

2.4　国家电网安监〔2009〕664 号《国家电网公司电力安全工作规程（线路部分)》

3. 人员组合

本项目需要 4 人。

3.1　作业人员要求

√	序号	责任人	资质	人数
	1	工作负责人（兼监护人）	应具有 3 年以上的配电带电作业实际工作经验，熟悉设备状况，具有一定组织能力和事故处理能力，并经工作负责人的专门培训，考试合格。经本单位总工程师批准、书面公布	1 人
	2	斗内电工	应通过 10kV 配电线路带电作业复杂项目专项培训，考试合格并持有上岗证	2 人
	3	地面电工	应通过 10kV 配电线路带电作业专项培训，考试合格并持有上岗证	1 人

3.2　作业人员分工

√	序号	责任人	分工	责任人签名
	1		工作负责人（兼监护人）	
	2		斗内电工	
	3		地面电工	

4. 工器具

领用绝缘工具、安全用具及辅助器具，应核对工器具的使用电压等级和试验周期。领用绝缘工器具，应检查外观完好无损。

工器具运输，应存放在工具袋或工具箱内；金属工具和绝缘工器具应分开装运。

4.1　作业装备

√	序号	名称	型号/规格	单位	数量	备注
	1	绝缘斗臂车		辆	1	
	2	绝缘分流线	10kV，5m	条	1	

4.2　个人防护用具

√	序号	名称	型号/规格	单位	数量	备注
	1	绝缘安全帽	10kV	顶	4	
	2	绝缘手套	10kV	双	2	

续表

√	序号	名称	型号/规格	单位	数量	备注
	3	防刺穿手套		双	2	
	4	绝缘披肩	10kV	件	2	
	5	斗内安全带		副	4	
	6	护目镜		副	4	

4.3　绝缘遮蔽用具

√	序号	名称	型号/规格	单位	数量	备注
	1	导线遮蔽管	10kV，1.5m	根	2	
	2	绝缘毯	10kV	块	10	
	3	毯夹		只	20	

4.4　绝缘工具

√	序号	名称	型号/规格	单位	数量	备注
	1	绝缘锁杆		根	1	
	2	分流线支架		只	1	
	3	绝缘传递绳	15m	套	1	
	4	绝缘绳套	0.8m	根	2	带S钩

4.5　仪器仪表

√	序号	名称	型号/规格	单位	数量	备注
	1	绝缘电阻检测仪	2500V及以上	套	1	
	2	钳形电流表		只	1	
	3	高压验电器	10kV	支	1	
	4	工频高压发生器	10kV	只	1	
	5	风速仪		只	1	
	6	温、湿度计		只	1	
	7	多方通话系统		套	1	
	8	红外测温仪		只	1	
	9	绝缘手套检测仪		只	1	

4.6 其他工器具

√	序号	名称	型号/规格	单位	数量	备注
	1	防潮苫布	3m×3m	块	1	
	2	个人常用工具		套	1	
	3	电动扳手		只	1	
	4	钢卷尺	3m	把	1	
	5	安全遮栏、安全围绳		副	若干	
	6	标示牌	“从此进出！”	块	1	
	7	标示牌	“在此工作！”	块	2	
	8	路障	“前方施工，车辆慢行”	块	2	
	9	铁榔头		把	1	
	10	工作负责人马甲		件	1	
	11	钢丝刷		把	1	
	12	斗用工具箱	白色	只	1	
	13	工具袋		只	1	工作负责人使用
	14	S 钩		个	2	
	15	干燥清洁布		块	1	

4.7 材料

√	序号	名称	型号/规格	单位	数量	备注
	1	J 型线夹		个	1	
	2	导电膏		支	2	

5. 作业程序

5.1 开工准备

√	序号	作业内容	步骤及要求
	1	现场复勘	工作负责人核对工作线路双重命名、杆号
			工作负责人检查地形环境是否符合作业要求： （1）平整坚实； （2）地面倾斜度不大于 7°
			工作负责人检查线路装置是否具备带电作业条件： （1）作业电杆埋深、杆身质量； （2）检测跳线线夹的温度，确认线夹的发热情况是否符合作业的要求。若不符合要求，不能进行作业

续表

√	序号	作业内容	步骤及要求
	1	现场复勘	工作负责人检查气象条件（不需现场检查，但需在工作许可时汇报）： （1）天气应晴好，无雷、雨、雪、雾； （2）风力不大于 10.7m/s； （3）气相对湿度不大于 80%。 实测：温度：　；湿度：　；风速：
			工作负责人检查工作票所列安全措施，在工作票上补充安全措施
	2	执行工作许可制度	工作负责人按工作票内容与当值调度员联系，确认线路重合闸装置已退出。联系应用普通话
			工作负责人在工作票上签字
	3	布置工作现场	工作负责人组织班组成员设置工作现场的安全围栏、安全警示标志： （1）安全围栏的范围应考虑作业中高空坠落和高空落物的影响以及道路交通，必要时联系交通部门； （2）围栏的出入口应设置合理； （3）警示标示应包括“从此进出”“施工现场”等，道路两侧应有“车辆慢行”或“车辆绕行”标示或路障
			班组成员按要求将绝缘工器具放在防潮苫布上： （1）防潮苫布应清洁、干燥； （2）工器具应按定置管理要求分类摆放； （3）绝缘工器具不能与金属工具、材料混放
	4	召开现场站班会	工作负责人宣读工作票
			工作负责人检查工作班组成员精神状态、交代工作任务进行分工、交代工作中的安全措施和技术措施
			工作负责人检查班组各成员对工作任务分工、安全措施和技术措施是否明确
			班组各成员在工作票和作业指导书上签名确认
	5	停放绝缘斗臂车	斗臂车驾驶员将绝缘斗臂车位置停放到最佳位置： （1）停放的位置应便于绝缘斗臂车绝缘斗到达作业位置，避开附近电力线和障碍物，并能保证作业时绝缘斗臂车的绝缘臂有效绝缘长度； （2）停放位置坡度不大于 7°，绝缘斗臂车应顺线路停放
			斗臂车操作人员支放绝缘斗臂车支腿： （1）不应支放在沟道盖板上； （2）软土地面应使用垫块或枕木，垫板重叠不超过 2 块，呈 45° 角； （3）支腿顺序应正确（“H”型支腿的车型，应先伸出水平支腿，再伸出垂直支腿；在坡地停放，应先支前支腿，后支后支腿）； （4）支撑应到位。车辆前后、左右呈水平；“H”型支腿的车型四轮应离地。坡地停放调整水平后，车辆前后倾斜应不大于 3°
			斗臂车操作人员将绝缘斗臂车可靠接地： （1）接地线应采用有透明护套的不小于 $16mm^2$ 的多股软铜线； （2）临时接地体埋深应不少于 0.6m
	6	检查绝缘工器具	班组成员逐件对绝缘工器具进行擦拭和外观检查： （1）用清洁干燥的布对绝缘工器具进行擦拭； （2）绝缘工具表面不应磨损、变形损坏，操作应灵活； （3）绝缘防护用具和遮蔽、隔离用具应无针孔、砂眼、裂纹； （4）检查斗内专用安全带外观，并做冲击试验； （5）绝缘手套在使用前要压入空气，检查有无针孔缺陷； （6）高压验电器自检按钮检查正常，并用工频高压发生器检查是否良好

续表

√	序号	作业内容	步骤及要求
	6	检查绝缘工器具	班组成员使用绝缘电阻检测仪分段检测绝缘工具（本项目的绝缘工具为绝缘锁杆、分流线支架、绝缘传递绳、绝缘绳套、高压验电器、绝缘分流线）的表面绝缘电阻值： （1）测量电极应符合规程要求（极宽 2cm、极间距 2cm）； （2）正确使用（自检、测量）绝缘电阻检测仪（应采用点测的方法，不应使电极在绝缘工具表面滑动，避免刮伤绝缘工具表面）； （3）绝缘电阻值不得低于 700MΩ
			绝缘工器具检查完毕，向工作负责人汇报检查结果
	7	检查绝缘斗臂车	斗内电工检查绝缘斗臂车表面状况：绝缘斗、绝缘臂应清洁、无裂纹损伤
			斗内电工试操作绝缘斗臂车： （1）试操作应空斗进行； （2）试操作应充分，有回转、升降、伸缩的过程。确认液压、机械、电气系统正常可靠，确认制动装置可靠
			绝缘斗臂车检查和试操作完毕，斗内电工向工作负责人汇报检查结果
	8	检查绝缘分流线	班组成员检查绝缘分流线： （1）绝缘分流线表面绝缘应无明显磨损或破损现象； （2）清洁绝缘分流线接线夹接触面的氧化物； （3）检查绝缘分流线的额定荷载电流并对照线路负荷电流（可根据现场勘查或运行资料获得），分流线的额定荷载电流应大于等于 1.2 倍的线路负荷电流； （4）绝缘分流线接线夹应操作灵活； （5）检查绝缘分流线各部件连接应可靠，并用绝缘电阻表确认； （6）检查完毕，向工作负责人汇报检查结果
	9	作业准备	斗内电工穿戴好全套的个人安全防护用具： （1）个人安全防护用具包括绝缘帽、绝缘披肩、绝缘手套（戴防穿刺手套）、安全带、护目镜等； （2）工作负责人应检查斗内电工个人防护用具的穿戴是否正确
			1 号车、2 号车斗内电工携带工器具进入绝缘斗： （1）工器具应分类放置工具袋中； （2）工器具的金属部分不准超出绝缘斗沿面； （3）工具和人员重量不得超过绝缘斗额定载荷
			车斗内电工将斗内专用绝缘安全带系挂在斗内专用挂钩上

5.2 操作步骤

√	序号	作业内容	步骤及要求
	1	进入带电作业区域	经工作负责人许可后，斗内电工分别操作绝缘斗臂车，进入带电作业区域，绝缘斗移动应平稳匀速，在进入带电作业区域时： （1）应无大幅晃动现象； （2）绝缘斗下降、上升的速度不应超过 0.5m/s； （3）绝缘斗边沿的最大线速度不应超过 0.5m/s； （4）转移绝缘斗时应注意绝缘斗臂车周围杆塔、线路等情况，绝缘臂的金属部位与带电体和地电位物体的距离大于 1.0m； （5）进入带电作业区域作业后，绝缘斗臂车绝缘臂的有效绝缘长度不应小于 1.0m

续表

√	序号	作业内容	步骤及要求
	2	验电	斗内电工在工作负责人的监护下，使用高压验电器对横担进行验电，确认横担无漏电现象。应注意： （1）验电时，必须戴绝缘手套； （2）验电前，应验电器进行自检，检查验电器是否合格； （3）验电时，斗内电工应与邻近的构件、导体保持足够的距离（不小于0.4m），高压验电器的绝缘柄的有效绝缘长度不小于0.7m； （4）如横担等接地构件有电，不应继续进行本项目
	3	测量内边相负荷电流	车斗内电工用钳形电流表检测内边相负荷电流，确认满足绝缘分流线的负载能力。如不满足要求，应终止本项作业。应注意： （1）使用钳形电流表时，应先选择最大量程，按照实际符合电流情况逐级向下一级量程切换并读取数据； （2）检测电流时，应检测三相架空线路，并与相邻的异电位导体或构件保持足够的安全距离（相对地不小于0.4m，相间不小于0.6m）。 记录线路负荷电流数值：A
	4	设置内边相绝缘遮蔽措施	获得工作负责人的许可后，斗内电工转移绝缘斗分别到达内边相两侧合适工作位置，按照由近至远、从下到上、先大后小的顺序对作业中可能触及的部位进行绝缘遮蔽隔离： （1）遮蔽的部位和顺序为：主导线、部分跳线、耐张线夹、耐张绝缘子、横担； （2）斗内电工在对带电体设置绝缘遮蔽隔离措施时，动作应轻缓，与横担等地电位构件间应有足够的安全距离（不小于0.4m），与邻相导线之间应有足够的安全距离（不小于0.6m）； （3）横担绝缘遮蔽前，应在横担上安装分流线支架； （4）绝缘遮蔽隔离措施应严密、牢固，绝缘遮蔽组合的重叠距离不得小于15cm
	5	安装内边相绝缘分流线	获得工作负责人的许可后，斗内电工调整绝缘斗至合适工作位置，地面电工将绝缘分流线传递给斗内电工。传递时应注意： （1）绝缘分流线应妥善圈好； （2）上下传递时，不应与电杆、绝缘斗发生碰撞
			获得工作负责人的许可后，斗内电工配合安装绝缘分流线。 安装绝缘分流线的流程如下： （1）将绝缘分流线用防坠绳悬空； （2）解开导线上搭接部位的绝缘遮蔽措施，清除导线氧化层、涂抹导电膏； （3）依次安装绝缘分流线两端； （4）补充完善绝缘分流线与导线连接处的绝缘遮蔽措施 应注意： （1）斗内电工应戴护目镜； （2）绝缘分流线安装应牢固，防止松脱； （3）绝缘分流线应妥善固定； （4）分流线接点处除自身夹紧力外，不应受其他扭力
	6	检测通流情况	斗内电工用钳形电流表测试绝缘分流线的电流，确认分流正常。 应注意： （1）测试不少于2个点； （2）较小的支路电流应不小于总电流的1/3
	7	待线夹降温后安装绝缘锁杆	用红外测温仪进行测温，待线夹温度降至55℃以下时，在获得工作负责人的许可后，斗内电工调整绝缘斗至合适工作位置，在线夹旁边安装绝缘锁杆
	8	更换内边相连接线夹	在获得工作负责人的许可后，斗内电工转移绝缘斗分别到达合适位置，更换内边相连接线夹。应注意： （1）拆除线夹后，应清除导线上的氧化层，涂抹导电膏； （2）在更换过程中，绝缘锁杆始终处于通流状态； （3）更换好线夹后进行遮蔽遮蔽

续表

√	序号	作业内容	步骤及要求
	9	检测通流情况	斗内电工用钳形电流表测试跳线的电流，确认分流正常。 应注意： （1）测试不少于2个点； （2）较小的支路电流应不小于总电流的1/3
	10	拆除内边相绝缘分流线	在获得工作负责人的许可后，斗内电工相互配合拆除绝缘分流线。 应注意：依次拆开绝缘分流线的两端，用3M恢复主导线的绝缘，恢复绝缘遮蔽措施，拆除绝缘分流线并吊下
	11	拆除内边相绝缘遮蔽措施	获得工作负责人的许可后，斗内电工转移绝缘斗到合适工作位置，按照与设置相反的顺序拆除绝缘遮蔽措施： （1）拆除的顺序依次：横担、耐张绝缘子、跳线、耐张线夹、主导线； （2）斗内电工在拆除带电体上的绝缘遮蔽隔离措施时，动作应轻缓，与横担等地电位构件间应有足够的安全距离（不小于0.4m），与邻相导线之间应有足够的安全距离（不小于0.6m）
	12	工程验收	斗内电工撤出带电作业区域。撤出带电作业区域时： （1）应无大幅晃动现象； （2）绝缘斗下降、上升的速度不应超过0.5m/s； （3）绝缘斗边沿的最大线速度不应超过0.5m/s
			斗内电工检查施工质量： （1）杆上无遗漏物； （2）装置无缺陷符合运行条件； （3）向工作负责人汇报施工质量
	13	撤离杆塔	斗内电工下降绝缘斗返回地面、收回绝缘臂时应注意绝缘斗臂车周围杆塔、线路等情况

6. 工作结束

√	序号	作业内容	步骤及要求
	1	整理工器具和清理现场	斗内电工收回绝缘斗臂车各部件复位： （1）收回绝缘斗臂车接地线（不需收回临时接地体）； （2）绝缘斗臂车在坡地停放，应先收后支腿，后收前支腿； （3）支腿收回顺序应正确："H"型支腿的车型，应先收回垂直支腿，再收回水平支腿
			工作负责人组织班组成员整理工具、材料。将工器具清洁后放入专用的箱（袋）中。清理现场，做到"工完、料尽、场地清"
	2	召开收工会	工作负责人组织召开现场收工会，做工作总结和点评工作： （1）正确点评本项工作的施工质量； （2）点评班组成员在作业中的安全措施的落实情况； （3）点评班组成员对规程的执行情况
	3	办理工作终结手续	工作负责人向调度汇报工作结束，并终结工作票

7. 验收记录

记录检修中发现的问题	
存在问题及处理意见	

8. 现场标准化作业指导书执行情况评估

评估内容	符合性	优		可操作项	
		良		不可操作项	
	可操作性	优		修改项	
		良		遗漏项	
存在问题					
改进意见					

9. 附录

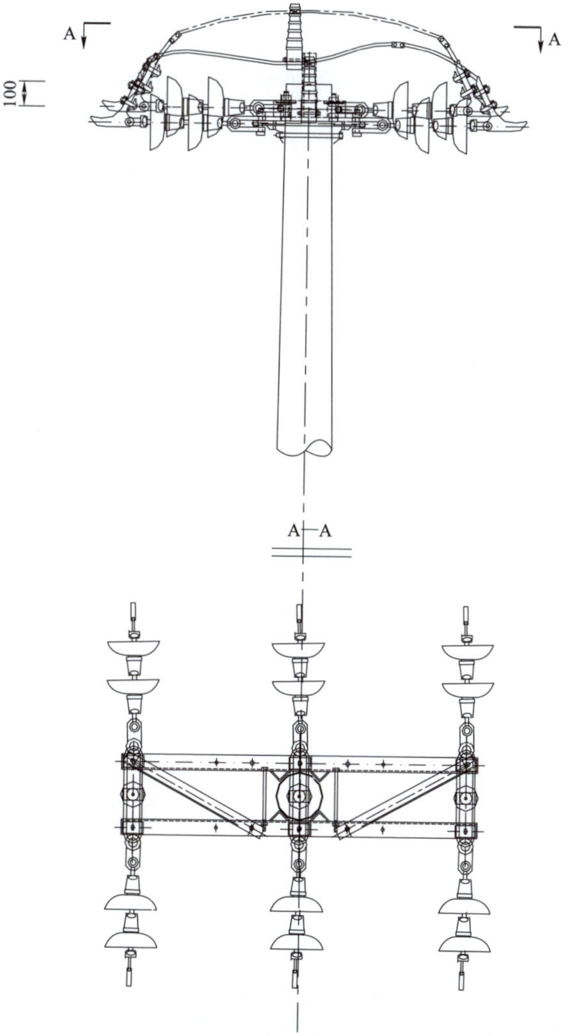

耐张杆装置示意图

第十节　绝缘手套作业法带负荷更换柱上开关或隔离开关作业指导书

1. 范围

本作业指导书规定了采用绝缘手套作业法带负荷更换10kV××线路××杆柱上隔离开关的现场标准化作业的工作步骤和技术要求。

本作业指导书适用于绝缘手套作业法带负荷更换10kV××线路××杆柱上隔离开关。

2. 规范性引用文件

2.1　GB/T 14286—2008《带电作业工具设备术语》

2.2　GB/T 18857—2019《配电线路带电作业技术导则》

2.3　GB/T 34577—2017《配电线路旁路作业技术导则》

2.4　DL/T 858—2004《架空配电线路带电安装及作业工具设备》

2.5　Q/GDW 249—2009《10kV旁路作业设备技术条件》

2.6　Q/GDW 520—2010《国家电网公司10kV架空配电线路带电作业管理规范》

2.7　Q/GDW 10520—2016《国家电网公司10kV配网不停电作业规范》

2.8　国家电网生〔2009〕190号《关于印发国家电网公司深入开展现场标准化作业工作指导意见的通知》

2.9　国家电网安质〔2014〕265号《国家电网公司电力安全工作规程（配电部分）》

2.10　国家电网安监〔2009〕664号《国家电网公司电力安全工作规程（线路部分）》

3. 人员组合

本项目需要8人。

3.1　作业人员要求

√	序号	责任人	资质	人数
	1	工作负责人（监护人）	应具有3年以上的配电带电作业实际工作经验，熟悉设备状况，具有一定组织能力和事故处理能力，并经工作负责人的专门培训，考试合格。经本单位总工程师批准、书面公布	1人
	2	专责监护人	应具有3年以上的配电带电作业实际工作经验，熟悉设备状况，具有一定组织能力和事故处理能力，并经工作负责人的专门培训，考试合格。经本单位总工程师批准、书面公布	1人

续表

√	序号	责任人	资质	人数
	3	斗内电工	应通过 10kV 配电线路带电作业专项培训，考试合格并持有上岗证	4 人
	4	地面电工	应通过 10kV 配电线路带电作业专项培训，考试合格并持有上岗证	2 人

3.2　作业人员分工

√	序号	责任人	分工	责任人签名
	1		工作负责人（监护人）	
	2		1 号斗内电工	
	3		2 号斗内电工	
	4		专责监护人	
	5		地面电工	

4. 工器具

领用绝缘工具、安全用具及辅助器具，应核对工器具的使用电压等级和试验周期。领用绝缘工器具，应检查外观完好无损。

工器具运输，应存放在工具袋或工具箱内；金属工具和绝缘工器具应分开装运。

4.1　装备

√	序号	名称	型号/规格	单位	数量	备注
	1	绝缘斗臂车	10kV	辆	2	
	2	绝缘分流线	8m	条	3	其荷载能力应不小于架空线路最大负荷电流的 1.2 倍

4.2　个人防护用具

√	序号	名称	型号/规格	单位	数量	备注
	1	绝缘安全帽	10kV	顶	8	
	2	绝缘手套	10kV	双	4	
	3	防刺穿手套	10kV	双	4	
	4	绝缘披肩	10kV	件	4	
	5	斗内绝缘安全带		副	4	
	6	护目镜		副	4	

4.3　绝缘遮蔽用具

√	序号	名称	型号/规格	单位	数量	备注
	1	导线遮蔽罩	10kV	根	12	
	2	跳线导线软质遮蔽罩	10kV	根	6	根据实际引线长度配置
	3	绝缘毯	10kV	块	30	
	4	绝缘毯夹		只	50	

4.4　绝缘工具

√	序号	名称	型号/规格	单位	数量	备注
	1	引流线防坠绳		条	3	
	2	绝缘操作杆		套	1	
	3	绝缘传递绳	30m	套	2	

4.5　仪器仪表

√	序号	名称	型号/规格	单位	数量	备注
	1	绝缘检测仪	2500V 及以上	套	1	
	2	钳形电流表		台（只）	1	最大量程应大于线路最大负荷电流
	3	高压验电器	10kV	支	1	
	4	高压发生器	10kV	只	1	
	5	风速仪		只	1	
	6	温、湿度计		只	1	
	7	对讲机		套	1	
	8	绝缘手套检测仪	G99	台	1	

4.6　其他工具

√	序号	名称	型号/规格	单位	数量	备注
	1	安全遮栏、安全围绳		副	若干	
	2	防潮苫布	$3m\times3m$；$2m\times2m$	块	3	
	3	个人工具		套	2	棘轮扳手、螺丝刀、卷尺等
	4	电动扳手	$\phi17mm$	把	2	
	5	导线剥皮器		把	2	
	6	斗用工具箱		只	2	

续表

√	序号	名称	型号/规格	单位	数量	备注
	7	帆布工具筒		只	2	
	8	毯夹挂架		只	2	
	9	安全遮栏			若干	
	10	钢丝刷		把	2	
	11	铁榔头		把	1	
	12	标示牌	“从此进出！”	块	1	
	13	标示牌	“在此工作！”	块	1	
	14	路障	“前方施工，车辆慢行”	块	2	
	15	棉手套		双	6	
	16	工具袋		只	1	工作负责人使用
	17	干燥清洁布		块	2	
	18	工作负责人马甲		件	1	
	19	专责监护人马甲		件	1	

4.7 材料

√	序号	名称	型号/规格	单位	数量	备注
	1	隔离开关	GW9－10	个	3	
	2	干燥清洁布		条	2	
	3	绝缘导线	JKLJY－10－×	m	15	截面积与主导线同
	4	接线鼻子		只	6	
	5	并沟线夹		只	12	

5. 作业程序

5.1 开工准备

√	序号	作业内容	步骤及要求
	1	现场复勘	工作负责人核对工作线路双重命名、杆号
			工作负责人检查地形环境是否符合作业要求： （1）平整坚实； （2）地面倾斜度不大于7°； （3）判断管道、沟渠位置是否符合作业条件
			工作负责人检查线路装置是否具备带电作业条件： （1）作业电杆埋深、杆身质量； （2）检查隔离开关外观，如瓷柱裂纹严重有脱落危险，考虑采取措施，无法控制不应进行该项工作。如接点烧损严重也不得进行此项工作； （3）检查隔离开关引线是否正常； （4）检查悬式绝缘子是否有裂纹和雷击现象

续表

√	序号	作业内容	步骤及要求
	1	现场复勘	工作负责人检查气象条件（不需现场检查，但需在工作许可时汇报）： （1）天气应晴好，无雷、雨、雪、雾； （2）风力不大于 10.7m/s； （3）气相对湿度不大于 80%。 实测风力（） 温度（） 湿度（）
			工作负责人检查工作票所列安全措施，在工作票上补充安全措施
	2	执行工作许可制度	工作负责人按工作票内容与当值调度员或运维人员联系，确认线路重合闸装置已退出。联系时应用普通话
			工作负责人在工作票上签字并记录对方调度人员姓名
	3	召开现场站班会	工作负责人宣读工作票
			工作负责人检查工作班组成员精神状态、交代工作任务进行分工、交代工作中的安全措施和技术措施
			工作负责人检查班组各成员对工作任务分工、安全措施和技术措施是否明确
			班组各成员在工作票和作业指导书上签名确认
	4	停放绝缘斗臂车	斗臂车驾驶员将绝缘斗臂车位置停放到最佳位置： （1）停放的位置应便于绝缘斗臂车绝缘斗到达作业位置，避开附近电力线和障碍物，并能保证作业时绝缘斗臂车的绝缘臂有效绝缘长度； （2）停放位置坡度不大于 7°，绝缘斗臂车应顺线路停放
			斗臂车操作人员支放绝缘斗臂车支腿： （1）不应支放在沟道盖板上； （2）软土地面应使用垫块或枕木，垫板重叠不超过 2 块，呈 45°角。 （3）支腿顺序应正确（“H”型支腿的车型，应先伸出水平支腿，再伸出垂直支腿；在坡地停放，应先支前支腿，后支后支腿）； （4）支撑应到位。车辆前后、左右呈水平；“H”型支腿的车型四轮应离地。坡地停放调整水平后，车辆前后倾斜应不大于 3°
			斗臂车操作人员将绝缘斗臂车可靠接地： （1）接地线应采用有透明护套的不小于 $16mm^2$ 的多股软铜线； （2）临时接地体埋深应不少于 0.6m
	5	布置工作现场	工作负责人组织班组成员设置工作现场的安全围栏、安全警示标志： （1）安全围栏的范围应考虑作业中高空坠落和高空落物的影响以及道路交通，必要时联系交通部门； （2）围栏的出入口应设置合理； （3）警示标示应包括“从此进出”“施工现场”等，道路两侧应有“车辆慢行”或“车辆绕行”标示或路障
			班组成员按要求将绝缘工器具放在防潮苫布上： （1）防潮苫布应清洁、干燥； （2）工器具应按定置管理要求分类摆放； （3）绝缘工器具不能与金属工具、材料混放

续表

√	序号	作业内容	步骤及要求
	6	检查绝缘工器具	班组成员逐件对绝缘工器具进行外观检查： （1）检查人员应戴清洁、干燥的手套； （2）用清洁干燥的布对绝缘工器具进行擦拭； （3）绝缘工具表面不应磨损、变形损坏，操作应灵活； （4）绝缘防护用具和遮蔽、隔离用具应无针孔、砂眼、裂纹； （5）检查斗内专用安全带外观，并做冲击试验； （6）绝缘手套在使用前要压入空气，检查有无针孔缺陷； （7）高压验电器自检按钮检查正常，并用工频高压发生器检查是否良好
			班组成员使用绝缘电阻检测仪分段检测绝缘工具（本项目的绝缘工具为绝缘拉杆、绝缘传递绳和绝缘绳套）的表面绝缘电阻值： （1）测量电极应符合规程要求（极宽 2cm、极间距 2cm）； （2）正确使用（自检、测量）绝缘电阻检测仪（应采用点测的方法，不应使电极在绝缘工具表面滑动，避免刮伤绝缘工具表面）； （3）绝缘电阻值不得低于 700MΩ
			绝缘工器具检查完毕，向工作负责人汇报检查结果
	7	检查绝缘斗臂车	1 号、2 号斗内电工检查绝缘斗臂车表面状况：绝缘斗、绝缘臂应清洁、无裂纹损伤
			1 号、2 号斗内电工试操作绝缘斗臂车： （1）试操作应空斗进行； （2）试操作应充分，有回转、升降、伸缩的过程。确认液压、机械、电气系统正常可靠，确认制动装置可靠
			绝缘斗臂车检查和试操作完毕，斗内电工向工作负责人汇报检查结果
	8	检查绝缘分流线	斗内电工清洁、检查绝缘分流线： （1）清洁绝缘分流线接线夹接触面的氧化物； （2）检查绝缘分流线的额定荷载电流并对照线路负荷电流（可根据现场勘查或运行资料获得），分流线的额定荷载电流应大于等于 1.2 倍的线路负荷电流； （3）绝缘分流线表面绝缘应无明显磨损或破损现象； （4）绝缘分流线接线夹应操作灵活
	9	检测（新）隔离开关	班组成员检测三只新隔离开关： （1）清洁瓷件，并做表面检查，瓷件表面应光滑，无麻点，裂痕等。用绝缘电阻检测仪检测瓷件的绝缘电阻不应低于 500MΩ； （2）操作机构动作灵活； （3）试操作隔离刀刃时，刀刃接触紧密，分闸后应有不小于 200mm 的空气间隙； （4）检测完毕，向工作负责人汇报检测结果
	10	斗内电工进入绝缘斗臂车绝缘斗	1 号、2 号斗内电工穿戴好全套的个人安全防护用具： （1）个人安全防护用具包括绝缘帽、绝缘服、绝缘裤、绝缘手套（戴防穿刺手套）、绝缘鞋（套鞋）、护目镜等； （2）工作负责人应检查斗内电工个人防护用具的穿戴是否正确
			1 号车、2 号车斗内电工进入绝缘斗，将绝缘安全带系挂在斗内专用挂钩上。地面电工与斗内电工配合将工器具放入绝缘斗。 应注意： （1）工器具应分类放置工具袋中； （2）工器具的金属部分不准超出绝缘斗沿面； （3）工具和人员重量不得超过绝缘斗额定载荷
			1 号、2 号斗内电工将斗内专用绝缘安全带系挂在斗内专用挂钩上

5.2 操作步骤

√	序号	作业内容	步骤及要求
	1	进入带电作业区域	1 号、2 号斗内电工经工作负责人许可后，分别操作绝缘斗臂车，进入带电作业区域，绝缘斗移动应平稳匀速，在进入带电作业区域时： （1）应无大幅晃动现象； （2）绝缘斗下降、上升的速度不应超过 0.5m/s； （3）绝缘斗边沿的最大线速度不应超过 0.5m/s； （4）转移绝缘斗时应注意绝缘斗臂车周围杆塔、线路等情况，绝缘臂的金属部位与带电体和地电位物体的距离大于 1.0m； （5）进入带电作业区域作业后，绝缘斗臂车绝缘臂的有效绝缘长度不应小于 1.0m
	2	验电	1 号斗内电工在工作负责人的监护下，使用高压验电器对横担等地电位构件进行验电，确认装置无漏电等绝缘不良现象。应注意： （1）验电时，必须戴绝缘手套； （2）验电前，应验电器进行自检，以及使用高压发生器检测验电器是否合格（在保证安全距离的情况下也可在带电体上进行）； （3）验电时，斗内电工应与邻近的地电位构件距离大于 0.4m，与邻近导线距离大于 0.6m 高压验电器的绝缘柄的有效绝缘长度不小于 0.7m； （4）如横担等接地构件有电，不应继续进行本项目
	3	测量架空线路负荷电流	1 号斗内电工用钳形电流表检测架空线路负荷电流，确认满足绝缘分流线的负载能力。如不满足要求，应终止本项作业。应注意： （1）使用钳形电流表时，应先选择最大量程，按照实际符合电流情况逐级向下一级量程切换并读取数据； （2）检测电流时，应选择内边相架空线路，并与相邻的异电位导体或构件保持足够的安全距离（相对地不小于 0.4m，相间不小于 0.6m）。 记录线路负荷电流数值：A 相　AB 相　AC 相　A
	4	设置内边相绝缘遮蔽隔离措施	获得工作负责人的许可后，1 号、2 号斗内电工转移绝缘斗分别到达隔离开关两侧的内边相合适工作位置，按照由近至远、从下到上、先大后小的顺序对作业中可能触及的部位进行绝缘遮蔽隔离： （1）遮蔽的部位和顺序依次为主导线、柱上隔离开关引线、耐张线夹、隔离开关、耐张绝缘子串以及作业点临近的接地体； （2）斗内电工在对带电体设置绝缘遮蔽隔离措施时，动作应轻缓，与横担等地电位构件间应有足够的安全距离（不小于 0.4m），与邻相导线之间应有足够的安全距离（不小于 0.6m）； （3）1 号、2 号斗内电工不应发生同时接触不同电位体并同时相互接触； （4）绝缘遮蔽隔离措施应严密、牢固，绝缘遮蔽组合的重叠距离不得小于 15cm； （5）工作负责人、专责监护人应对 1 号、2 号斗内电工加强监护
	5	设置外边相绝缘遮蔽隔离措施	获得工作负责人的许可后，1 号、2 号斗内电工转移绝缘斗分别到达隔离开关两侧的外边相合适工作位置，按照与内边相相同的方法对作业中可能触及的部位进行绝缘遮蔽隔离
	6	设置中间相绝缘遮蔽隔离措施	获得工作负责人的许可后，1 号、2 号斗内电工转移绝缘斗分别到达隔离开关两侧的中间相合适工作位置，按照与内边相相同的方法对作业中可能触及的部位进行绝缘遮蔽隔离。应注意： （1）绝缘遮蔽的部位还应包括拉线上部、电杆应等地电位构件； （2）遮蔽的部位和顺序依次为主导线、开关引线； （3）作业电工在对带电体设置绝缘遮蔽措施时，动作应轻缓，与横担等地电位构件间应有足够的安全距离（不小于 0.4m），与邻相导线之间应有足够的安全距离（不小于 0.6m）；

续表

√	序号	作业内容	步骤及要求
	6	设置中间相绝缘遮蔽隔离措施	（4）设置绝缘遮蔽措施时，不应同时设置不同电位导体或构件上的绝缘遮蔽用具； （5）绝缘遮蔽隔离措施应严密、牢固，绝缘遮蔽组合的重叠距离不得小于 15cm
	7	安装中间相绝缘分流线	获得工作负责人的许可后，1 号、2 号斗内电工调整绝缘斗至中间相合适工作位置，检查确认隔离开关应处于合闸位置
			地面电工将绝缘分流线传递给斗内电工。传递时应注意： （1）绝缘分流线应妥善圈好； （2）上下传递时，不应与电杆、绝缘斗发生碰撞； （3）上下传递绝缘绳时，工作斗或斗内作业人员不应触及带电体
			获得工作负责人的许可后，1 号、2 号斗内电工配合安装中间相绝缘分流线。安装绝缘分流线的流程如下： （1）将绝缘分流线的两端线夹用防坠绳扣卡在导线上； （2）解开导线上搭接绝缘分流线部位的绝缘遮蔽隔离措施，清除导线氧化层； （3）安装绝缘分流线； （4）补充完善绝缘分流线线夹处的绝缘遮蔽隔离措施。 组装绝缘分流线应注意： （1）斗内电工应戴防护目镜； （2）绝缘分流线安装应牢固，防止松脱； （3）绝缘分流线应妥善固定，与地电位构件接触部位应有绝缘遮蔽隔离措施，与邻相绝缘分流线或导体之间有不少于 20cm 的距离； （4）安装引流线应同相同步进行； （5）引流线接点处除自身夹紧力外，不应受其他扭力
	8	安装外边相绝缘分流线	获得工作负责人的许可后，1 号、2 号斗内电工转移绝缘斗至外边相合适工作位置，工作负责人和专责监护人的监护下，按照与中间相相同的方法安装外边相绝缘分流线
	9	安装内边相绝缘分流线	获得工作负责人的许可后，1 号、2 号斗内电工转移绝缘斗至内边相合适工作位置，工作负责人和专责监护人的监护下，按照与中间相相同的方法安装内边相绝缘分流线
	10	分别依次检测中间相、外边相、内边相绝缘分流线通流情况	1 号斗内电工用钳形电流表测试引流线的电流，判断通流情况。应注意：每相测试不少于 2 个点（主导线、引线、绝缘分流线） 主导线 A 相　AB 相　AC 相　A 引线：A 相　AB 相　AC 相　A 分流线：A 相　AB 相　AC 相　A
	11	拉开隔离开关	经工作负责人同意后，1 号斗内电工用绝缘操作杆拉开中间相隔离开关。应注意： （1）斗内电工应戴防护目镜； （2）斗内电工与隔离开关应有足够的距离； （3）绝缘操作杆有效绝缘长度应不小于 0.7m
	12	拆除内边相隔离开关引线	1 号斗内电工补充并检查确认中间相柱上隔离开关的底座、横担及横担支撑件等地电位构件的绝缘遮蔽隔离措施应严密牢固
			1 号、2 号斗内电工在获得工作负责人的许可后，相互配合拆除内边相隔离开关两侧引线，并将引线作妥善固定。 （1）拆引线时，应逐相依次进行； （2）拆引线时，1 号、2 号斗内电工不应发生接触； （3）应控制动作幅度，不得发生手工工具与其他部件发生撞击现象； （4）应及时完善引线的绝缘遮蔽隔离措施

续表

√	序号	作业内容	步骤及要求
	13	拆除中间相隔离开关引线	获得工作负责人的许可后，1 号、2 号斗内电工转移绝缘斗至中间相相合适工作位置，工作负责人和专责监护人的监护下，按照与内边相相同的方法拆除中间相隔离开关引线
	14	拆除外边相隔离开关引线	获得工作负责人的许可后，1 号、2 号斗内电工转移绝缘斗至外边相相合适工作位置，工作负责人和专责监护人的监护下，按照与内边相相同的方法拆除外边相隔离开关引线
	15	更换隔离开关	1 号、2 号斗内电工相互配合拆除旧隔离开关，安装新隔离开关。应注意： （1）隔离开关不得直接放在绝缘斗内，用绝缘传递绳上下传递工具材料不得与电杆、绝缘斗碰撞； （2）隔离开关的安装工艺应符合要求：安装牢固；瓷件无破损；隔离开关位置正确，与邻相隔离开关之间的距离应符合要求；隔离开关的静触头应在电源侧； （3）斗内电工恢复完善中间相柱上隔离开关底座、横担等地电位构件上的绝缘遮蔽隔离措施。遮蔽隔离措施应严密、牢固，组合遮蔽应有 15cm 的重叠长度
	16	安装外边相隔离开关引线	在获得工作负责人的许可后，1 号、2 号斗内电工相互配合安装外边相隔离开关两侧引线： （1）应确认隔离开关处于断开位置； （2）安装引线时，应逐相依次进行； （3）安装引线时，1 号、2 号斗内电工不应发生接触； （4）应控制动作幅度，不得发生手工工具与其他部件发生撞击现象
	17	恢复外边相完善绝缘遮蔽隔离措施	在获得工作负责人的许可后，斗内电工恢复完善外边相隔离开关引线、触头座和刀刃的绝缘遮蔽隔离措施。遮蔽隔离措施应严密、牢固，组合遮蔽应有 15cm 的重叠长度
	18	安装中间相隔离开关引线	获得工作负责人的许可后，1 号、2 号斗内电工转移绝缘斗至中间相相合适工作位置，工作负责人和专责监护人的监护下，按照与外边相相同的方法安装中间相隔离开关引线
	19	恢复中间相完善绝缘遮蔽隔离措施	在获得工作负责人的许可后，斗内电工恢复完善中间相隔离开关引线、触头座和刀刃的绝缘遮蔽隔离措施。遮蔽隔离措施应严密、牢固，组合遮蔽应有 15cm 的重叠长度
	20	安装内边相隔离开关引线	获得工作负责人的许可后，1 号、2 号斗内电工转移绝缘斗至内边相相合适工作位置，工作负责人和专责监护人的监护下，按照与外边相相同的方法安装内边相隔离开关引线
	21	恢复内边相完善绝缘遮蔽隔离措施	在获得工作负责人的许可后，斗内电工恢复完善内边相隔离开关引线、触头座和刀刃的绝缘遮蔽隔离措施。遮蔽隔离措施应严密、牢固，组合遮蔽应有 15cm 的重叠长度
	22	合上中间相隔离开关	在获得工作负责人的许可后，斗内电工用绝缘操作杆合上中间相隔离开关。应注意： （1）斗内电工应戴防护目镜； （2）斗内电工与隔离开关应有足够的距离； （3）绝缘操作杆有效绝缘长度应不小于 0.7m

续表

√	序号	作业内容	步骤及要求
	23	检测相隔离开关通流情况	斗内电工用钳形电流表测试相隔离开关/柱上开关引线上的电流，确定隔离开关/柱上开关通流良好。应注意每相测试不少于 2 个点（主导线、引线、柱上隔离开关引线） 主导线 A 相　AB 相　AC 相　A 引线：A 相　AB 相　AC 相　A 分流线：A 相　AB 相　AC 相　A
	24	分别依次拆除内边相、中间相、外边相绝缘分流线	获得工作负责人许可后，1 号、2 号电工相互配合拆除内边相绝缘分流线。 （1）拆引流线时，作业人员应戴护目镜； （2）拆除时两人应同相同步进行； （3）应及时恢复主导线上的绝缘遮蔽隔离措施
	25	拆除中间相绝缘遮蔽隔离措施	获得工作负责人的许可后，1 号、2 号斗内电工转移绝缘斗分别到达隔离开关两侧的中间相合适工作位置，按照与设置绝缘遮蔽隔离措施相反的顺序拆除绝缘遮蔽隔离措施： （1）拆除的顺序依次为作业点临近的接地体、耐张绝缘子串、耐张线夹、隔离开关、隔离开关引线、导线； （2）斗内电工在拆除带电体上的绝缘遮蔽隔离措施时，动作应轻缓，与横担等地电位构件间应有足够的安全距离（不小于 0.4m），与邻相导线之间应有足够的安全距离（不小于 0.6m）
	26	拆除外边相绝缘遮蔽隔离措施	获得工作负责人的许可后，1 号、2 号斗内电工转移绝缘斗分别到达隔离开关两侧的外边相合适工作位置，按照与中间相相同的方法拆除外边相绝缘遮蔽隔离
	27	拆除内边相绝缘遮蔽隔离措施	获得工作负责人的许可后，1 号、2 号斗内电工转移绝缘斗分别到达隔离开关两侧的内边相合适工作位置，按照与中间相相同的方法拆除外边相绝缘遮蔽隔离
	28	工程验收	斗内电工撤出带电作业区域。撤出带电作业区域时： （1）应无大幅晃动现象； （2）绝缘斗下降、上升的速度不应超过 0.5m/s； （3）绝缘斗边沿的最大线速度不应超过 0.5m/s
			斗内电工检查施工质量： （1）杆上无遗漏物； （2）装置无缺陷符合运行条件； （3）向工作负责人汇报施工质量
	29	撤离杆塔	斗内电工下降绝缘斗返回地面、收回绝缘臂时应注意绝缘斗臂车周围杆塔、线路等情况

6. 工作结束

√	序号	作业内容	步骤及要求
	1	清理现场	斗内电工收回绝缘斗臂车各部件复位： （1）收回绝缘斗臂车接地线（不需收回临时接地体）； （2）绝缘斗臂车在坡地停放，应先收后支腿，后收前支腿； （3）支腿收回顺序应正确："H"型支腿的车型，应先收回垂直支腿，再收回水平支腿
			工作负责人组织班组成员整理工具、材料。将工器具清洁后放入专用的箱（袋）中。清理现场，做到"工完、料尽、场地清"

续表

√	序号	作业内容	步骤及要求
	2	召开收工会	工作负责人组织召开现场收工会，做工作总结和点评工作： （1）正确点评本项工作的施工质量； （2）点评班组成员在作业中的安全措施的落实情况； （3）点评班组成员对规程的执行情况
	3	办理工作终结手续	工作负责人向调度或运维人员汇报工作结束，并终结工作票

7. 验收记录

记录检修中发现的问题	
存在问题及处理意见	

8. 现场标准化作业指导书执行情况评估

评估内容	符合性	优		可操作项	
		良		不可操作项	
	可操作性	优		修改项	
		良		遗漏项	
存在问题					
改进意见					

第十一节　绝缘手套作业法带负荷直线杆改耐张杆（旁路负荷开关法）作业指导书

1. 适用范围

本作业指导书规定了采用旁路负荷开关法10kV××线路××号杆直线杆改耐张杆的现场标准化作业的工作步骤和技术要求。

本作业指导书适用于采用旁路负荷开关法10kV××线路××号杆直线杆改耐张杆。

2. 规范性引用文件

2.1　GB/T 18857—2019《配电线路带电作业技术导则》

2.2　GB/T 14286—2008《带电作业工具设备术语》

2.3　GB/T 34577—2017《配电线路旁路作业技术导则》

2.4　DL/T 858—2004《架空配电线路带电安装及作业工具设备》

2.5 Q/GDW 10520—2016《国家电网公司 10kV 配网不停电作业规范》

2.6 Q/GDW 249—2009《10kV 旁路作业设备技术条件》

2.7 国家电网安质〔2014〕265 号《国家电网公司电力安全工作规程（配电部分）》

2.8 国家电网生〔2009〕190 号《关于印发国家电网公司深入开展现场标准化作业工作指导意见的通知》

3. 人员组合

本项目需要 8 人。

3.1 作业人员要求

√	序号	责任人	资质	人数
	1	工作负责人（兼监护人）	应通过 10kV 配电带电作业专项培训，考试合格并持有上岗证。应具有配电带电作业实际工作经验，熟悉设备状况，具有一定组织能力和事故处理能力，并经工作负责人的专门培训，考试合格，经本单位总工程师批准、书面公布	1 人
	2	专责监护人	应通过 10kV 配电带电作业专项培训，考试合格并持有上岗证。应具有配电带电作业实际工作经验，熟悉设备状况，具有一定组织能力和事故处理能力	1 人
	3	斗内电工	应通过 10kV 配电带电作业专项培训，考试合格并持有上岗证	4 人
	4	地面电工	应通过 10kV 配电带电作业专项培训，考试合格并持有上岗证	2 人

3.2 作业人员分工

√	序号	责任人	分工	责任人签名
	1		工作负责人（兼监护人）	
	2		专责监护人	
	3		1 号车斗内电工	
	4		2 号车斗内电工	
	5		地面电工	

4. 工器具

领用绝缘工器具应核对工器具的使用电压等级和试验周期，并应检查外观完好无损。

工器具运输，应存放在工具袋或工具箱内；金属工具和绝缘工器具应分开装运。

4.1 装备

√	序号	名称	型号/规格	单位	数量	备注
	1	绝缘斗臂车		辆	2	
	2	旁路开关	10kV/200A	台	1	
	3	高压旁路电缆	10kV 15m	根	6	

4.2 个人安全防护用具

√	序号	名称	型号/规格	单位	数量	备注
	1	绝缘安全帽		顶	8	
	2	绝缘披肩		件	4	
	3	绝缘手套		副	4	
	4	防护手套		副	4	
	5	斗内绝缘安全带		根	4	
	6	护目镜		副	4	

4.3 绝缘遮蔽用具

√	序号	名称	型号/规格	单位	数量	备注
	1	绝缘毯	800mm×1000mm	块	40	
	2	绝缘夹		只	70	
	3	导线绝缘软管	60cm	根	16	
	4	导线遮蔽管	2.5m	根	12	
	5	导线遮蔽管	1.2m	根	3	

4.4 绝缘工具

√	序号	名称	型号/规格	单位	数量	备注
	1	绝缘紧线器	N－1500	把	2	
	2	绝缘绳扣	加强型	根	3	
	3	绝缘保险绳	加强型	根	2	用于后备保护
	4	绝缘传递绳	20m	套	2	

4.5　仪器仪表

√	序号	名称	型号/规格	单位	数量	备注
	1	绝缘检测仪	2500V 及以上	套	1	最大输出电压应为5000V，用于检测悬式绝缘子
	2	钳形电流表		台（只）	1	最大量程应大于线路最大负荷电流
	3	高压验电器	10kV	支	1	
	4	高压发生器	10kV	只	1	
	5	多方通话系统		套	1	
	6	核相仪		套	1	
	7	温度计		只	1	
	8	风速仪		只	1	

4.6　金属工具

√	序号	名称	规格/编号	单位	数量	备注
	1	棘轮断线钳		把	1	
	2	绝缘导线剥皮器		把	2	
	3	卡线器		副	4	

4.7　其他工具

√	序号	名称	规格/编号	单位	数量	备注
	1	防潮苫布	3m×3m	块	1	
	2	个人工具		套	1	
	3	钢丝刷		把	2	
	4	安全遮栏、安全围绳		副	若干	
	5	标示牌	“从此进出！”	块	1	
	6	标示牌	“在此工作！”	块	2	
	7	电动扳手	ϕ17mm	把	2	
	8	剥线器		把	2	
	9	卸扣	2t	只	4	
	10	硬质斗用工具箱		只	2	
	11	帆布工具袋		只	2	
	12	铁榔头		把	1	

续表

√	序号	名称	规格/编号	单位	数量	备注
	13	电缆清洁纸		张	8	
	14	绝缘硅脂		支	1	
	15	布手套		双	5	
	16	清洁毛巾		块	2	

4.8 设备及材料

包括装置性材料和消耗性材料

√	序号	名称	规格/编号	单位	数量	备注
	1	柱上智能开关		台	1	
	2	氧化锌避雷器		只	6	
	3	悬式绝缘子		片	12	
	4	耐张线夹		只	6	
	5	高压双横担		副	1	
	6	柱上智能开关托架		副	1	
	7	架空绝缘导线	JKLYJ－120	m	30	
	8	并沟线夹		只	12	
	9	接地		副	1	
	10	绝缘自粘带	3M	盘	3	
	11	清洁干燥布		条	若干	

5. 作业程序

5.1 开工准备

√	序号	作业内容	步骤及要求
	1	现场复勘	工作负责人核对工作线路双重命名、杆号
			工作负责人检查地形环境是否符合作业要求： （1）平整坚实； （2）地面倾斜度不大于7°
			工作负责人检查线路装置是否具备带电作业条件： （1）作业点及两侧电杆基础、埋深、杆身质量； （2）检查作业点两侧导线应无损伤、绑扎固定应牢固可靠，弧垂适度
			工作负责人检查气象条件（不需现场检查，但需在工作许可时汇报）： （1）天气应晴好，无雷、雨、雪、雾； （2）风力不大于10.7m/s； （3）气相对湿度不大于80%
			工作负责人检查工作票所列安全措施，在工作票上补充安全措施

续表

√	序号	作业内容	步骤及要求
	2	执行工作许可制度	工作负责人按工作票内容与当值调度员联系，确认线路重合闸装置已退出。联系应用普通话（二级许可应有设备主人或工区联系值班调控人员后方可许可带电作业工作负责人）
			工作负责人在工作票上签字
	3	召开现场站班会	工作负责人宣读工作票
			工作负责人检查工作班组成员精神状态、交代工作任务进行分工、交代工作中的安全措施和技术措施
			工作负责人检查班组各成员对工作任务分工、安全措施和技术措施是否明确
			班组各成员在工作票和作业指导书上签名确认
	4	停放绝缘斗臂车	斗臂车驾驶员将 2 辆绝缘斗臂车位置分别停放到最佳位置，1 号车在电杆的小号侧（即电源侧），2 号车在电杆的大号侧（即负荷侧）： （1）停放的位置应便于绝缘斗臂车绝缘斗到达作业位置，避开附近电力线和障碍物，并能保证作业时绝缘斗臂车的绝缘臂有效绝缘长度； （2）停放位置坡度不大于 7°，绝缘斗臂车应顺线路停放； （3）应做到尽可能小的影响道路交通（重要路口工作需要设立专职监护人）
			斗臂车操作人员支放绝缘斗臂车支腿： （1）不应支放在沟道盖板上； （2）软土地面应使用垫块或枕木，垫板重叠不超过两块，呈 45°角。 （3）支腿顺序应正确（“H”型支腿的车型，应先伸出水平支腿，再伸出垂直支腿；在坡地停放，应先支前支腿，后支后支腿）； （4）支撑应到位。车辆前后、左右呈水平；“H”型支腿的车型四轮应离地。坡地停放调整水平后，车辆前后倾斜应不大于 3°
			斗臂车操作人员将绝缘斗臂车可靠接地： （1）接地线应采用有透明护套的不小于 $16mm^2$ 的多股软铜线； （2）临时接地体埋深应不小于 0.6m
	5	布置工作现场	工作负责人组织班组成员设置工作现场的安全围栏、安全警示标志： （1）安全围栏的范围应考虑作业中高空坠落和高空落物的影响以及道路交通，必要时联系交通部门； （2）围栏的出入口应设置合理； （3）警示标示应包括“从此进出”“施工现场”等，道路两侧应有“车辆慢行”或“车辆绕行”标示或路障（重要路口工作需要设立专职监护人）
			班组成员按要求将绝缘工器具放在防潮苫布上： （1）防潮苫布应清洁、干燥； （2）工器具应按定置管理要求分类摆放； （3）绝缘工器具不能与金属工具、材料混放（有条件可以有专门的工器具架子或柜子摆放）
	6	检查绝缘工器具	班组成员逐件对绝缘工器具进行外观检查： （1）检查人员应戴清洁、干燥的手套； （2）绝缘工具表面不应磨损、变形损坏，操作应灵活； （3）个人安全防护用具和遮蔽、隔离用具应无针孔、砂眼、裂纹； （4）检查斗内专用绝缘安全带外观，并做冲击试验

续表

√	序号	作业内容	步骤及要求
	6	检查绝缘工器具	班组成员使用绝缘电阻检测仪分段检测绝缘工具（本项目的绝缘工具为绝缘拉杆、绝缘传递绳、绝缘绳扣、绝缘后备保护绳、绝缘分流线防坠绳、“T”形绝缘横担）的表面绝缘电阻值： （1）测量电极应符合规程要求（极宽 2cm、极间距 2cm）； （2）正确使用（自检、测量）绝缘电阻检测仪（应采用点测的方法，不应使电极在绝缘工具表面滑动，避免刮伤绝缘工具表面）； （3）绝缘电阻值不得低于 700MΩ
			绝缘工器具检查完毕，向工作负责人汇报检查结果
	7	检查绝缘斗臂车	斗内电工检查绝缘斗臂车表面状况：绝缘斗、绝缘臂应清洁、无裂纹损伤
			斗内电工试操作绝缘斗臂车： （1）试操作应空斗进行； （2）试操作应充分，有回转、升降、伸缩的过程。确认液压、机械、电气系统正常可靠，确认制动装置可靠
			绝缘斗臂车检查和试操作完毕，斗内电工向工作负责人汇报检查结果
	8	检查旁路开关和旁路电缆	清洁、检查旁路开关和旁路电缆： （1）检查旁路开关是否外部损坏； 对旁路开关用绝缘电阻表进行绝缘电阻测试： 开关分闸状态：绝缘电阻不应低于 1000MΩ；实测　MΩ 开关合闸状态：相与相、相与地之间的绝缘电阻，不应低于 1000MΩ。实测　MΩ （2）对旁路开关进行试操作三次，确认分合闸机构良好； （3）清洁旁路电缆接线夹接触面的氧化物； （4）检查旁路开关和旁路电缆的额定荷载电流并对照线路负荷电流（可根据现场勘查或运行资料获得），分流线的额定荷载电流应大于等于 1.2 倍的线路负荷电流； （5）旁路电缆表面绝缘应无明显磨损或破损现象； （6）旁路电缆接线夹应操作灵活
	9	安装绝缘小吊	（1）地面电工和 1 号车斗内电工配合安装小吊； （2）小吊臂试操作回转、升降、伸缩的过程，确认液压、机械、电气系统正常可靠，确认制动装置可靠； （3）吊绳试操作，确认下放、回收过程正常可靠
	10	检测悬式绝缘子	班组成员检测悬式绝缘子： （1）清洁绝缘子，并做表面检查，绝缘子表面应光滑，无麻点，裂痕等； （2）用绝缘电阻检测仪（5000V 电压）逐个进行绝缘电阻测定。绝缘电阻值不得小于 500MΩ
	11	斗内电工进入绝缘斗臂车工作斗	1 号、2 号绝缘斗臂车斗内电工穿戴好全套的个人安全防护用具： （1）个人安全防护用具包括绝缘帽、绝缘服、绝缘裤、绝缘手套（带防穿刺手套）、绝缘鞋（套鞋）、护目镜等； （2）工作负责人应检查斗内电工个人防护用具的穿戴是否正确
			绝缘斗臂车斗内电工携带工器具进入绝缘斗： （1）工器具应分类放置工具袋中； （2）工器具的金属部分不准超出绝缘斗沿面； （3）工具和人员重量不得超过绝缘斗额定载荷
			绝缘斗臂车斗内电工将斗内专用绝缘安全带系挂在斗内专用挂钩上

5.2 操作步骤

√	序号	作业内容	步骤及要求
	1	进入带电作业区域	1 号、2 号绝缘斗臂车斗内电工经工作负责人许可后，分别操作绝缘斗臂车，进入带电作业区域，绝缘斗移动应平稳匀速，在进入带电作业区域时： （1）应无大幅晃动现象； （2）绝缘斗下降、上升的速度不应超过 0.5m/s； （3）绝缘斗边沿的最大线速度不应超过 0.5m/s； （4）转移绝缘斗时应注意绝缘斗臂车周围杆塔、线路等情况，绝缘臂的金属部位与带电体和地电位物体的距离大于 1.0m； （5）进入带电作业区域作业后，绝缘斗臂车绝缘臂的有效绝缘长度不应小于 1.0m
	2	验电	1 号绝缘斗臂车斗内 1 号电工在工作负责人的监护下，使用高压验电器对横担等地电位构件进行验电，确认装置无漏电等绝缘不良现象。应注意： （1）验电时，必须戴绝缘手套； （2）验电前，应验电器进行自检，以及使用高压发生器检测验电器是否合格（在保证安全距离的情况下也可在带电体上进行）； （3）验电时，斗内电工应与邻近的构件、导体保持足够的距离（不小于 0.4m），高压验电器的绝缘柄的有效绝缘长度不小于 0.7m； （4）如横担等接地构件有电，不应继续进行本项目
	3	测量架空线路负荷电流	1 号绝缘斗臂车斗内 1 号电工用钳形电流表检测架空线路负荷电流，确认满足旁路开关的负载能力。如不满足要求，应终止本项作业。应注意： （1）使用钳形电流表时，应先选择最大量程，按照实际符合电流情况逐级向下一级量程切换并读取数据； （2）检测电流时，应选择内边相架空线路，并与相邻的异电位导体或构件保持足够的安全距离（相对地不小于 0.4m，相间不小于 0.6m）。 记录线路负荷电流数值：A
	4	设置内边相绝缘遮蔽隔离措施	获得工作负责人的许可后，1 号、2 号绝缘斗臂车绝缘斗分别转移至电杆两侧的内边相合适工作位置，按照由近至远、从下到上、先大后小、先带电体后地电位的顺序对作业中可能触及的部位进行绝缘遮蔽隔离： （1）遮蔽的部位和顺序依次为主导线、支持绝缘子、横担； （2）斗内电工在对带电体设置绝缘遮蔽隔离措施时，动作应轻缓，与横担等地电位构件间应有足够的安全距离（不小于 0.4m），与邻相导线之间应有足够的安全距离（不小于 0.6m）； （3）1 号、2 号绝缘斗臂车斗内电工应同相进行，且不应发生身体接触； （4）绝缘遮蔽隔离措施应严密、牢固，绝缘遮蔽组合的重叠距离不得小于 15cm
	5	设置外边相绝缘遮蔽措施	获得工作负责人的许可后，1 号、2 号绝缘斗臂车绝缘斗分别转移至电杆两侧的外边相合适工作位置，按照与内边相相同的方法对作业中可能触及的部位进行绝缘遮蔽隔离
	6	设置中间相绝缘遮蔽措施	获得工作负责人的许可后，1 号、2 号绝缘斗臂车绝缘斗分别转移至电杆两侧的中间相合适工作位置，按照由近至远、从下到上、先大后小的顺序对作业中可能触及的部位进行绝缘遮蔽隔离： （1）遮蔽的部位和顺序依次为主导线、支持绝缘子、电杆杆梢等部位； （2）斗内电工在对带电体设置绝缘遮蔽隔离措施时，动作应轻缓，与横担等地电位构件间应有足够的安全距离（不小于 0.4m），与邻相导线之间应有足够的安全距离（不小于 0.6m）； （3）1 号、2 号绝缘斗臂车斗内电工应同相进行，且不应发生身体接触； （4）绝缘遮蔽隔离措施应严密、牢固，绝缘遮蔽组合的重叠距离不得小于 15cm

续表

√	序号	作业内容	步骤及要求
	7	安装及连接旁路开关和旁路电缆	获得工作负责人的许可后，1 号、2 号车斗内电工互相配合安装旁路开关支架及绝缘横担，然后配合吊装旁路开关；斗内电工吊上旁路开关，对旁路电缆和旁路开关连接处清洁后，分别将旁路电缆接入旁路开关。然后用绝缘绳套将旁路电缆悬挂在相应的主导线上。 应注意： （1）安装开关支架、绝缘横担及旁路开关时，应注意保持与带电部位的安全距离； （2）旁路开关安装前应处于断开位置； （3）引线必须在托架上承受重力，旁路开关的端子上不能受力
	8	对旁路装置进行绝缘测试	获得工作负责人的许可后，1 号车斗内电工用绝缘操作棒合上旁路开关。斗内电工用绝缘电阻检测仪检测旁路电缆的绝缘电阻，每相对地的绝缘电阻值不应低于 500MΩ
	9	对旁路装置进行放电	获得工作负责人的许可后，2 号车斗内电工用放电棒对旁路电缆进行逐相充分放电。然后，2 号车斗内电工用绝缘操作棒拉开旁路开关
	10	带电接旁路电缆	获得工作负责人的许可后，1 号、2 号车斗内电工将两侧旁路电缆分别带电搭接在主线上，并用绝缘绳套做好防坠措施。 安装旁路电缆的流程： （1）打开导线上搭接旁路电缆部位的绝缘遮蔽措施； （2）在主导线旁路电缆的搭接部位剥除绝缘层，并涂抹电力脂； （3）1 号车、2 号车斗内电工分别用绝缘小吊依次吊上三相旁路电缆，用绝缘绳套悬挂在主导线上； （4）斗内电工依次安装三相旁路电缆； （5）补充完善绝缘引流线线夹处的绝缘遮蔽措施。 应注意： （1）旁路电缆应安装牢固； （2）接两侧旁路电缆时，1 号、2 号车斗内电工应同相同步进行
	11	在旁路开关上进行核相	获得工作负责人的许可后，2 号车斗内电工用核相仪在旁路开关两侧进行核相，确认相位无误
	12	合上旁路开关	获得工作负责人的许可后，1 号车斗内电工使用绝缘操作棒合上旁路开关。工作负责人严格按照操作票进行合上旁路开关 注意： （1）绝缘操作棒应垂直操作； （2）合闸应操作到位。 测流记录分流数值
	13	更换横担联铁、杆头抱箍、安装耐张绝缘子串	1 号绝缘斗臂车斗内电工与 2 号绝缘斗臂车斗用小吊配合拆除（中间相）杆顶支架和直线横担，安装耐张横担和杆头抱箍，并安装好三相悬式绝缘子串。应注意： （1）上下传递横担等物件应避免与电杆、绝缘斗发生碰撞； （2）横担、绝缘子等不应搁置在绝缘斗上（内）； （3）应防止高空落物。 耐张横担、杆头抱箍的安装工艺应满足施工和验收规范的要求： （1）安装牢固可靠，螺杆应与构件面垂直，螺头平面与构件间不应有间隙； （2）螺栓紧好后，螺杆丝扣露出的长度不应少于两个螺距。每端垫圈不应超过两个； （3）横担组装时，螺栓的穿入方向应符合规定：水平方向由内向外，垂直方向由下向上。杆头抱箍螺栓的穿入由左向右（面向受电侧）或按统一方向；

续表

√	序号	作业内容	步骤及要求
	13	更换横担联铁、杆头抱箍、安装耐张绝缘子串	（4）横担安装应平正，安装偏差应符合规定：横担端部上下歪斜不应大于20mm；横担端部左右扭斜不应大于20mm。 绝缘子串的安装工艺应满足施工和验收规范的要求： （1）牢固，连接可靠，防止积水； （2）应清除表面灰垢、附着物及不应有的涂料； （3）与电杆、导线金具连接处，无卡压现象； （4）耐张串上的弹簧销子、螺栓及穿钉应由上向下穿； （5）采用的闭口销或开口销不应有折断、裂纹等现象。当采用开口销时应对称开口，开口角度应为30°～60°。严禁用线材或其他材料代替闭口销、开口销
	14	安装紧线用绝缘绳扣、后备保护绳	在耐张横担和杆头安装绝缘绳扣、后备保护绳。应注意：绝缘绳扣、后备保护绳内侧应做好防磨损的措施
			对耐张横担、杆头抱箍、绝缘子串、电杆顶部等进行绝缘遮蔽。应注意：遮蔽措施应严密牢固，绝缘遮蔽组合的重叠距离不得小于15cm
	15	耐张引流线两侧搭接	1号绝缘斗臂车斗内电工与2号绝缘斗臂车斗电工安装好固定引流线后分别两侧同时、同相搭接耐张引流线。应注意： （1）固定耐张引流线时，应对其电杆、金具等部件进行绝缘遮蔽； （2）耐张引流线搭接中严格按照同相、同时进行； （3）金属材料不应搁置在绝缘斗上（内）； （4）应防止高空落物； （5）导线连接应使用规范合格的线夹进行固定； （6）工艺要求必须满足电力线路规范要求
	16	收紧中间相导线	1号、2号绝缘斗臂车斗内电工在工作负责人的监护下，收紧导线。应注意： （1）紧线时，应保证绝缘绳扣有0.4m及以上的绝缘有效长度； （2）紧线时，1号、2号绝缘斗臂车斗内电工应同时操作，使横担受力均衡； （3）工作负责人应紧密监视电杆、横担的受力情况，同时监视作业点两侧电杆受力情况
			好安装绝缘后备保护绳，并收紧。应注意：后备保护的卡线器应装在与绝缘紧线器连接的卡线器的外侧
	17	中间相导线开分断	1号、2号绝缘斗臂车斗内电工在工作负责人的监护下，用绝缘断线剪开断导线。应注意：1号、2号绝缘斗臂车斗内电工分别控制中间相导线开断点两侧的导线，防止开断后，断头晃动
			1号、2号绝缘斗臂车斗内电工在工作负责人的监护下，分别将断开的导线固定在中间相对应的耐张线夹内。应注意：耐张线夹应有足够的紧固力，其握着力与导线的保证计算拉断比不小于90%
			完善绝缘子串和耐张线夹的绝缘遮蔽措施。应注意：绝缘遮蔽措施应严密牢固，绝缘遮蔽组合的重叠距离不得小于15cm
	18	撤除中间相绝缘后备保护绳和绝缘紧线器	1号、2号绝缘斗臂车斗内电工撤除中间相绝缘后备保护绳和绝缘紧线器。应注意：松开紧线器时，1号、2号绝缘斗臂车斗内电工应同时操作，以保证横担受力均衡
			恢复导线上的绝缘遮蔽隔离措施。应注意：绝缘遮蔽措施应严密牢固，绝缘遮蔽组合的重叠距离不得小于15cm

续表

√	序号	作业内容	步骤及要求
	19	外边相导线开分断改耐张	在工作负责人的监护下，1 号、2 号绝缘斗臂车斗内电工转移绝缘斗至外边相合适工作位置，按照中间相相同的步骤和方法将外边相导线开分断改耐张
	20	内边相导线开分断改耐张	在工作负责人的监护下，1 号、2 号绝缘斗臂车斗内电工转移绝缘斗至内边相合适工作位置，按照中间相相同的步骤和方法将内边相导线开分断改耐张
	21	拉开旁路开关并确认	在获得工作负责人的许可后，1 号车斗内电工用绝缘操作棒拉开旁路开关；2 号车斗内电工使用钳形电流表确认旁路开关确已断开。 应注意：每相测试不少于 3 个点（主导线、开关引线、旁路电缆）
	22	带电断开旁路电缆	在获得工作负责人的许可后，1 号、2 号斗内电工分别带电断开两侧旁路电缆，将旁路电缆悬挂在主线上。应注意： （1）拆开时，作业电工应戴防护目镜； （2）断旁路电缆应同相同步进行； （3）断开后，恢复主线上的绝缘遮蔽措施
	23	拉开旁路开关及放电	在获得工作负责人的许可后，1 号车斗内电工用绝缘操作棒合上旁路开关，2 号车斗内电工用放电棒对旁路电缆进行放电。然后，1 号车斗内电工用绝缘操作棒拉开旁路开关
	24	拆除旁路电缆和旁路开关	在获得工作负责人的许可后，1 号、2 号车斗内电工拆除旁路电缆并吊下，拆除旁路开关及安装支架，吊至地面
	25	拆除中间相绝缘遮蔽	获得工作负责人的许可后，1 号、2 号绝缘斗臂车斗内电工分别转移至电杆两侧的中间相合适工作位置，按照先小后大、从上到下、由远至近、先地电位后带电体的顺序拆除绝缘遮蔽措施。应注意： （1）动作应轻缓，与已撤除绝缘遮蔽措施的异电位物体之间保持足够的距离（相对地不小于 0.4m，相间不小于 0.6m）； （2）1 号、2 号绝缘斗臂车斗内电工应同相进行，且不应发生身体接触
	26	拆除外边相绝缘遮蔽	获得工作负责人的许可后，1 号、2 号绝缘斗臂车斗内电工分别转移至电杆两侧的外边相合适工作位置，按照与中间相相同的方法和要求拆除外边相绝缘遮蔽隔离措施
	27	拆除内边相绝缘遮蔽	获得工作负责人的许可后，1 号、2 号绝缘斗臂车斗内电工分别转移至电杆两侧的内边相合适工作位置，按照与中间相相同的方法和要求拆除内边相绝缘遮蔽隔离措施
	28	工作验收	斗内电工撤出带电作业区域。撤出带电作业区域时： （1）应无大幅晃动现象； （2）绝缘斗下降、上升的速度不应超过 0.5m/s； （3）绝缘斗边沿的最大线速度不应超过 0.5m/s
			斗内电工检查施工质量： （1）杆上无遗漏物； （2）装置无缺陷符合运行条件； （3）向工作负责人汇报施工质量
	29	撤离杆塔	下降绝缘斗返回地面、收回绝缘臂时应注意绝缘斗臂车周围杆塔、线路等情况

6. 工作结束

√	序号	作业内容	步骤及要求
	1	工作负责人组织班组成员清理工具和现场	绝缘斗臂车各部件复位，收回绝缘斗臂车支腿
			工作负责人组织班组成员整理工具、材料。将工器具清洁后放入专用的箱（袋）中。清理现场，做到“工完、料尽、场地清”
	2	工作负责人召开收工会	工作负责人组织召开现场收工会，做工作总结和点评工作： （1）正确点评本项工作的施工质量； （2）点评班组成员在作业中的安全措施的落实情况； （3）点评班组成员对规程的执行情况
	3	办理工作终结手续	工作负责人向调度汇报工作结束，并终结工作票

7. 验收记录

记录检修中发现的问题	
存在问题及处理意见	

8. 现场标准化作业指导书执行情况评估

评估内容	符合性	优		可操作项	
		良		不可操作项	
	可操作性	优		修改项	
		良		遗漏项	
存在问题					
改进意见					

第十二节　绝缘杆作业法带电断空载电缆线路与架空线路连接引线作业指导书

1. 适用范围

本作业指导书规定了采用绝缘杆作业法 10kV××线路××号杆带电断空载电缆线路的现场标准化作业的工作步骤和技术要求。

本作业指导书适用于采用绝缘杆作业法 10kV××线路××号杆带电断空载电缆线路。

2. 规范性引用文件

2.1　GB/T 18857—2019《配电线路带电作业技术导则》

2.2 GB/T 14286—2008《带电作业工具设备术语》

2.3 GB/T 34577—2017《配电线路旁路作业技术导则》

2.4 DL/T 858—2004《架空配电线路带电安装及作业工具设备》

2.5 Q/GDW 10520—2016《国家电网公司 10kV 配网不停电作业规范》

2.6 Q/GDW 1811—2013《10kV 带电作业用消弧开关技术条件》

2.7 国家电网安质〔2014〕265 号《国家电网公司电力安全工作规程（配电部分）》

2.8 国家电网生〔2009〕190 号《关于印发国家电网公司深入开展现场标准化作业工作指导意见的通知》

3. 人员组合

本项目需要 4 人。

3.1 作业人员要求

√	序号	责任人	资质	人数
	1	工作负责人（兼监护人）	应通过 10kV 配电带电作业专项培训，考试合格并持有上岗证。应具有配电带电作业实际工作经验，熟悉设备状况，具有一定组织能力和事故处理能力，并经工作负责人的专门培训，考试合格，经本单位总工程师批准、书面公布	1 人
	2	杆上 1 号电电工	应通过 10kV 配电带电作业专项培训，考试合格并持有上岗证	1 人
	3	杆上 2 号电电工	应通过 10kV 配电带电作业专项培训，考试合格并持有上岗证	1 人
	4	地面电工	应通过 10kV 配电带电作业专项培训，考试合格并持有上岗证	1 人

3.2 作业人员分工

√	序号	责任人	分工	责任人签名
	1		工作负责人（兼监护人）	
	2		杆上 1 号电电工	
	3		杆上 2 号电电工	
	4		地面电工	

4. 工器具

领用绝缘工具、安全用具及辅助器具，应核对工器具的使用电压等级和试验周期。领用绝缘工器具，应检查外观完好无损。

工器具运输，应存放在工具袋或工具箱内；金属工具和绝缘工器具应分开装运。

4.1　作业装备

√	序号	名称	型号/规格	单位	数量	备注

4.2　个人安全防护用具

√	序号	名称	型号/规格	单位	数量	备注
	1	绝缘安全帽	10kV	顶	4	
	2	绝缘披肩	10kV	件	2	
	3	绝缘手套	10kV	副	2	
	4	防刺穿手套		副	2	
	5	绝缘安全带		根	2	
	6	护目镜		副	2	

4.3　绝缘遮蔽用具

√	序号	名称	型号/规格	单位	数量	备注
	1	导线遮蔽罩	10kV	只	4	
	2	绝缘子遮蔽罩	10kV	只	2	

4.4　绝缘工具

√	序号	名称	型号/规格	单位	数量	备注
	1	绝缘吊绳	15m	根	1	
	2	绝缘锁杆		副	1	
	3	绝缘叉杆		副	1	
	4	绝缘剪刀		把	1	

4.5　仪器仪表

√	序号	名称	型号/规格	单位	数量	备注
	1	高压验电器	10kV	只	1	
	2	工频高压发生器	10kV	只	1	
	3	温湿度计		台	1	
	4	绝缘电阻测试仪	2500V 或 5000V	台	1	
	5	风速仪		台	1	
	6	多方通话系统		套	1	
	7	绝缘手套检测仪	G99	只	1	
	8	钳形电流表		只	1	带绝缘杆

4.6 其他工器具

√	序号	名称	型号/规格	单位	数量	备注
	1	防潮苫布	3m×3m；2m×2m	块	2	
	2	个人工具		套	2	棘轮扳手、螺丝刀、卷尺等
	3	安全遮栏			若干	
	4	标示牌	“从此进出！”	块	1	
	5	标示牌	“在此工作！”	块	1	
	6	棉手套		双	6	
	7	工具袋		只	3	
	8	干燥清洁布		块	2	
	9	工作负责人马甲		件	1	

4.7 设备及材料

√	序号	名称	型号/规格	单位	数量	备注

5. 作业程序

5.1 开工准备

<table>
<tr><th>√</th><th>序号</th><th>作业内容</th><th>步骤及要求</th></tr>
<tr><td rowspan="4"></td><td rowspan="4">1</td><td rowspan="4">现场复勘</td><td>工作负责人核对工作线路双重命名、杆号</td></tr>
<tr><td>工作负责人检查线路装置是否具备带电作业条件：
（1）电杆杆根、埋深应符合登杆要求；
（2）应确认负荷侧跌落式熔断器处于拉开状态，熔管已取下；
（3）确认主干线扎线绑扎牢固；
（4）确认分支电缆无接地，绝缘良好，分支线路电容电流小于 0.1A</td></tr>
<tr><td>工作负责人检查气象条件（需现场检查）：
（1）天气应晴好，无雷、雨、雪、雾；
（2）风力不大于 10.7m/s；
（3）空气相对湿度不大于 80%。
实测数据：风力（）；温度（）；湿度（）</td></tr>
<tr><td>工作负责人检查工作票所列安全措施，在工作票上补充安全措施</td></tr>
<tr><td rowspan="2"></td><td rowspan="2">2</td><td rowspan="2">执行工作许可制度</td><td>工作负责人按工作票内容与值班调控人员或运维人员联系，确认线路重合闸装置已退出，联系应用普通话</td></tr>
<tr><td>工作负责人在工作票上签字</td></tr>
<tr><td></td><td>3</td><td>布置工作现场</td><td>工作负责人组织班组成员设置工作现场的安全围栏、安全警示标志：
（1）安全围栏的范围应考虑作业中高空坠落和高空落物的影响；
（2）围栏的出入口应设置合理；
（3）悬挂“从此进出”“在此工作”的标示牌</td></tr>
</table>

续表

√	序号	作业内容	步骤及要求
	3	布置工作现场	班组成员按要求将绝缘工器具放在防潮苫布上： （1）防潮苫布应清洁、干燥； （2）工器具应按定置管理要求分类摆放； （3）绝缘工器具不能与金属工具、材料混放
	4	召开现场站班会	工作负责人宣读工作票
			工作负责人检查工作班组成员精神状态、着装、交代工作任务进行分工、交代工作中的安全措施和技术措施
			工作负责人检查班组各成员对工作任务分工、安全措施和技术措施是否明确
			班组各成员在工作票和作业指导书上签名确认
	5	检查绝缘工器具	班组成员逐件对绝缘工器具进行擦拭和外观检查： （1）用清洁干燥的布对绝缘工器具进行擦拭； （2）绝缘工具表面不应磨损、变形损坏，操作应灵活； （3）绝缘防护用具和遮蔽、隔离用具应无针孔、砂眼、裂纹； （4）检查安全带外观，并做冲击试验； （5）绝缘手套在使用前要压入空气，检查有无针孔缺陷； （6）高压验电器自检按钮检查正常，并用工频高压发生器检查是否良好
			班组成员使用绝缘电阻检测仪分段检测绝缘工具（本项目的绝缘叉杆、绝缘操作杆、验电器、钳形电流表、绝缘吊绳）的表面绝缘电阻值： （1）测量电极应符合规程要求（极宽 2cm、极间距 2cm）； （2）正确使用（自检、测量）绝缘电阻检测仪（应采用点测的方法，不应使电极在绝缘工具表面滑动，避免刮伤绝缘工具表面）； （3）绝缘电阻值不得低于 700MΩ
			绝缘工器具检查完毕，向工作负责人汇报检查结果
	6	作业准备	杆上 1 号电工、杆上 2 号电工在地面穿戴好个人安全防护用具： （1）个人安全防护用具包括绝缘帽、绝缘披肩、绝缘手套（带防穿刺手套）、安全带、护目镜等； （2）工作负责人应检查作业电工个人防护用具的穿戴是否正确

5.2　操作步骤

√	序号	作业内容	步骤及要求
	1	杆上 1、2 号作业人员登杆	杆上 1 号、2 号作业人员携带绝缘吊绳及工具袋登杆至合适位置： （1）应在距离地面不高于 0.5m 的高度开始登杆； （2）杆上作业人员应交错登杆； （3）杆上作业人员应注意保持与带电体间有足够的作业安全距离
	2	验电	杆上 1 号电电工在工作负责人的监护下，使用高压验电器进行验电，确认装置无漏电等绝缘不良现象。 应注意：

续表

√	序号	作业内容	步骤及要求
	2	验电	（1）验电的顺序为：电缆引线、横担等； （2）验电前，高压验电器应进行自检合格； （3）验电时，作业电工应与邻近的构件、导体保持足够的距离（不小于0.4m），高压验电器的绝缘柄的有效绝缘长度不小于0.7m； （4）如横担等接地构件有电，不应继续进行本项目
	3	电缆支线测流	杆上1号电电工用钳形电流表检测电缆支线电流小于0.1A。如不满足要求，应终止本项作业。应注意： （1）使用钳形电流表时，应先选择最大量程，按照实际符合电流情况逐级向下一级量程切换并读取数据； （2）检测电流时，与相邻的异电位导体或构件保持足够的安全距离（相对地不小于0.4m，相间不小于0.6m）。 记录线路负荷电流数值：A相 A；B相 A；C相 A
	4	设置内边相绝缘遮蔽措施	获得工作负责人的许可后，杆上1、2号作业人员调整遮蔽内边相合适工作位置，按照由近至远、从下到上、先大后小的顺序对作业中可能触及的部位进行绝缘遮蔽隔离： （1）遮蔽的部位和顺序依次为绝缘子、主导线； （2）作业电工在对带电体设置绝缘遮蔽措施时，动作应轻缓，与横担等地电位构件间应有足够的安全距离（不小于0.4m），绝缘操作杆有效安全距离（不小于0.7m）； （3）绝缘遮蔽隔离措施应严密、牢固，绝缘遮蔽组合的重叠距离不得小于15cm
	5	设置外边相绝缘遮蔽措施	获得工作负责人的许可后，杆上1、2号作业人员调整遮蔽外边相合适工作位置，按照与内边相相同的方法对外边相设置绝缘遮蔽隔离措施
	6	断近边相引线	杆上1号作业人员与杆上2号作业人员配合剪断近边相电缆引线，残留尾线应尽量短； （1）杆上1号作业人员在开端时，应戴绝缘手套；与带电体保持足够的距离（大于0.4m），绝缘杆的有效绝缘长度应大于0.7m；绝缘遮蔽组合的重叠距离不得小于15cm； （2）注意引线向外牵引时与带电体间的距离应大于30cm； （3）防止高空落物
	7	断远边相引线	杆上1号作业人员与杆上2号作业人员配合剪断远边相电缆引线，残留尾线应尽量短： （1）杆上1号作业人员在开端时，应戴绝缘手套；与带电体保持足够的距离（大于0.4m），绝缘杆的有效绝缘长度应大于0.7m；绝缘遮蔽组合的重叠距离不得小于15cm； （2）注意引线向外牵引时与带电体间的距离应大于30cm； （3）防止高空落物

续表

√	序号	作业内容	步骤及要求
	8	断中相引线	杆上1号作业人员与杆上2号作业人员配合剪断中相电缆引线，残留尾线应尽量短： （1）杆上1号作业人员在开端时，应戴绝缘手套；与带电体保持足够的距离（大于0.4m），绝缘杆的有效绝缘长度应大于0.7m；绝缘遮蔽组合的重叠距离不得小于15cm； （2）注意引线向外牵引时与带电体间的距离应大于30cm； （3）防止高空落物
	9	撤除绝缘遮蔽措施	杆上1号作业人员用绝缘叉杆撤除导线上的导线遮蔽罩： （1）上下传递工器具应使用绝缘吊绳； （2）杆上1号作业人员撤除绝缘遮蔽措施时应戴绝缘手套；与带电体保持足够的距离（大于0.4m），绝缘叉杆的有效绝缘长度应大于0.7m； （3）防止高空落物
	10	工程验收	杆上1、2号作业人员检查施工质量： （1）杆上无遗漏物； （2）装置无缺陷符合运行条件； （3）向工作负责人汇报施工质量
	11	撤离杆塔	杆上作业人员确认杆上无遗留物，逐次下杆

6. 工作结束

√	序号	作业内容	步骤及要求
	1	整理工器具和清理现场	工作负责人组织班组成员整理工具、材料，将工器具清洁后放入专用的箱（袋）中；清理现场，做到“工完、料尽、场地清”
	2	召开收工会	工作负责人组织召开现场收工会，做工作总结和点评工作： （1）正确点评本项工作的施工质量； （2）点评班组成员在作业中的安全措施的落实情况； （3）点评班组成员对规程的执行情况
	3	办理工作终结手续	工作负责人向值班调控人员或运维人员汇报工作结束，并终结工作票

7. 验收记录

记录作业中发现的问题	
存在问题及处理意见	

8. 现场标准化作业指导书执行情况评估

<table>
<tr><td rowspan="4">评估内容</td><td rowspan="2">符合性</td><td>优</td><td></td><td>可操作项</td><td></td></tr>
<tr><td>良</td><td></td><td>不可操作项</td><td></td></tr>
<tr><td rowspan="2">可操作性</td><td>优</td><td></td><td>修改项</td><td></td></tr>
<tr><td>良</td><td></td><td>遗漏项</td><td></td></tr>
<tr><td>存在问题</td><td colspan="5"></td></tr>
<tr><td>改进意见</td><td colspan="5"></td></tr>
</table>

第十三节　绝缘手套作业法带电断空载电缆线路与架空线路引线作业指导书

1. 范围

本作业指导书规定了采用绝缘手套作业法带电断10kV××线××杆空载电缆线路与架空线路引线作的现场标准化作业的工作步骤和技术要求。

本作业指导书适用于采用旁路负荷开关法带电断10kV××线××杆空载电缆线路与架空线路引线。

2. 规范性引用文件

2.1　GB/T 18857—2019《配电线路带电作业技术导则》

2.2　GB/T 14286—2008《带电作业工具设备术语》

2.3　GB/T 34577—2017《配电线路旁路作业技术导则》

2.4　DL/T 858—2004《架空配电线路带电安装及作业工具设备》

2.5　Q/GDW 10520—2016《国家电网公司10kV配网不停电作业规范》

2.6　Q/GDW 1811—2013《10kV带电作业用消弧开关技术条件》

2.7　Q/GDW 249—2009《10kV旁路作业设备技术条件》

2.8　国家电网安质〔2014〕265号《国家电网公司电力安全工作规程（配电部分）》

2.9　国家电网生〔2009〕190号《关于印发国家电网公司深入开展现场标准化作业工作指导意见的通知》

3. 人员组合

本项目需要4人。

3.1　作业人员要求

√	序号	责任人	资质	人数
	1	工作负责人（监护人）	应通过10kV配网不停电作业专项培训，考试合格并持有上岗证。应具有配网不停电作业实际工作经验，熟悉设备状况，具有一定组织能力和事故处理能力，并经工作负责人的专门培训，考试合格，经本单位总工程师批准、书面公布	1人
	2	斗内电工	应通过10kV配网不停电作业专项培训，考试合格并持有上岗证	2人
	3	地面电工	应通过10kV配网不停电作业专项培训，考试合格并持有上岗证	1人

3.2 作业人员分工

√	序号	责任人	分工
	1		工作负责人（监护人）
	2		1 号车斗内电工
	3		2 号车斗内电工
	4		地面电工

4. 工器具

领用绝缘工具、安全用具及辅助器具，应核对工器具的使用电压等级和试验周期。领用绝缘工器具，应检查外观完好无损。

工器具运输，应存放在工具袋或工具箱内；金属工具和绝缘工器具应分开装运。

4.1 装备

√	序号	名称	型号/规格	单位	数量	备注
	1	绝缘斗臂车	10kV	辆	1	
	2	工具车		辆	1	
	3	消弧开关	USBS－15	套	1	
	4	绝缘引流线	3m	根	1	

4.2 个人防护用具

√	序号	名称	型号/规格	单位	数量	备注
	1	绝缘安全帽	10kV	顶	4	
	2	绝缘手套	10kV	双	2	
	3	羊皮手套		双	2	
	4	绝缘披肩	10kV	件	2	
	5	安全带		副	2	
	6	护目镜		副	2	

4.3 绝缘遮蔽用具

√	序号	名称	型号/规格	单位	数量	备注
	1	导线遮蔽管	10kV，3m	根	3	
	2	绝缘毯	10kV	块	15	
	3	跳线管	10kV	根	15	
	4	毯夹		只	30	

4.4 绝缘工具

√	序号	名称	型号/规格	单位	数量	备注
	1	绝缘吊绳	20m	根	1	
	2	绝缘绳套	1m	根	2	
	3	绝缘操作棒	10kV	根	1	

4.5 仪器仪表

√	序号	名称	型号/规格	单位	数量	备注
	1	绝缘电阻检测仪（测试电极）	2500V 及以上	套	1	
	2	高压验电器	10kV	支	1	
	3	工频高压发生器	10kV	只	1	
	4	风速仪		只	1	
	5	温湿度计		只	1	
	6	多方通信系统		套	1	
	7	钳形电流表		只	1	
	8	绝缘手套检测仪	G99	只	1	

4.6 其他工具

√	序号	名称	型号/规格	单位	数量	备注
	1	防潮苫布	3m×3m	块	2	
	2	个人工具		套	1	棘轮扳手、螺丝刀、卷尺等
	3	电动扳手		把	1	
	4	硬质斗用工具箱		只	1	
	5	帆布工具袋		只	1	
	6	安全遮栏			若干	
	7	铁榔头		把	1	
	8	标示牌	“从此进出！”	块	1	
	9	标示牌	“在此工作！”	块	1	
	10	工具包		只	1	
	11	清洁毛巾		块	2	
	12	断线钳		把	1	
	13	剥皮刀		把	1	
	14	路障	“前方施工，车辆慢行”	块	2	
	15	工作负责人马甲		件	1	
	16	专责监护人马甲		件	1	

5. 作业程序

5.1　开工准备

<table>
<tr><th>√</th><th>序号</th><th>作业内容</th><th>步骤及要求</th></tr>
<tr><td rowspan="5"></td><td rowspan="5">1</td><td rowspan="5">现场复勘</td><td>工作负责人核对工作线路双重命名、杆号</td></tr>
<tr><td>工作负责人检查地形环境是否符合作业要求：
（1）平整坚实；
（2）地面倾斜度不大于7°</td></tr>
<tr><td>工作负责人检查线路装置是否具备带电作业条件：
（1）作业电杆埋深、杆身质量；
（2）检查开关外观，如瓷柱裂纹严重有脱落危险，考虑采取措施，无法控制不应进行该项工作，如接点烧损严重也不得进行此项工作</td></tr>
<tr><td>工作负责人检查气象条件（不需现场检查，但需在工作许可时汇报）：
（1）天气应晴好，无雷、雨、雪、雾；
（2）风力不大于10.7m/s；
（3）空气相对湿度不大于80%</td></tr>
<tr><td>工作负责人检查工作票所列安全措施，在工作票上补充安全措施</td></tr>
<tr><td rowspan="2"></td><td rowspan="2">2</td><td rowspan="2">执行工作许可制度</td><td>工作负责人按工作票内容与运行许可人员联系，联系应用普通话：
（1）确认线路重合闸装置已退出；
（2）确认电缆线路后端处空载状态</td></tr>
<tr><td>工作负责人、工作许可人在工作票上签字确认</td></tr>
<tr><td rowspan="4"></td><td rowspan="4">3</td><td rowspan="4">召开现场站班会</td><td>工作负责人宣读工作票</td></tr>
<tr><td>工作负责人检查工作班组成员精神状态、交代工作任务进行分工、交代工作中的安全措施和技术措施</td></tr>
<tr><td>工作负责人检查班组各成员对工作任务分工、安全措施和技术措施是否明确</td></tr>
<tr><td>班组各成员在工作票上签名确认</td></tr>
<tr><td rowspan="3"></td><td rowspan="3">4</td><td rowspan="3">停放绝缘斗臂车</td><td>斗臂车驾驶员将绝缘斗臂车位置停放到最佳位置：
（1）停放的位置应便于绝缘斗臂车绝缘斗到达作业位置，避开附近电力线和障碍物，并能保证作业时绝缘斗臂车的绝缘臂有效绝缘长度；
（2）停放位置坡度不大于7°，绝缘斗臂车应顺线路停放</td></tr>
<tr><td>斗臂车操作人员支放绝缘斗臂车支腿：
（1）不应支放在沟道盖板上；
（2）软土地面应使用垫块或枕木，垫板重叠不超过两块，呈45°角；
（3）支腿顺序应正确（“H”型支腿的车型，应先伸出水平支腿，再伸出垂直支腿；在坡地停放，应先支前支腿，后支后支腿）；
（4）支撑应到位。车辆前后、左右呈水平；“H”型支腿的车型四轮应离地。坡地停放调整水平后，车辆前后倾斜应不大于3°</td></tr>
<tr><td>斗臂车操作人员将绝缘斗臂车可靠接地：
（1）接地线应采用有透明护套的不小于16mm² 的多股软铜线；
（2）临时接地体埋深应不少于0.6m</td></tr>
<tr><td></td><td>5</td><td>布置工作现场</td><td>工作负责人组织班组成员设置工作现场的安全围栏、安全警示标志：
（1）安全围栏的范围应考虑作业中高空坠落和高空落物的影响以及道路交通，必要时联系交通部门；
（2）围栏的出入口应设置合理；
（3）悬挂“从此进出”“在此工作”的标示牌</td></tr>
</table>

续表

√	序号	作业内容	步骤及要求
	5	布置工作现场	班组成员按要求将绝缘工器具放在防潮苫布上： （1）防潮苫布应清洁、干燥； （2）工器具应按定置管理要求分类摆放； （3）绝缘工器具不能与金属工具、材料混放
	6	检查绝缘工器具	班组成员逐件对绝缘工器具进行外观检查： （1）检查人员应戴清洁、干燥的手套； （2）绝缘工具表面不应磨损、变形损坏，操作应灵活； （3）个人安全防护用具和遮蔽、隔离用具应无针孔、砂眼、裂纹； （4）检查全身式绝缘安全带外观，并做冲击试验； （5）用工频高压发生器检查高压验电器良好
			班组成员使用绝缘电阻检测仪分段检测绝缘工具（本项目的绝缘工具为绝缘操作棒、绝缘吊绳、绝缘绳套）的表面绝缘电阻值： （1）测量电极应符合规程要求（极宽 2cm、极间距 2cm）； （2）正确使用（自检、测量）绝缘电阻检测仪（应采用点测的方法，不应使电极在绝缘工具表面滑动，避免刮伤绝缘工具表面）； （3）绝缘电阻值不得低于 700MΩ
			绝缘工器具检查完毕，向工作负责人汇报检查结果
	7	检查绝缘斗臂车	1 号车斗内电工检查绝缘斗臂车表面状况：绝缘斗、绝缘臂应清洁、无裂纹损伤
			斗内电工试操作绝缘斗臂车： （1）试操作应空斗进行； （2）试操作应充分，有回转、升降、伸缩的过程。确认液压、机械、电气系统正常可靠，确认制动装置可靠
			绝缘斗臂车检查和试操作完毕，作业电工向工作负责人汇报检查结果
	8	作业电工进入绝缘斗	斗内电工在地面穿戴好个人安全防护用具： （1）个人安全防护用具包括绝缘帽（戴护目罩）、绝缘衣或披肩、绝缘手套（戴防穿刺手套）等； （2）工作负责人应检查作业电工个人防护用具的穿戴是否正确
			斗内电工携带工器具进入绝缘斗： （1）工器具应分类放置工具袋中； （2）工器具的金属部分不准超出绝缘斗沿面； （3）工具和人员重量不得超过绝缘斗额定载荷
			斗内电工将安全带系挂在斗内专用挂钩上

5.2 操作步骤

√	序号	作业内容	步骤及要求
	1	进入带电作业区域	斗内电工经工作负责人许可后，操作绝缘斗臂车，进入带电作业区域，绝缘斗移动应平稳匀速。在进入带电作业区域时： （1）应无大幅晃动现象； （2）绝缘斗下降、上升的速度不应超过 0.5m/s； （3）绝缘斗边沿的最大线速度不应超过 0.5m/s； （4）转移绝缘斗时应注意绝缘斗臂车周围杆塔、线路等情况，绝缘臂的金属部位与带电体的距离应不小于 0.9m； （5）进入带电作业区域作业后，绝缘斗臂车绝缘臂的有效绝缘长度不应小于 1.0m

续表

√	序号	作业内容	步骤及要求
	2	验电	斗内电工在工作负责人的监护下，使用高压验电器进行验电，确认装置无漏电等绝缘不良现象。 应注意： （1）验电前，高压验电器应进行自检合格； （2）验电时，作业电工应与邻近的构件、导体保持足够的距离（不小于0.4m），高压验电器的绝缘柄的有效绝缘长度不小于0.7m； （3）如横担等接地构件有电，不应继续进行本项目
	3	测量电缆线路电流	空载电流应不大于5A，大于0.1A时应使用专用的消弧开关。 记录电流：A相　A；B相　A；C相　A
	4	设置内边相绝缘遮蔽措施	获得工作负责人的许可后，斗内电工转移绝缘斗到达内边相合适工作位置，按照由近至远、从下到上、先大后小、先带电体后接地体的顺序对作业中可能触及的带电体和接地体进行绝缘遮蔽隔离： （1）作业电工在对带电体设置绝缘遮蔽措施时，动作应轻缓，与横担等地电位构件间应有足够的安全距离（不小于 0.4m），与邻相导线之间应有足够的安全距离（不小于0.6m）； （2）设置绝缘遮蔽措施时，不应同时设置不同电位导体或构件上的绝缘遮蔽用具； （3）绝缘遮蔽隔离措施应严密、牢固，绝缘遮蔽组合的重叠距离不得小于15cm
	5	设置外边相绝缘遮蔽措施	获得工作负责人的许可后，斗内电工转移绝缘斗到达外边相合适工作位置，按照与内边相相同的方法对外边相设置绝缘遮蔽措施
	6	设置中相绝缘遮蔽措施	获得工作负责人的许可后，斗内电工转移绝缘斗到达中相合适工作位置，按照与内边相相同的方法对中相设置绝缘遮蔽措施
	7	内边相安装绝缘消弧开关	获得工作负责人的许可后，斗内电工转移绝缘斗到达中相合适工作位置，安装绝缘消弧开关：先将绝缘消弧开关引出线夹在内边相电缆引线上，再将绝缘消弧开关挂接在内边相架空线上，合上绝缘消弧开关。 （1）安装绝缘消弧开关前，应确认其在断开位置； （2）安装绝缘消弧开关时，斗内工作人员必须穿戴绝缘手套，握在绝缘消弧开关的手持位置，并注意站位，与地电位物体应保持足够的安全距离（0.4m）； （3）绝缘消弧开关在架空线上的挂接部位应尽量远离装置，避免绝缘消弧开关引线与构架短路，并留出足够斗内作业人员搭接引线时的活动空间； （4）合绝缘消弧开关前应确认绝缘消弧开关引线与装置构架间的距离； （5）搭接引线时必须穿戴绝缘手套，并注意站位，与地电位物体保持足够的安全距离（0.4m）； （6）拉合绝缘消弧开关前引线应搭接牢固，与装置构架间的距离符合要求； （7）拉合绝缘消弧开关应用绝缘操作杆
	8	拆除内边相电缆引线	获得工作负责人的许可后，斗内电工转移绝缘斗到达内边相合适工作位置，对消弧开关进行测流，确认消弧开关分流正常，再进行内边相电缆引线拆除。 （1）主导线端引线拆除后，应恢复主导线绝缘遮蔽措施； （2）电缆引线断开后，将引线可靠固定
	9	恢复内边相绝缘遮蔽	获得工作负责人的许可后，斗内电工转移绝缘斗到达内边相合适工作位置，按照由近至远、从下到上、先大后小、先带电体后接地体的顺序对作业中可能触及的部位进行绝缘遮蔽隔离： （1）作业电工在对带电体设置绝缘遮蔽措施时，动作应轻缓，与横担等地电位构件间应有足够的安全距离（不小于 0.4m），与邻相导线之间应有足够的安全距离（不小于0.6m）；

续表

√	序号	作业内容	步骤及要求
	9	恢复内边相绝缘遮蔽	（2）设置绝缘遮蔽措施时，不应同时设置不同电位导体或构件上的绝缘遮蔽用具； （3）绝缘遮蔽隔离措施应严密、牢固，绝缘遮蔽组合的重叠距离不得小于 15cm
	10	拆除外边相电缆引线	获得工作负责人的许可后，斗内电工转移绝缘斗到达外边相合适工作位置，按照与内边相相同的方法和部位进行引线拆除，设置绝缘遮蔽措施
	11	拆除中相电缆引线	获得工作负责人的许可后，斗内电工转移绝缘斗到中相合适工作位置，按照与内边相相同的方法和部位进行引线拆除，设置绝缘遮蔽措施
	12	拆除中相绝缘遮蔽措施	获得工作负责人的许可后，斗内电工转移绝缘斗到达中相合适工作位置，拆除绝缘遮蔽措施： 作业电工在拆除带电体上的绝缘遮蔽隔离措施时，动作应轻缓，与横担等地电位构件间应有足够的安全距离（不小于 0.4m），与邻相导线之间应有足够的安全距离（不小于 0.6m）
	13	拆除外边相绝缘遮蔽措施	获得工作负责人的许可后，斗内电工转移绝缘斗到达外边相合适工作位置，按照与中相相同的方法拆除外边相绝缘遮蔽措施
	14	拆除内边相绝缘遮蔽措施	获得工作负责人的许可后，斗内电工转移绝缘斗到达内边相合适工作位置，按照与中相相同的方法拆除外边相绝缘遮蔽措施
	15	工程自验收	斗内电工撤出带电作业区域。撤出带电作业区域时： （1）应无大幅晃动现象； （2）绝缘斗下降、上升的速度不应超过 0.5m/s； （3）绝缘斗边沿的最大线速度不应超过 0.5m/s
			斗内电工检查施工质量： （1）杆上无遗漏物； （2）装置无缺陷符合运行条件； （3）向工作负责人汇报施工质量
	16	撤离杆塔	斗内电工下降绝缘斗返回地面、拆除绝缘小吊、收回绝缘臂时应注意绝缘斗臂车周围杆塔、线路等情况

6. 工作结束

√	序号	作业内容	步骤及要求
	1	清理现场	斗内电工收回绝缘斗臂车各部件复位： （1）收回绝缘斗臂车接地线； （2）绝缘斗臂车在坡地停放，应先收后支腿，后收前支腿； （3）支腿收回顺序应正确："H"型支腿的车型，应先收回垂直支腿，再收回水平支腿
			工作负责人组织班组成员整理工具、材料，将工器具清洁后放入专用的箱（袋）中；清理现场，做到"工完、料尽、场地清"
	2	召开收工会	工作负责人组织召开现场收工会，做工作总结和点评工作： （1）正确点评本项工作的施工质量； （2）点评班组成员在作业中的安全措施的落实情况； （3）点评班组成员对规程的执行情况
	3	办理工作终结手续	工作负责人向运行许可人员汇报工作结束，并终结工作票

7. 验收记录

记录作业中发现的问题		
存在问题及处理意见		

8. 现场标准化作业指导书执行情况评估

<table>
<tr><td rowspan="4">评估内容</td><td rowspan="2">符合性</td><td>优</td><td></td><td>可操作项</td><td></td></tr>
<tr><td>良</td><td></td><td>不可操作项</td><td></td></tr>
<tr><td rowspan="2">可操作性</td><td>优</td><td></td><td>修改项</td><td></td></tr>
<tr><td>良</td><td></td><td>遗漏项</td><td></td></tr>
<tr><td>存在问题</td><td colspan="5"></td></tr>
<tr><td>改进意见</td><td colspan="5"></td></tr>
</table>

第十四节　绝缘杆作业法带电接空载电缆线路与架空线路连接引线作业指导书

1. 适用范围

本作业指导书规定了采用绝缘杆作业法10kV××线路××号杆带电接空载电缆线路的现场标准化作业的工作步骤和技术要求。

本作业指导书适用于采用绝缘杆作业法10kV××线路××号杆带电接空载电缆线路。

2. 规范性引用文件

2.1　GB/T 18857—2019《配电线路带电作业技术导则》

2.2　GB/T 14286—2008《带电作业工具设备术语》

2.3　GB/T 34577—2017《配电线路旁路作业技术导则》

2.4　DL/T 858—2004《架空配电线路带电安装及作业工具设备》

2.5　Q/GDW 10520—2016《国家电网公司10kV配网不停电作业规范》

2.6　Q/GDW 1811—2013《10kV带电作业用消弧开关技术条件》

2.7　国家电网安质〔2014〕265号《国家电网公司电力安全工作规程（配电部分）》

2.8　国家电网生〔2009〕190号《关于印发国家电网公司深入开展现场标准化作业工作指导意见的通知》

3. 人员组合

本项目需要 4 人。

3.1 作业人员要求

√	序号	责任人	资质	人数
	1	工作负责人（兼监护人）	应通过 10kV 配电带电作业专项培训，考试合格并持有上岗证。应具有配电带电作业实际工作经验，熟悉设备状况，具有一定组织能力和事故处理能力，并经工作负责人的专门培训，考试合格，经本单位总工程师批准、书面公布	1 人
	2	杆上 1 号电电工	应通过 10kV 配电带电作业专项培训，考试合格并持有上岗证	1 人
	3	杆上 2 号电电工	应通过 10kV 配电带电作业专项培训，考试合格并持有上岗证	1 人
	4	地面电工	应通过 10kV 配电带电作业专项培训，考试合格并持有上岗证	1 人

3.2 作业人员分工

√	序号	责任人	分工	责任人签名
	1		工作负责人（兼监护人）	
	2		杆上 1 号电电工	
	3		杆上 2 号电电工	
	4		地面电工	

4. 工器具

领用绝缘工具、安全用具及辅助器具，应核对工器具的使用电压等级和试验周期。领用绝缘工器具，应检查外观完好无损。

工器具运输，应存放在工具袋或工具箱内；金属工具和绝缘工器具应分开装运。

4.1 作业装备

√	序号	名称	型号/规格	单位	数量	备注
	1	电动液压钳		把	1	

4.2 个人安全防护用具

√	序号	名称	型号/规格	单位	数量	备注
	1	绝缘安全帽	10kV	顶	4	
	2	绝缘披肩	10kV	件	2	

续表

√	序号	名称	型号/规格	单位	数量	备注
	3	绝缘手套	10kV	副	2	
	4	防刺穿手套		副	2	
	5	绝缘安全带		根	2	
	6	护目镜		副	2	

4.3 绝缘遮蔽用具

√	序号	名称	型号/规格	单位	数量	备注
	1	导线遮蔽罩	10kV	只	4	
	2	绝缘子遮蔽罩	10kV	只	2	

4.4 绝缘工具

√	序号	名称	型号/规格	单位	数量	备注
	1	绝缘吊绳	15m	根	1	
	2	绝缘叉杆带钢丝刷		副	1	
	3	绝缘测距杆		副	1	
	4	线夹传送杆		副	1	
	5	绝缘锁杆		副	1	
	6	套筒操作杆		根	1	
	7	放电棒		根	1	

4.5 仪器仪表

√	序号	名称	型号/规格	单位	数量	备注
	1	高压验电器	10kV	只	1	
	2	工频高压发生器	10kV	只	1	
	3	温湿度计		台	1	
	4	绝缘电阻测试仪	2500V 或 5000V	台	1	
	5	风速仪		台	1	
	6	多方通话系统		套	1	
	7	绝缘手套检测仪	G99	只	1	

4.6 其他工器具

√	序号	名称	型号/规格	单位	数量	备注
	1	防潮苫布	3m × 3m；2m × 2m	块	2	
	2	个人工具		套	2	棘轮扳手、螺丝刀、卷尺等
	3	电动扳手	ϕ17mm	把	1	
	4	导线剥皮器		把	1	
	5	安全遮栏			若干	
	6	标示牌	“从此进出！”	块	1	
	7	标示牌	“在此工作！”	块	1	
	8	棉手套		双	4	
	9	工具袋		只	3	
	10	干燥清洁布		块	2	
	11	工作负责人马甲		件	1	

4.7 设备及材料

√	序号	名称	型号/规格	单位	数量	备注
	1	铜铝接线端子		个	3	
	2	绝缘引线		根	3	
	3	异型线夹		只	6	

5. 作业程序

5.1 开工准备

<table>
<tr><th>√</th><th>序号</th><th>作业内容</th><th>步骤及要求</th></tr>
<tr><td rowspan="4"></td><td rowspan="4">1</td><td rowspan="4">现场复勘</td><td>工作负责人核对工作线路双重命名、杆号</td></tr>
<tr><td>工作负责人检查线路装置是否具备带电作业条件：
（1）电杆杆根、埋深应符合登杆要求；
（2）应确认负荷侧跌落式熔断器处于拉开状态，熔管已取下；
（3）确认主干线扎线绑扎牢固；
（4）确认分支电缆无接地，绝缘良好，分支线路电容电流小于 0.1A</td></tr>
<tr><td>工作负责人检查气象条件（需现场检查）：
（1）天气应晴好，无雷、雨、雪、雾；
（2）风力不大于 10.7m/s；
（3）空气相对湿度不大于 80%。
实测数据：风力（）；温度（）；湿度（）</td></tr>
<tr><td>工作负责人检查工作票所列安全措施，在工作票上补充安全措施</td></tr>
</table>

续表

√	序号	作业内容	步骤及要求
	2	执行工作许可制度	工作负责人按工作票内容与值班调控人员或运维人员联系，确认线路重合闸装置已退出，联系应用普通话
			工作负责人在工作票上签字
	3	布置工作现场	工作负责人组织班组成员设置工作现场的安全围栏、安全警示标志： （1）安全围栏的范围应考虑作业中高空坠落和高空落物的影响； （2）围栏的出入口应设置合理； （3）悬挂“从此进出”“在此工作”的标示牌
			班组成员按要求将绝缘工器具放在防潮苫布上： （1）防潮苫布应清洁、干燥； （2）工器具应按定置管理要求分类摆放； （3）绝缘工器具不能与金属工具、材料混放
	4	召开现场站班会	工作负责人宣读工作票
			工作负责人检查工作班组成员精神状态、着装、交代工作任务进行分工、交代工作中的安全措施和技术措施
			工作负责人检查班组各成员对工作任务分工、安全措施和技术措施是否明确
			班组各成员在工作票和作业指导书上签名确认
	5	检查绝缘工器具	班组成员逐件对绝缘工器具进行擦拭和外观检查： （1）用清洁干燥的布对绝缘工器具进行擦拭； （2）绝缘工具表面不应磨损、变形损坏，操作应灵活； （3）绝缘防护用具和遮蔽、隔离用具应无针孔、砂眼、裂纹； （4）检查安全带外观，并做冲击试验； （5）绝缘手套在使用前要压入空气，检查有无针孔缺陷； （6）高压验电器自检按钮检查正常，并用工频高压发生器检查是否良好
			班组成员使用绝缘电阻检测仪分段检测绝缘工具（本项目的绝缘锁杆、绝缘操作杆、绝缘测距杆、线夹传送杆、绝缘叉杆、验电器、绝缘吊绳）的表面绝缘电阻值： （1）测量电极应符合规程要求（极宽 2cm、极间距 2cm）； （2）正确使用（自检、测量）绝缘电阻检测仪（应采用点测的方法，不应使电极在绝缘工具表面滑动，避免刮伤绝缘工具表面）； （3）绝缘电阻值不得低于 700MΩ
			绝缘工器具检查完毕，向工作负责人汇报检查结果
	6	作业准备	杆上 1 号电电工、杆上 2 号电电工在地面穿戴好个人安全防护用具： （1）个人安全防护用具包括绝缘帽、绝缘披肩、绝缘手套（戴防穿刺手套）、安全带、护目镜等； （2）工作负责人应检查作业电工个人防护用具的穿戴是否正确

5.2 操作步骤

√	序号	作业内容	步骤及要求
	1	杆上 1、2 号作业人员登杆	杆上 1、2 号作业人员携带绝缘吊绳及工具袋登杆至合适位置： （1）应在距离地面不高于 0.5m 的高度开始登杆； （2）杆上作业人员应交错登杆； （3）杆上作业人员应注意保持与带电体间有足够的作业安全距离

续表

√	序号	作业内容	步骤及要求
	2	验电	杆上1号电电工在工作负责人的监护下，使用高压验电器进行验电，确认装置无漏电等绝缘不良现象。 应注意： （1）验电的顺序为：电缆引线、横担等； （2）验电前，高压验电器应进行自检合格； （3）验电时，作业电工应与邻近的构件、导体保持足够的距离（不小于0.4m），高压验电器的绝缘柄的有效绝缘长度不小于0.7m； （4）如横担等接地构件有电，不应继续进行本项目
	3	电缆支线绝缘检测	进行绝缘电阻测试。应注意： （1）应使用2500V或5000V绝缘电阻测试仪测量绝缘电阻，绝缘电阻值应不小于500MΩ； （2）绝缘电阻测量前，应检查电缆支线另一侧开关处分闸位置； （3）绝缘电阻测量完毕后，应用放电棒逐项充分放电
	4	测量引线	杆上1号作业人员用绝缘测距杆测量跌落式熔断器上接线板到相应导线的距离： （1）杆上1号作业人员测距时应戴绝缘手套； （2）杆上1号作业人员测距时与带电体保持足够的距离，绝缘测距杆有效绝缘长度应大于0.7m
	5	制作引线	（1）地面作业人员按照需要制作三根引线，并圈好。并在每根引线端头做好色相标志； （2）引线制作完毕，应圈好，防止杆上作业人员安装时引线发生弹跳，失去空气安全距离
	6	设置内边相绝缘遮蔽措施	获得工作负责人的许可后，杆上1、2号作业人员调整遮蔽内边相合适工作位置，按照由近至远、从下到上、先大后小的顺序对作业中可能触及的部位进行绝缘遮蔽隔离： （1）遮蔽的部位和顺序依次为绝缘子、主导线； （2）作业电工在对带电体设置绝缘遮蔽措施时，动作应轻缓，与横担等地电位构件间应有足够的安全距离（不小于0.4m），绝缘操作杆有效安全距离（不小于0.7m）； （3）绝缘遮蔽隔离措施应严密、牢固，绝缘遮蔽组合的重叠距离不得小于15cm
	7	设置外边相绝缘遮蔽措施	获得工作负责人的许可后，杆上1、2号作业人员调整遮蔽外边相合适工作位置，按照与内边相相同的方法对外边相设置绝缘遮蔽隔离措施
	8	安装引线	杆上1号作业人员在杆上2号作业人员配合下把三相引流线安装在对应的电缆终端连接鼻子上： （1）杆上作业人员安装引线时应注意保持与带电体间有足够的作业安全距离； （2）安装引线时，防止引线弹跳使与带电导线之间的空气距离小于0.4m
	9	引线试搭	杆上1号作业人员用绝缘锁杆试搭三相引线，调整好三相引线的长度，并将三相引线自然垂放，尾端进行固定防止跳动 （1）杆上1号作业人员在试搭时，应戴绝缘手套；与带电体保持足够的距离（大于0.4m），绝缘叉杆的有效绝缘长度应大于0.7m； （2）注意两边相引线应向装置外部垂放，避免中间相引线搭接后，取边相引线安全距离不够

续表

√	序号	作业内容	步骤及要求
	10	搭接中间相引线	杆上1号作业人员与杆上2号作业人员配合搭接中间相引线： （1）每相引线使用2个异型线； （2）引线与电杆之间的距离应大于30cm。 搭接方法如下： 用线夹传送杆将异型线夹传送到主导线上，用绝缘锁杆将引线放入异型线夹线槽内，最后用套筒操作杆固定。 （1）杆上作业人员在搭接引线时，应戴绝缘手套；与带电体保持足够的距离（大于0.4m），绝缘杆的有效绝缘长度应大于0.7m； （2）防止高空落物
	11	搭接远边相引线	杆上1号作业人员与杆上2号作业人员配合搭接远边相引线： （1）每相引线使用2个异型线夹； （2）引线与电杆之间的距离应大于30cm； （3）杆上作业人员在搭接引线时，应戴绝缘手套；与带电体保持足够的距离（大于0.4m），绝缘杆的有效绝缘长度应大于0.7m； （4）防止高空落物
	12	搭接近边相引线	杆上1号作业人员与杆上2号作业人员配合搭接近边相引线： （1）每相引线使用2个异型线夹； （2）引线与电杆之间的距离应大于30cm； （3）杆上作业人员在搭接引线时，应戴绝缘手套；与带电体保持足够的距离（大于0.4m），绝缘杆的有效绝缘长度应大于0.7m； （4）防止高空落物
	13	撤除绝缘遮蔽措施	杆上1号作业人员用绝缘叉杆撤除导线上的导线遮蔽罩： （1）上下传递工器具应使用绝缘吊绳； （2）杆上1号作业人员撤除绝缘遮蔽措施时应戴绝缘手套；与带电体保持足够的距离（大于0.4m），绝缘叉杆的有效绝缘长度应大于0.7m； （3）防止高空落物
	14	工程验收	杆上1、2号作业人员检查施工质量： （1）杆上无遗漏物； （2）装置无缺陷符合运行条件； （3）向工作负责人汇报施工质量
	15	撤离杆塔	杆上作业人员确认杆上无遗留物，逐次下杆

6. 工作结束

√	序号	作业内容	步骤及要求
	1	整理工器具和清理现场	工作负责人组织班组成员整理工具、材料，将工器具清洁后放入专用的箱（袋）中；清理现场，做到“工完、料尽、场地清”
	2	召开收工会	工作负责人组织召开现场收工会，做工作总结和点评工作： （1）正确点评本项工作的施工质量； （2）点评班组成员在作业中的安全措施的落实情况； （3）点评班组成员对规程的执行情况
	3	办理工作终结手续	工作负责人向值班调控人员或运维人员汇报工作结束，并终结工作票

7. 验收记录

记录作业中发现的问题	
存在问题及处理意见	

8. 现场标准化作业指导书执行情况评估

评估内容	符合性	优		可操作项	
		良		不可操作项	
	可操作性	优		修改项	
		良		遗漏项	
存在问题					
改进意见					

第十五节　绝缘手套作业法带电接空载电缆线路与架空线路引线作业指导书

1. 适用范围

本作业指导书规定了采用绝缘手套作业法带电接 10kV××线××杆空载电缆线路与架空线路引线作的现场标准化作业的工作步骤和技术要求。

本作业指导书适用于采用旁路负荷开关法带电接 10kV××线××杆空载电缆线路与架空线路引线。

2. 规范性引用文件

2.1　GB/T 18857—2019《配电线路带电作业技术导则》

2.2　GB/T 14286—2008《带电作业工具设备术语》

2.3　GB/T 34577—2017《配电线路旁路作业技术导则》

2.4　DL/T 858—2004《架空配电线路带电安装及作业工具设备》

2.5　Q/GDW 10520—2016《国家电网公司 10kV 配网不停电作业规范》

2.6　Q/GDW 1811—2013《10kV 带电作业用消弧开关技术条件》

2.7　Q/GDW 249—2009《10kV 旁路作业设备技术条件》

2.8　国家电网安质〔2014〕265 号《国家电网公司电力安全工作规程（配电部分）》

2.9　国家电网生〔2009〕190 号《关于印发国家电网公司深入开展现场标准化作业工作指导意见的通知》

3. 人员组合

本项目需要 4 人。

3.1 作业人员要求

√	序号	责任人	资质	人数
	1	工作负责人（监护人）	应通过 10kV 配网不停电作业专项培训，考试合格并持有上岗证。应具有配网不停电作业实际工作经验，熟悉设备状况，具有一定组织能力和事故处理能力，并经工作负责人的专门培训，考试合格，经本单位总工程师批准、书面公布	1 人
	2	斗内电工	应通过 10kV 配网不停电作业专项培训，考试合格并持有上岗证	2 人
	3	地面电工	应通过 10kV 配网不停电作业专项培训，考试合格并持有上岗证	1 人

3.2 作业人员分工

√	序号	责任人	分工
	1		工作负责人（监护人）
	2		1 号车斗内电工
	3		2 号车斗内电工
	4		地面电工

4. 工器具

领用绝缘工具、安全用具及辅助器具，应核对工器具的使用电压等级和试验周期。领用绝缘工器具，应检查外观完好无损。

工器具运输，应存放在工具袋或工具箱内；金属工具和绝缘工器具应分开装运。

4.1 装备

√	序号	名称	型号/规格	单位	数量	备注
	1	绝缘斗臂车	10kV	辆	1	
	2	工具车		辆	1	
	3	消弧开关	USBS－15	套	1	
	4	绝缘引流线	3m	根	1	

4.2 个人防护用具

√	序号	名称	型号/规格	单位	数量	备注
	1	绝缘安全帽	10kV	顶	4	
	2	绝缘手套	10kV	双	2	
	3	羊皮手套		双	2	
	4	绝缘披肩	10kV	件	2	
	5	安全带		副	2	
	6	护目镜		副	2	

4.3 绝缘遮蔽用具

√	序号	名称	型号/规格	单位	数量	备注
	1	导线遮蔽管	10kV，3m	根	3	
	2	绝缘毯	10kV	块	15	
	3	跳线管	10kV	根	15	
	4	毯夹		只	30	

4.4 绝缘工具

√	序号	名称	型号/规格	单位	数量	备注
	1	绝缘吊绳	20m	根	1	
	2	绝缘绳套	1m	根	2	
	3	绝缘操作棒	10kV	根	1	

4.5 仪器仪表

√	序号	名称	型号/规格	单位	数量	备注
	1	绝缘电阻检测仪（测试电极）	2500V 及以上	套	1	
	2	高压验电器	10kV	支	1	
	3	工频高压发生器	10kV	只	1	
	4	风速仪		只	1	
	5	温湿度计		只	1	
	6	多方通信系统		套	1	
	7	钳形电流表		只	1	
	8	绝缘手套检测仪	G99	只	1	

4.6 其他工具

√	序号	名称	型号/规格	单位	数量	备注
	1	防潮苫布	3m×3m	块	2	
	2	个人工具		套	1	棘轮扳手、螺丝刀、卷尺等
	3	电动扳手		把	1	
	4	硬质斗用工具箱		只	1	
	5	帆布工具袋		只	1	
	6	安全遮栏			若干	
	7	铁榔头		把	1	
	8	标示牌	“从此进出!”	块	1	
	9	标示牌	“在此工作!”	块	1	
	10	工具包		只	1	
	11	清洁毛巾		块	2	
	12	断线钳		把	1	
	13	剥皮刀		把	1	
	14	路障	“前方施工，车辆慢行”	块	2	
	15	工作负责人马甲		件	1	
	16	专责监护人马甲		件	1	

4.7 设备及材料

√	序号	名称	型号/规格	单位	数量	备注
	1	异型线夹		只	6	
	2	导线		m	10	
	3	铜接头		只	3	

5. 作业程序

5.1 开工准备

√	序号	作业内容	步骤及要求
	1	现场复勘	工作负责人核对工作线路双重命名、杆号
			工作负责人检查地形环境是否符合作业要求： （1）平整坚实； （2）地面倾斜度不大于7°

续表

√	序号	作业内容	步骤及要求
	1	现场复勘	工作负责人检查线路装置是否具备带电作业条件： （1）作业电杆埋深、杆身质量； （2）检查开关外观，如瓷柱裂纹严重有脱落危险，考虑采取措施，无法控制不应进行该项工作，如接点烧损严重也不得进行此项工作
			工作负责人检查气象条件（不需现场检查，但需在工作许可时汇报）： （1）天气应晴好，无雷、雨、雪、雾； （2）风力不大于 10.7m/s； （3）空气相对湿度不大于 80%
			工作负责人检查工作票所列安全措施，在工作票上补充安全措施
	2	执行工作许可制度	工作负责人按工作票内容与运行许可人员联系，联系应用普通话； （1）确认线路重合闸装置已退出； （2）确认电缆处冷备用，无接地，无负载状态（现场核对）
			工作负责人、工作许可人在工作票上签字确认
	3	召开现场站班会	工作负责人宣读工作票
			工作负责人检查工作班组成员精神状态、交代工作任务进行分工、交代工作中的安全措施和技术措施
			工作负责人检查班组各成员对工作任务分工、安全措施和技术措施是否明确
			班组各成员在工作票上签名确认
	4	停放绝缘斗臂车	斗臂车驾驶员将绝缘斗臂车位置停放到最佳位置： （1）停放的位置应便于绝缘斗臂车绝缘斗到达作业位置，避开附近电力线和障碍物，并能保证作业时绝缘斗臂车的绝缘臂有效绝缘长度； （2）停放位置坡度不大于 7°，绝缘斗臂车应顺线路停放
			斗臂车操作人员支放绝缘斗臂车支腿： （1）不应支放在沟道盖板上； （2）软土地面应使用垫块或枕木，垫板重叠不超过 2 块，呈 45° 角； （3）支腿顺序应正确（“H”型支腿的车型，应先伸出水平支腿，再伸出垂直支腿；在坡地停放，应先支前支腿，后支后支腿）； （4）支撑应到位。车辆前后、左右呈水平；“H”型支腿的车型四轮应离地。坡地停放调整水平后，车辆前后倾斜应不大于 3°
			斗臂车操作人员将绝缘斗臂车可靠接地： （1）接地线应采用有透明护套的不小于 $16mm^2$ 的多股软铜线； （2）临时接地体埋深应不少于 0.6m
	5	布置工作现场	工作负责人组织班组成员设置工作现场的安全围栏、安全警示标志： （1）安全围栏的范围应考虑作业中高空坠落和高空落物的影响以及道路交通，必要时联系交通部门； （2）围栏的出入口应设置合理； （3）悬挂“从此进出”“在此工作”的标示牌
			班组成员按要求将绝缘工器具放在防潮苫布上： （1）防潮苫布应清洁、干燥； （2）工器具应按定置管理要求分类摆放； （3）绝缘工器具不能与金属工具、材料混放

续表

√	序号	作业内容	步骤及要求
	6	检查绝缘工器具	班组成员逐件对绝缘工器具进行外观检查： （1）检查人员应戴清洁、干燥的手套； （2）绝缘工具表面不应磨损、变形损坏，操作应灵活； （3）个人安全防护用具和遮蔽、隔离用具应无针孔、砂眼、裂纹； （4）检查全身式绝缘安全带外观，并做冲击试验； （5）用工频高压发生器检查高压验电器良好
			班组成员使用绝缘电阻检测仪分段检测绝缘工具（本项目的绝缘工具为绝缘操作棒、绝缘吊绳、绝缘绳套）的表面绝缘电阻值： （1）测量电极应符合规程要求（极宽 2cm、极间距 2cm）； （2）正确使用（自检、测量）绝缘电阻检测仪（应采用点测的方法，不应使电极在绝缘工具表面滑动，避免刮伤绝缘工具表面）； （3）绝缘电阻值不得低于 700MΩ
			绝缘工器具检查完毕，向工作负责人汇报检查结果
	7	检查绝缘斗臂车	1 号车斗内电工检查绝缘斗臂车表面状况：绝缘斗、绝缘臂应清洁、无裂纹损伤
			斗内电工试操作绝缘斗臂车： （1）试操作应空斗进行； （2）试操作应充分，有回转、升降、伸缩的过程。确认液压、机械、电气系统正常可靠，确认制动装置可靠
			绝缘斗臂车检查和试操作完毕，作业电工向工作负责人汇报检查结果
	8	作业电工进入绝缘斗	斗内电工在地面穿戴好个人安全防护用具： （1）个人安全防护用具包括绝缘帽（戴护目罩）、绝缘衣或披肩、绝缘手套（戴防穿刺手套）等； （2）工作负责人应检查作业电工个人防护用具的穿戴是否正确
			斗内电工携带工器具进入绝缘斗： （1）工器具应分类放置工具袋中； （2）工器具的金属部分不准超出绝缘斗沿面； （3）工具和人员重量不得超过绝缘斗额定载荷
			斗内电工将安全带系挂在斗内专用挂钩上

5.2　操作步骤

√	序号	作业内容	步骤及要求
	1	进入带电作业区域	斗内电工经工作负责人许可后，操作绝缘斗臂车，进入带电作业区域，绝缘斗移动应平稳匀速。在进入带电作业区域时： （1）应无大幅晃动现象； （2）绝缘斗下降、上升的速度不应超过 0.5m/s； （3）绝缘斗边沿的最大线速度不应超过 0.5m/s； （4）转移绝缘斗时应注意绝缘斗臂车周围杆塔、线路等情况，绝缘臂的金属部位与带电体的距离应不小于 0.9m； （5）进入带电作业区域作业后，绝缘斗臂车绝缘臂的有效绝缘长度不应小于 1.0m

续表

√	序号	作业内容	步骤及要求
	2	验电	斗内电工在工作负责人的监护下，使用高压验电器进行验电，确认装置无漏电等绝缘不良现象。应注意： （1）验电前，高压验电器应进行自检合格； （2）验电时，作业电工应与邻近的构件、导体保持足够的距离（不小于0.4m），高压验电器的绝缘柄的有效绝缘长度不小于0.7m； （3）如横担等接地构件有电，不应继续进行本项目
	3	设置内边相绝缘遮蔽措施	获得工作负责人的许可后，斗内电工转移绝缘斗到达内边相合适工作位置，按照由近至远、从下到上、先大后小、先带电体后接地体的顺序对作业中可能触及的带电体和接地体进行绝缘遮蔽隔离： （1）作业电工在对带电体设置绝缘遮蔽措施时，动作应轻缓，与横担等地电位构件间应有足够的安全距离（不小于 0.4m），与邻相导线之间应有足够的安全距离（不小于 0.6m）； （2）设置绝缘遮蔽措施时，不应同时设置不同电位导体或构件上的绝缘遮蔽用具； （3）绝缘遮蔽隔离措施应严密、牢固，绝缘遮蔽组合的重叠距离不得小于 15cm
	4	设置外边相绝缘遮蔽措施	获得工作负责人的许可后，斗内电工转移绝缘斗到达外边相合适工作位置，方法与内边相相同
	5	设置中相绝缘遮蔽措施	获得工作负责人的许可后，斗内电工转移绝缘斗到达中相合适工作位置，方法与内边相相同
	6	安装电缆过度支架及引线	获得工作负责人的许可后，斗内电工安装引线过度支架，用绝缘测量三相引线长度，将地面电工制作的引线固定在支架上
	7	设置电缆过度支架及引线绝缘遮蔽措施	获得工作负责人的许可后，斗内电工转移绝缘斗到达内边相合适工作位置，按照由近至远、从下到上、先大后小、先带电体后接地体的顺序对作业中可能触及的带电体和接地体进行绝缘遮蔽隔离： （1）作业电工在对带电体设置绝缘遮蔽措施时，动作应轻缓，与横担等地电位构件间应有足够的安全距离（不小于 0.4m），与邻相导线之间应有足够的安全距离（不小于 0.6m）； （2）设置绝缘遮蔽措施时，不应同时设置不同电位导体或构件上的绝缘遮蔽用具； （3）绝缘遮蔽隔离措施应严密、牢固，绝缘遮蔽组合的重叠距离不得小于 15cm
	8	安装绝缘消弧开关	获得工作负责人的许可后，斗内电工转移绝缘斗到达中相合适工作位置，安装绝缘消弧开关：先将绝缘消弧开关引出线夹在中相电缆引线上，再将绝缘消弧开关挂接在中相架空线上，合上绝缘消弧开关。 （1）安装绝缘消弧开关前，应确认其在断开位置； （2）安装绝缘消弧开关时，斗内工作人员必须穿戴绝缘手套，握在绝缘消弧开关的手持位置，并注意站位，与地电位物体应保持足够的安全距离（0.4m）； （3）绝缘消弧开关在架空线上的挂接部位应尽量远离装置，避免绝缘消弧开关引线与构架短路，并留出足够斗内作业人员搭接引线时的活动空间； （4）合绝缘消弧开关前应确认绝缘消弧开关引线与装置构架间的距离； （5）搭接引线时必须穿戴绝缘手套，并注意站位，与地电位物体保持足够的安全距离（0.4m）； （6）拉开绝缘消弧开关前引线应搭接牢固，与装置构架间的距离符合要求； （7）拉合绝缘消弧开关应用绝缘操作杆

续表

√	序号	作业内容	步骤及要求
	9	搭接中相电缆引线	在获得工作负责人的许可后，斗内电工搭接中相电缆引线。 应注意： （1）引线搭接前，在连接部位清除导线氧化层，并涂抹导电膏； （2）在连接线夹上套上防护套； （3）搭接后及时恢复导线绝缘遮蔽措施； （4）绝缘遮蔽隔离措施应严密、牢固，绝缘遮蔽组合的重叠距离不得小于 15cm。 引线的施工工艺和质量应满足施工和验收规范的要求： （1）引线长度适宜，弧度均匀； （2）引线无散股、断股现象； （3）引线与地电位构件的距离应不小于 20cm，相间不小于 30cm
	10	拆除绝缘消弧开关	获得工作负责人的许可后，斗内电工转移绝缘斗到达中相合适工作位置，拆除绝缘消弧开关：先将绝缘消弧开关拉开，再将引出线拆除，最后将绝缘消弧开关从架空线上取下。 （1）拆除绝缘消弧开关前，应确认其在断开位置； （2）拆除绝缘消弧开关时，斗内工作人员必须穿戴绝缘手套，握在绝缘消弧开关的手持位置，并注意站位，与地电位物体应保持足够的安全距离（0.4m）； （3）拉开绝缘消弧开关应用绝缘操作杆
	11	对中相补充绝缘遮蔽	获得工作负责人的许可后，斗内电工转移绝缘斗到达内边相合适工作位置，按照由近至远、从下到上、先大后小、先带电体后接地体的顺序对作业中可能触及的部位进行绝缘遮蔽隔离： （1）作业电工在对带电体设置绝缘遮蔽措施时，动作应轻缓，与横担等地电位构件间应有足够的安全距离（不小于 0.4m），与邻相导线之间应有足够的安全距离（不小于 0.6m）； （2）设置绝缘遮蔽措施时，不应同时设置不同电位导体或构件上的绝缘遮蔽用具； （3）绝缘遮蔽隔离措施应严密、牢固，绝缘遮蔽组合的重叠距离不得小于 15cm
	12	依照上述方法搭接外边相电缆引线	获得工作负责人的许可后，斗内电工转移绝缘斗到达外边相合适工作位置，按照与中相相同的方法和部位进行引线搭接，设置绝缘遮蔽措施
	13	依照上述方法搭接内边相电缆引线	获得工作负责人的许可后，斗内电工转移绝缘斗到达内边相合适工作位置，按照与中相相同的方法和部位进行引线搭接，设置绝缘遮蔽措施
	14	拆除中相绝缘遮蔽措施	获得工作负责人的许可后，斗内电工转移绝缘斗到达中相合适工作位置，拆除绝缘遮蔽措施： 作业电工在拆除带电体上的绝缘遮蔽隔离措施时，动作应轻缓，与横担等地电位构件间应有足够的安全距离（不小于 0.4m），与邻相导线之间应有足够的安全距离（不小于 0.6m）
	15	拆除外边相绝缘遮蔽措施	获得工作负责人的许可后，斗内电工转移绝缘斗到达外边相合适工作位置，方法与中相相同
	16	拆除内边相绝缘遮蔽措施	获得工作负责人的许可后，斗内电工转移绝缘斗到达内边相合适工作位置，方法与中相相同
	17	工程自验收	斗内电工撤出带电作业区域。撤出带电作业区域时： （1）应无大幅晃动现象； （2）绝缘斗下降、上升的速度不应超过 0.5m/s； （3）绝缘斗边沿的最大线速度不应超过 0.5m/s

续表

√	序号	作业内容	步骤及要求
	17	工程自验收	斗内电工检查施工质量： （1）杆上无遗漏物； （2）装置无缺陷符合运行条件； （3）向工作负责人汇报施工质量
	18	撤离杆塔	斗内电工下降绝缘斗返回地面、拆除绝缘小吊、收回绝缘臂时应注意绝缘斗臂车周围杆塔、线路等情况

6. 工作结束

√	序号	作业内容	步骤及要求
	1	清理现场	斗内电工收回绝缘斗臂车各部件复位： （1）收回绝缘斗臂车接地线； （2）绝缘斗臂车在坡地停放，应先收后支腿，后收前支腿； （3）支腿收回顺序应正确："H"型支腿的车型，应先收回垂直支腿，再收回水平支腿
			工作负责人组织班组成员整理工具、材料，将工器具清洁后放入专用的箱（袋）中；清理现场，做到"工完、料尽、场地清"
	2	召开收工会	工作负责人组织召开现场收工会，做工作总结和点评工作： （1）正确点评本项工作的施工质量； （2）点评班组成员在作业中的安全措施的落实情况； （3）点评班组成员对规程的执行情况
	3	办理工作终结手续	工作负责人向运行许可人员汇报工作结束，并终结工作票

7. 验收记录

记录作业中发现的问题		
存在问题及处理意见		

8. 现场标准化作业指导书执行情况评估

评估内容	符合性	优		可操作项	
		良		不可操作项	
	可操作性	优		修改项	
		良		遗漏项	
存在问题					
改进意见					

第十六节　绝缘手套作业法直线杆改耐张杆加装柱上开关作业指导书

1. 范围

本作业指导书规定了在采用绝缘手套作业法 10kV××线××号杆带电改耐张加装柱上负荷开关的现场标准化作业的工作步骤和技术要求。装置结构图见附录。

本作业指导书适用于绝缘手套作业法 10kV××线××号杆直线杆改耐张杆加装柱上负荷开关。

2. 规范性引用文件

2.1　GB/T 18857—2019《配电线路带电作业技术导则》

2.2　GB/T 14286—2008《带电作业工具设备术语》

2.3　GB/T 34577—2017《配电线路旁路作业技术导则》

2.4　DL/T 858—2004《架空配电线路带电安装及作业工具设备》

2.5　Q/GDW 10520—2016《国家电网公司 10kV 配网不停电作业规范》

2.6　Q/GDW 1811—2013《10kV 带电作业用消弧开关技术条件》

2.7　Q/GDW 249—2009《10kV 旁路作业设备技术条件》

2.8　国家电网安质〔2014〕265 号《国家电网公司电力安全工作规程（配电部分）》

2.9　国家电网生〔2009〕190 号《关于印发国家电网公司深入开展现场标准化作业工作指导意见的通知》

3. 人员组合

本项目需要 7 人。

3.1　作业人员要求

√	序号	责任人	资质	人数
	1	工作负责人（兼监护人）	应通过 10kV 配电带电作业专项培训，考试合格并持有上岗证。应具有配电带电作业实际工作经验，熟悉设备状况，具有一定组织能力和事故处理能力，并经工作负责人的专门培训，考试合格，经本单位总工程师批准、书面公布	1
	2	专责监护人	应通过 10kV 配电带电作业专项培训，考试合格并持有上岗证。应具有配电带电作业实际工作经验，熟悉设备状况，具有一定组织能力和事故处理能力	1
	3	1 号绝缘斗臂车斗内 1 号电工	应通过 10kV 配电线路带电作业专项培训，考试合格并持有上岗证	1

续表

√	序号	责任人	资质	人数
	4	1号绝缘斗臂车斗内2号电工	应通过10kV配电线路带电作业专项培训，考试合格并持有上岗证	1
	5	2号绝缘斗臂车斗内1号电工	应通过10kV配电线路带电作业专项培训，考试合格并持有上岗证	1
	6	2号绝缘斗臂车斗内2号电工	应通过10kV配电线路带电作业专项培训，考试合格并持有上岗证	1
	7	地面电工	应通过10kV配电线路带电作业专项培训，考试合格并持有上岗证	1

3.2 作业人员分工

√	序号	责任人	分工	责任人签名
	1		工作负责人（兼监护人）	
	2		专责监护人	
	3		1号绝缘斗臂车斗内1号电工	
	4		1号绝缘斗臂车斗内2号电工	
	5		2号绝缘斗臂车斗内1号电工	
	6		2号绝缘斗臂车斗内2号电工	
	7		地面电工	

4. 工器具

领用绝缘工器具应核对工器具的使用电压等级和试验周期，并应检查外观完好无损。

工器具运输，应存放在工具袋或工具箱内；金属工具和绝缘工器具应分开装运。

4.1 装备

√	序号	名称	规格/编号	单位	数量	备注
	1	绝缘斗臂车（1号车）		辆	1	
	2	绝缘斗臂车（2号车）	17m，SN17B	辆	1	可安装T形绝缘横担
	3	绝缘分流线	10kV，4m	根	3	

4.2 个人安全防护用具

√	序号	名称	规格/编号	单位	数量	备注
	1	绝缘安全帽	10kV	顶	7	
	2	绝缘披肩	10kV	件	4	
	3	绝缘手套	10kV	副	4	
	4	防刺穿手套		副	4	
	5	斗内安全带		副	4	
	6	护目镜		副	4	

4.3 绝缘遮蔽用具

√	序号	名称	规格/编号	单位	数量	备注
	1	绝缘毯	10kV，800mm×1000mm	块	15	
	2	绝缘夹		只	30	
	3	跳线管	10kV，60cm	根	17	
	4	导线遮蔽管	10kV，1.5m	根	12	

4.4 绝缘工具

√	序号	名称	型号/规格	单位	数量	备注
	1	“T”形绝缘横担		副	1	可用在 SN17B 上，同时用于提升三角排列架空线路装置两边相导线
	2	绝缘紧线器	10kV，N－1500	把	2	
	3	绝缘绳扣	加强型	根	6	
	4	绝缘保险绳	加强型	根	6	紧线时，用于后备保护
	5	绝缘断线剪	10kV	把	1	
	6	绝缘传递绳	30m	套	2	
	7	绝缘分流线防坠绳		根	6	

4.5 仪器仪表

√	序号	名称	型号/规格	单位	数量	备注
	1	绝缘检测仪	2500V 及以上	套	1	最大输出电压应为 5000V，用于检测悬式绝缘子
	2	钳形电流表		台（只）	1	最大量程应大于线路最大负荷电流

续表

√	序号	名称	型号/规格	单位	数量	备注
	3	风速仪		台	1	
	4	温湿度计		台	1	
	5	高压验电器	10kV	支	1	
	6	高压发生器	10kV	只	1	
	7	多方通话系统		套	1	
	8	绝缘手套检测仪	G99	只	1	

4.6 金属工具

√	序号	名称	规格/编号	单位	数量	备注
	1	棘轮断线钳		把	1	
	2	绝缘导线剥皮器		把	2	
	3	卡线器		副	4	

4.7 其他工具

√	序号	名称	规格/编号	单位	数量	备注
	1	防潮苫布	3m×3m	块	1	
	2	个人工具		套	1	
	3	钢丝刷		把	2	
	4	安全遮栏、安全围绳		副	若干	
	5	标示牌	“从此进出！”	块	1	
	6	标示牌	“在此工作！”	块	2	
	7	路障	“前方施工，车辆慢行”	块	2	

4.8 材料

包括装置性材料和消耗性材料

√	序号	名称	规格/编号	单位	数量	备注
	1	柱上负荷开关		台	1	
	2	氧化锌避雷器	HY5WS2－17kV/46.4A	只	3	
	3	悬式绝缘子	XP－70C	片	12	
	4	耐张线夹		只	6	
	5	高压双横担		副	1	

续表

√	序号	名称	规格/编号	单位	数量	备注
	6	柱上负荷开关托架		副	1	
	7	架空绝缘导线	JKLYJ－120	m	20	
	8	钢绞线	GJ－70	m	20	
	9	并沟线夹		只	12	
	10	铜吕接线端子	LJ－120	只	6	
	11	接地体	ϕ20mm×2500mm	根	2	
	12	接地线接线夹	二线	只	1	
	13	3M 绝缘胶带	3M	盘	3	
	14	清洁干燥布		条	若干	

5. 作业程序

5.1 开工准备

√	序号	作业内容	步骤及要求
	1	现场复勘	工作负责人核对工作线路双重命名、杆号
			工作负责人检查地形环境是否符合作业要求： （1）平整坚实； （2）地面倾斜度不大于 7°
			工作负责人检查线路装置是否具备带电作业条件： （1）作业点及两侧电杆基础、埋深、杆身质量； （2）检查作业点两侧导线应无损伤、绑扎固定应牢固可靠，弧垂适度
			工作负责人检查气象条件（不需现场检查，但需在工作许可时汇报）： （1）天气应晴好，无雷、雨、雪、雾； （2）风力不大于 10.7m/s； （3）气相对湿度不大于 80%
			工作负责人检查工作票所列安全措施，在工作票上补充安全措施
	2	执行工作许可制度	工作负责人按工作票内容与当值调度员联系，确认线路重合闸装置已退出。联系应用普通话
			工作负责人在工作票上签字
	3	召开现场站班会	工作负责人宣读工作票
			工作负责人检查工作班组成员精神状态、交代工作任务进行分工、交代工作中的安全措施和技术措施
			工作负责人检查班组各成员对工作任务分工、安全措施和技术措施是否明确
			班组各成员在工作票和作业指导书上签名确认

续表

√	序号	作业内容	步骤及要求
	4	停放绝缘斗臂车	斗臂车驾驶员将2辆绝缘斗臂车位置分别停放到最佳位置，1号车在电杆小号侧（即电源侧），2号车在电杆的大号侧（即负荷侧）： （1）停放的位置应便于绝缘斗臂车绝缘斗到达作业位置，避开附近电力线和障碍物，并能保证作业时绝缘斗臂车的绝缘臂有效绝缘长度； （2）停放位置坡度不大于7°，绝缘斗臂车应顺线路停放； （3）应做到尽可能小的影响道路交通
			斗臂车操作人员支放绝缘斗臂车支腿： （1）不应支放在沟道盖板上； （2）软土地面应使用垫块或枕木，垫板重叠不超过2块，呈45°角； （3）支腿顺序应正确（"H"型支腿的车型，应先伸出水平支腿，再伸出垂直支腿；在坡地停放，应先支前支腿，后支后支腿）； （4）支撑应到位。车辆前后、左右呈水平；"H"型支腿的车型四轮应离地。坡地停放调整水平后，车辆前后倾斜应不大于3°
			斗臂车操作人员将绝缘斗臂车可靠接地： （1）接地线应采用有透明护套的不小于$16mm^2$的多股软铜线； （2）临时接地体埋深应不少于0.6m
	5	布置工作现场	工作负责人组织班组成员设置工作现场的安全围栏、安全警示标志： （1）安全围栏的范围应考虑作业中高空坠落和高空落物的影响以及道路交通，必要时联系交通部门； （2）围栏的出入口应设置合理； （3）警示标示应包括"从此进出""施工现场"等，道路两侧应有"车辆慢行"或"车辆绕行"标示或路障
			班组成员按要求将绝缘工器具放在防潮苫布上： （1）防潮苫布应清洁、干燥； （2）工器具应按定置管理要求分类摆放； （3）绝缘工器具不能与金属工具、材料混放
	6	检查绝缘工器具	班组成员逐件对绝缘工器具进行外观检查： （1）检查人员应戴清洁、干燥的手套； （2）绝缘工具表面不应磨损、变形损坏，操作应灵活； （3）个人安全防护用具和遮蔽、隔离用具应无针孔、砂眼、裂纹； （4）检查斗内专用绝缘安全带外观，并做冲击试验
			班组成员使用绝缘电阻检测仪分段检测绝缘工具（本项目的绝缘工具为绝缘拉杆、绝缘传递绳、绝缘绳扣、绝缘后备保护绳、绝缘分流线防坠绳、"T"形绝缘横担）的表面绝缘电阻值： （1）测量电极应符合规程要求（极宽2cm、极间距2cm）； （2）正确使用（自检、测量）绝缘电阻检测仪（应采用点测的方法，不应使电极在绝缘工具表面滑动，避免刮伤绝缘工具表面）； （3）绝缘电阻值不得低于700MΩ
			绝缘工器具检查完毕，向工作负责人汇报检查结果
	7	检查绝缘斗臂车	斗内电工检查绝缘斗臂车表面状况：绝缘斗、绝缘臂应清洁、无裂纹损伤
			斗内电工试操作绝缘斗臂车： （1）试操作应空斗进行； （2）试操作应充分，有回转、升降、伸缩的过程。确认液压、机械、电气系统正常可靠，确认制动装置可靠
			绝缘斗臂车检查和试操作完毕，斗内电工向工作负责人汇报检查结果

续表

√	序号	作业内容	步骤及要求
	8	检查绝缘分流线	斗内电工清洁、检查绝缘分流线： （1）清洁绝缘分流线接线夹接触面的氧化物； （2）检查绝缘分流线的额定荷载电流并对照线路负荷电流（可根据现场勘查或运行资料获得），分流线的额定荷载电流应大于等于1.2倍的线路负荷电流； （3）绝缘分流线表面绝缘应无明显磨损或破损现象； （4）绝缘分流线接线夹应操作灵活
	9	检测柱上负荷开关	班组成员检测柱上负荷开关： （1）核对铭牌参数； （2）清洁瓷件，并作表面检查，瓷件表面应光滑，无麻点，裂痕等； （3）清除柱上负荷开关接线端子上的金属氧化物或脏污； （4）试拉合，检查操作机构应动作灵活，分、合位置指示正确可靠； （5）在开关分闸位置时，用绝缘电阻检测仪检测各相断口之间的绝缘电阻； （6）在开关合闸位置时，用绝缘电阻检测仪检测各相对地，各相之间的绝缘电阻不应低于500MΩ； （7）检测完毕，向工作负责人汇报检测结果
	10	检测悬式绝缘子	班组成员检测悬式绝缘子： （1）清洁绝缘子，并做表面检查，绝缘子表面应光滑，无麻点，裂痕等； （2）用绝缘电阻检测仪（5000V 电压）逐个进行绝缘电阻测定。绝缘电阻值不得小于500MΩ
	11	斗内电工进入绝缘斗臂车工作斗	1号、2号绝缘斗臂车斗内电工穿戴好全套的个人安全防护用具： （1）个人安全防护用具包括绝缘帽、绝缘服、绝缘裤、绝缘手套（戴防穿刺手套）、绝缘鞋（套鞋）、护目镜等； （2）工作负责人应检查斗内电工个人防护用具的穿戴是否正确
			绝缘斗臂车斗内电工携带工器具进入绝缘斗： （1）工器具应分类放置工具袋中； （2）工器具的金属部分不准超出绝缘斗沿面； （3）工具和人员重量不得超过绝缘斗额定载荷
			绝缘斗臂车斗内电工将斗内专用绝缘安全带系挂在斗内专用挂钩上

5.2 操作步骤

√	序号	作业内容	步骤及要求
	1	进入带电作业区域	1号、2号绝缘斗臂车斗内电工经工作负责人许可后，分别操作绝缘斗臂车，进入带电作业区域，绝缘斗移动应平稳匀速，在进入带电作业区域时： （1）应无大幅晃动现象； （2）绝缘斗下降、上升的速度不应超过0.5m/s； （3）绝缘斗边沿的最大线速度不应超过0.5m/s； （4）转移绝缘斗时应注意绝缘斗臂车周围杆塔、线路等情况，绝缘臂的金属部位与带电体和地电位物体的距离大于1.0m； （5）进入带电作业区域作业后，绝缘斗臂车绝缘臂的有效绝缘长度不应小于1.0m
	2	验电	1号绝缘斗臂车斗内1号电工在工作负责人的监护下，使用高压验电器对横担等地电位构件进行验电，确认装置无漏电等绝缘不良现象。应注意： （1）验电时，必须戴绝缘手套；

续表

√	序号	作业内容	步骤及要求
	2	验电	（2）验电前，应验电器进行自检，以及使用高压发生器检测验电器是否合格（在保证安全距离的情况下也可在带电体上进行）； （3）验电时，斗内电工应与邻近的构件、导体保持足够的距离（不小于 0.4m），高压验电器的绝缘柄的有效绝缘长度不小于 0.7m； （4）如横担等接地构件有电，不应继续进行本项目
	3	测量架空线路负荷电流	1 号绝缘斗臂车斗内 1 号电工用钳形电流表检测架空线路负荷电流，确认满足绝缘分流线的负载能力。如不满足要求，应终止本项作业。应注意： （1）使用钳形电流表时，应先选择最大量程，按照实际符合电流情况逐级向下一级量程切换并读取数据； （2）检测电流时，应选择内边相架空线路，并与相邻的异电位导体或构件保持足够的安全距离（相对地不小于 0.4m，相间不小于 0.6m）。 记录线路负荷电流数值：A
	4	设置内边相绝缘遮蔽隔离措施	获得工作负责人的许可后，1 号、2 号绝缘斗臂车绝缘斗分别转移至电杆两侧的内边相合适工作位置，按照由近至远、从下到上、先大后小的顺序对作业中可能触及的部位进行绝缘遮蔽隔离： （1）遮蔽的部位和顺序依次为主导线、支持绝缘子、横担； （2）斗内电工在对带电体设置绝缘遮蔽隔离措施时，动作应轻缓，与横担等地电位构件间应有足够的安全距离（不小于 0.4m），与邻相导线之间应有足够的安全距离（不小于 0.6m）； （3）1 号、2 号绝缘斗臂车斗内电工应同相进行，且不应发生身体接触； （4）绝缘遮蔽隔离措施应严密、牢固，绝缘遮蔽组合的重叠距离不得小于 15cm
	5	设置外边相绝缘遮蔽措施	获得工作负责人的许可后，1 号、2 号绝缘斗臂车绝缘斗分别转移至电杆两侧的外边相合适工作位置，按照与内边相相同的方法对作业中可能触及的部位进行绝缘遮蔽隔离
	6	设置中间相绝缘遮蔽措施	获得工作负责人的许可后，1 号、2 号绝缘斗臂车绝缘斗分别转移至电杆两侧的中间相合适工作位置，按照由近至远、从下到上、先大后小的顺序对作业中可能触及的部位进行绝缘遮蔽隔离： （1）遮蔽的部位和顺序依次为主导线、支持绝缘子、电杆杆梢等部位； （2）斗内电工在对带电体设置绝缘遮蔽隔离措施时，动作应轻缓，与横担等地电位构件间应有足够的安全距离（不小于 0.4m），与邻相导线之间应有足够的安全距离（不小于 0.6m）； （3）1 号、2 号绝缘斗臂车斗内电工应同相进行，且不应发生身体接触； （4）绝缘遮蔽隔离措施应严密、牢固，绝缘遮蔽组合的重叠距离不得小于 15cm
	7	2 号绝缘斗臂车安装“T”形绝缘横担	2 号绝缘斗臂车下至地面，在绝缘斗臂车小吊支架上安装“T”形绝缘横担，按照架空线路的三相导线之间的间距安装好线槽架，然后试操作进行调试，最后将“T”形绝缘横担放至最低位置
	8	提升三相导线	2 号绝缘斗臂车斗内电工转移绝缘斗至合适工作位置，在工作负责人的监护下将三相导线放进“T”形绝缘横担的线槽。应注意： （1）“T”形绝缘横担应与架空导线垂直，防止绝缘斗臂车受导线侧向拉力； （2）导线放入“T”形绝缘横担的线槽后应扣好扣环，防止松脱； （3）放入后，应稍微提升“T”形绝缘横担，使导线轻微受力
			1 号绝缘斗臂车斗内电工在工作负责人的监护下，依次拆除三相支持绝缘子扎线。拆扎线时应注意： （1）绝缘子底脚和横担的绝缘遮蔽措施应严密牢固； （2）应注意控制扎线的展放长度，一般不宜超过 10cm； （3）应及时恢复导线上的绝缘遮蔽措施

续表

√	序号	作业内容	步骤及要求
	8	提升三相导线	2 号绝缘斗臂车斗内电工在工作负责人的监护下，控制“T”形绝缘横担提升导线。应注意： （1）导线提升的高度应≥0.4m，并为更换横担留出足够空间； （2）提升导线时，工作负责人应严密注意绝缘斗臂车、作业点两侧电杆及导线的受力情况
	9	更换横担、杆头抱箍、安装耐张绝缘子串	1 号绝缘斗臂车斗内电工与地面电工配合拆除（中间相）杆顶支架和直线横担，安装耐张横担和杆头抱箍，并安装好三相悬式绝缘子串。应注意： （1）上下传递横担等物件应避免与电杆、绝缘斗发生碰撞； （2）横担、绝缘子等不应搁置在绝缘斗上（内）； （3）应防止高空落物。 耐张横担、杆头抱箍的安装工艺应满足施工和验收规范的要求： （1）安装牢固可靠，螺杆应与构件面垂直，螺头平面与构件间不应有间隙； （2）螺栓紧好后，螺杆丝扣露出的长度不应少于两个螺距。每端垫圈不应超过两个； （3）横担组装时，螺栓的穿入方向应符合规定：水平方向由内向外，垂直方向由下向上。杆头抱箍螺栓的穿入由左向右（面向受电侧）或按统一方向； （4）横担安装应平正，安装偏差应符合规定：横担端部上下歪斜不应大于 20mm；横担端部左右扭斜不应大于 20mm。 绝缘子串的安装工艺应满足施工和验收规范的要求： （1）牢固，连接可靠，防止积水； （2）应清除表面灰垢、附着物及不应有的涂料； （3）与电杆、导线金具连接处，无卡压现象； （4）耐张串上的弹簧销子、螺栓及穿钉应由上向下穿； （5）采用的闭口销或开口销不应有折断、裂纹等现象。当采用开口销时应对称开口，开口角度应为 30°～60°。严禁用线材或其他材料代替闭口销、开口销
	10	安装紧线用绝缘绳扣、后备保护绳	在耐张横担和杆头安装绝缘绳扣、后备保护绳。应注意：绝缘绳扣、后备保护绳内侧应做好防磨损的措施
			对耐张横担、杆头抱箍、绝缘子串、电杆顶部等进行绝缘遮蔽。应注意：遮蔽措施应严密牢固，绝缘遮蔽组合的重叠距离不得小于 15cm
	11	安装柱上负荷开关托架及开关、避雷器	1 号绝缘斗臂车斗内电工与地面电工安装好柱上负荷开关支架及开关、避雷器。应注意： （1）吊装柱上负荷开关支架及开关时，应避免与电杆、绝缘斗发生碰撞； （2）在绝缘斗臂车操作绝缘斗臂车小吊时，禁止同时起降绝缘斗臂车绝缘臂； （3）金属材料不应搁置在绝缘斗上（内）； （4）应防止高空落物。 柱上负荷开关托架及开关的安装工艺应符合满足施工和验收规范的要求： （1）托架安装位置应符合要求，一般距上横担为 1.0m； （2）托架应牢固可靠，水平倾斜不大于托架长度的 1/100； （3）外壳干净，瓷套清洁，无破损等现象。 杆上避雷器的安装，应符合满足施工和验收规范的要求： （1）排列整齐、高低一致，相间距离不小于 350mm； （2）引下线短而直、连接紧密。 开关外壳接地、避雷器接地引下线的安装，应满足施工和验收规范的要求：接地可靠，接地电阻值不大于 10Ω
			对避雷器安装支架、柱上负荷开关出线套管等进行绝缘遮蔽。应注意：遮蔽措施应严密牢固，绝缘遮蔽组合的重叠距离不得小于 15cm

续表

√	序号	作业内容	步骤及要求
	12	释放导线	2 号绝缘斗臂车斗内电工控制“T”形绝缘横担将三相导线暂时搁置在耐张横担上。应注意： （1）导线、杆头抱箍、耐张横担、耐张绝缘子串以及电杆顶部的绝缘遮蔽措施应严密牢固。导线与横担等物件之间的绝缘遮蔽措施应不少于 3 层； （2）“T”形绝缘横担下降应缓慢平稳； （3）导线应用绝缘短绳进行固定
			2 号绝缘斗臂车斗内电工控制绝缘斗下至地面，拆卸“T”形绝缘横担
	13	挂接中间相导线的绝缘分流线	1 号、2 号绝缘斗臂车斗内电工在工作负责人的监护下，在中间相架空导线分断点两侧挂接绝缘分流线。应注意： （1）挂接点应选取在紧线用卡线器的外侧，并留出一定的空间； （2）挂接绝缘分流线前，应先清除架空导线挂接绝缘分流线部位的金属氧化物或脏污； （3）绝缘分流线应先用绝缘防坠绳悬挂在架空导线上； （4）挂接绝缘分流线的两个线夹时，1 号、2 号绝缘斗臂车斗内电工应同相同步进行； （5）绝缘分流线线夹应安装牢固，线夹应尽量垂直向下，避免因扭力使线夹回松； （6）绝缘分流线应固定在耐张横担上
			1 号绝缘斗臂车斗内电工用钳形电流表确认绝缘分流线分流电流
	14	收紧中间相导线	1 号、2 号绝缘斗臂车斗内电工在工作负责人的监护下，收紧导线。应注意： （1）紧线时，应保证绝缘绳扣有 0.4m 及以上的绝缘有效长度； （2）紧线时，1 号、2 号绝缘斗臂车斗内电工应同时操作，使横担受力均衡； （3）工作负责人应紧密监视电杆、横担的受力情况，同时监视作业点两侧电杆受力情况
			好安装绝缘后备保护绳，并收紧。应注意：后备保护的卡线器应装在与绝缘紧线器连接的卡线器的外侧
	15	中间相导线开分断	1 号、2 号绝缘斗臂车斗内电工在工作负责人的监护下，用绝缘断线剪开断导线。应注意：1 号、2 号绝缘斗臂车斗内电工分别控制中间相导线开断点两侧的导线，防止开断后，断头晃动
			1 号、2 号绝缘斗臂车斗内电工在工作负责人的监护下，分别将断开的导线固定在中间相对应的耐张线夹内。应注意：耐张线夹应有足够的紧固力，其握着力与导线的保证计算拉断比不小于 90%
			完善绝缘子串和耐张线夹的绝缘遮蔽措施。应注意：绝缘遮蔽措施应严密牢固，绝缘遮蔽组合的重叠距离不得小于 15cm
	16	撤除中间相绝缘后备保护绳和绝缘紧线器	1 号、2 号绝缘斗臂车斗内电工撤除中间相绝缘后备保护绳和绝缘紧线器。应注意：松开紧线器时，1 号、2 号绝缘斗臂车斗内电工应同时操作，以保证横担受力均衡
			恢复导线上的绝缘遮蔽隔离措施。应注意：绝缘遮蔽措施应严密牢固，绝缘遮蔽组合的重叠距离不得小于 15cm
	17	外边相导线开分断改耐张	在工作负责人的监护下，1 号、2 号绝缘斗臂车斗内电工转移绝缘斗至外边相合适工作位置，按照相同的步骤和方法将外边相导线开分断改耐张
	18	内边相导线开分断改耐张	在工作负责人的监护下，1 号、2 号绝缘斗臂车斗内电工转移绝缘斗至内边相合适工作位置，按照相同的步骤和方法将内边相导线开分断改耐张

续表

√	序号	作业内容	步骤及要求
	19	搭接柱上负荷开关中间相引线	确认柱上负荷开关应处于“分闸”位置
			1 号、2 号绝缘斗臂车斗内电工在工作负责人的监护下，转移绝缘斗至中间相合适工作位置，搭接好柱上负荷开关的中相引线。应注意： （1）斗内应注意站位和控制动作幅度，避免身体较长时间触及边相的绝缘遮蔽措施； （2）禁止人体串入电路。 引线的安装工艺和质量应符合施工、验收规范： （1）主导线搭接部位应清除金属氧化物或脏污； （2）引线应采用与主导线相同载流能力的、相同材质的绝缘导线； （3）引线长度和弧度应适宜，引线与电杆等地电位构件间的距离不应小于 20cm，引线与邻相的引线和主导线之间不应小于 30cm； （4）并沟线夹的数量不少于 2 个，有足够的紧固力； （5）引线穿出线夹的长度一般为 2～3cm，两个线夹之间的距离为一个线夹的宽度
			恢复、加强主导线、引线、柱上负荷开关出线套管上的绝缘遮蔽措施。应注意：绝缘遮蔽措施应严密牢固，绝缘遮蔽组合的重叠距离不得小于 15cm
	20	搭接柱上负荷开关外边相引线	1 号、2 号绝缘斗臂车斗内电工在工作负责人的监护下，转移绝缘斗至外边相合适工作位置，按照相同步骤和方法，搭接好柱上负荷开关的外边相引线
	21	搭接柱上负荷开关内边相引线	1 号、2 号绝缘斗臂车斗内电工在工作负责人的监护下，转移绝缘斗至内边相合适工作位置，按照相同步骤和方法，搭接好柱上负荷开关的内边相引线
	22	搭接中间相避雷器引线	1 号绝缘斗臂车斗内电工在工作负责人的监护下，转移绝缘斗至中间相合适的工作位置，安装并搭接好中间相避雷器引线。应注意： （1）斗内应注意站位和控制动作幅度，避免身体较长时间触及异电位物体上的绝缘遮蔽措施； （2）禁止人体串入电路。 避雷器引线的安装工艺和质量应满足施工和验收规范的要求： （1）引线短而直、连接紧密； （2）引线应使用绝缘导线，截面不小于 $25mm^2$； （3）与电气部分连接，不应使避雷器产生外加应力
			完善避雷器引线、搭接部位等的绝缘遮蔽措施。应注意：绝缘遮蔽措施应严密牢固，绝缘遮蔽组合的重叠距离不得小于 15cm
	23	搭接外边相避雷器引线	1 号绝缘斗臂车斗内电工在工作负责人的监护下，转移绝缘斗至外边相合适的工作位置，按照相同的步骤和方法安装并搭接好外边相避雷器引线
	24	搭接内边相避雷器引线	1 号绝缘斗臂车斗内电工在工作负责人的监护下，转移绝缘斗至内边相合适的工作位置，按照相同的步骤和方法安装并搭接好内边相避雷器引线
	25	柱上负荷开关投入运行	1 号绝缘斗臂车斗内电工在工作负责人的监护下，使用绝缘拉杆拉合柱上负荷开关，并确认其机械指示已在“合闸”位置
			1 号绝缘斗臂车斗内电工用钳形电流表测量柱上开关三相引线，确认已在通流状态
	26	撤除绝缘分流线	1 号、2 号绝缘斗臂车斗内电工在工作负责人的监护下，依次拆除三相绝缘分流线。应注意： （1）可按先两边相，后中间相的顺序进行； （2）1 号、2 号绝缘斗臂车斗内电工应按“同相同步”的要求拆除绝缘分流线； （3）拆除分流线后，应及时完善主导线上的绝缘遮蔽措施

续表

√	序号	作业内容	步骤及要求
	27	拆除中间相绝缘遮蔽	获得工作负责人的许可后，1 号、2 号绝缘斗臂车斗内电工分别转移至电杆两侧的中间相合适工作位置，按照先小后大、从上到下、由远至近的顺序拆除绝缘遮蔽措施。应注意： （1）动作应轻缓，与已撤除绝缘遮蔽措施的异电位物体之间保持足够的距离（相对地不小于 0.4m，相间不小于 0.6m）； （2）1 号、2 号绝缘斗臂车斗内电工应同相进行，且不应发生身体接触
	28	拆除外边相绝缘遮蔽	获得工作负责人的许可后，1 号、2 号绝缘斗臂车斗内电工分别转移至电杆两侧的外边相合适工作位置，按照相同的方法和要求拆除外边相绝缘遮蔽隔离措施
	29	拆除内边相绝缘遮蔽	获得工作负责人的许可后，1 号、2 号绝缘斗臂车斗内电工分别转移至电杆两侧的内边相合适工作位置，按照相同的方法和要求拆除内边相绝缘遮蔽隔离措施
	30	工作验收	斗内电工撤出带电作业区域。撤出带电作业区域时： （1）应无大幅晃动现象； （2）绝缘斗下降、上升的速度不应超过 0.5m/s； （3）绝缘斗边沿的最大线速度不应超过 0.5m/s
			斗内电工检查施工质量： （1）杆上无遗漏物； （2）装置无缺陷符合运行条件； （3）向工作负责人汇报施工质量
	31	撤离杆塔	下降绝缘斗返回地面、收回绝缘臂时应注意绝缘斗臂车周围杆塔、线路等情况

6. 工作结束

√	序号	作业内容	步骤及要求
	1	工作负责人组织班组成员清理工具和现场	绝缘斗臂车各部件复位，收回绝缘斗臂车支腿
			工作负责人组织班组成员整理工具、材料。将工器具清洁后放入专用的箱（袋）中。清理现场，做到“工完、料尽、场地清”
	2	工作负责人召开收工会	工作负责人组织召开现场收工会，做工作总结和点评工作： （1）正确点评本项工作的施工质量； （2）点评班组成员在作业中的安全措施的落实情况； （3）点评班组成员对规程的执行情况
	3	办理工作终结手续	工作负责人向调度汇报工作结束，并终结工作票

7. 验收记录

记录检修中发现的问题	
存在问题及处理意见	

8. 现场标准化作业指导书执行情况评估

评估内容	符合性	优		可操作项	
		良		不可操作项	
	可操作性	优		修改项	
		良		遗漏项	
存在问题					
改进意见					

9. 附录

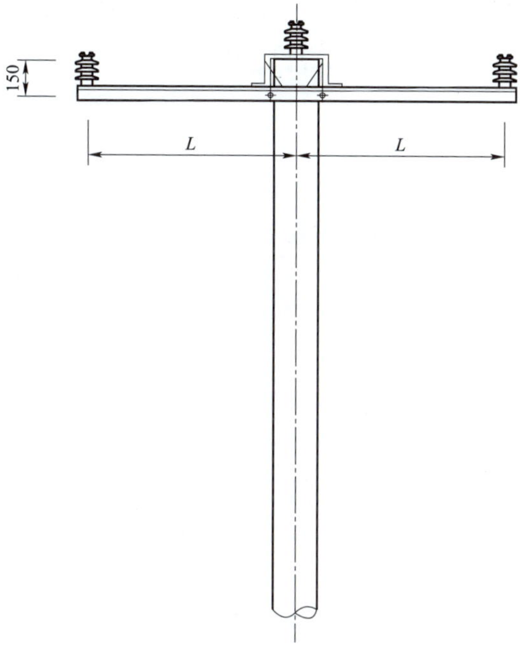

开分断前的装置示意图

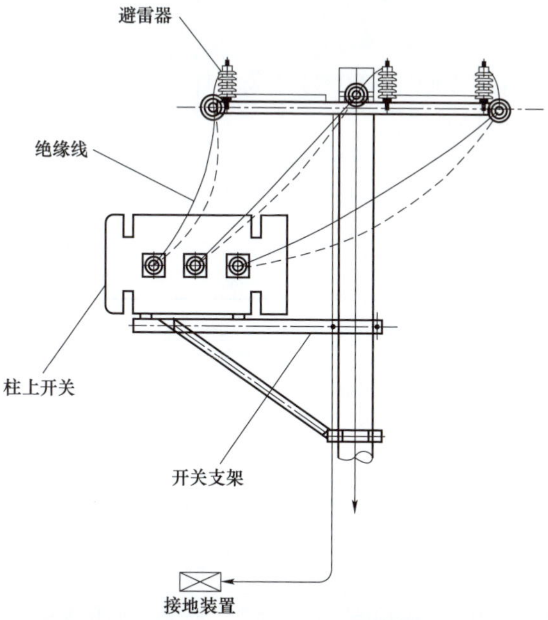

开分断、加装柱上负荷开关后的装置示意图

第十七节 综合不停电作业法不停电更换杆上变压器作业指导书

1. 范围

本作业指导书规定了综合不停电作业更换 10kV××线××号杆××号变压器的现场标准化作业的工作步骤和技术要求。装置结构不限于单、双杆变压器台架。

本作业指导书适用于综合不停电作业更换 10kV××线××号杆××号变压器。

2. 规范性引用文件

2.1 GB/T 18857—2019《配电线路带电作业技术导则》

2.2 GB/T 14286—2008《带电作业工具设备术语》

2.3 GB/T 34577—2017《配电线路旁路作业技术导则》

2.4 DL/T 858—2004《架空配电线路带电安装及作业工具设备》

2.5 Q/GDW 10520—2016《国家电网公司 10kV 配网不停电作业规范》

2.6 Q/GDW 1811—2013《10kV 带电作业用消弧开关技术条件》

2.7 Q/GDW 249—2009《10kV 旁路作业设备技术条件》

2.8 国家电网安质〔2014〕265 号《国家电网公司电力安全工作规程（配电部分）》

2.9 国家电网生〔2009〕190 号《关于印发国家电网公司深入开展现场标准化作业工作指导意见的通知》

3. 人员组合

本项目需要 11 人。

3.1 作业人员要求

√	序号	责任人	资质	人数
	1	工作负责人（兼监护人）	应通过 10kV 配电带电作业专项培训，考试合格并持有上岗证。应具有配电带电作业实际工作经验，熟悉设备状况，具有一定组织能力和事故处理能力，并经工作负责人的专门培训，考试合格，经本单位总工程师批准、书面公布	1
	2	专责监护人	应通过 10kV 配电带电作业专项培训，考试合格并持有上岗证。应具有配电带电作业实际工作经验，熟悉设备状况，具有一定组织能力和事故处理能力	1
	3	斗内作业人员	应通过 10kV 配电线路带电作业专项培训，考试合格并持有上岗证	2
	4	地面电工	应通过 10kV 配电线路带电作业专项培训，考试合格并持有上岗证	6
	5	吊车操作工	应通过吊车操作专项培训，考试合格并持有上岗证	1

3.2　作业人员分工

√	序号	责任人	分工	责任人签名
	1		工作负责人（监护人）	
	2		专责监护人	
	3		1 号斗内作业人员	
	4		2 号斗内作业人员	
	5		移动箱变车电缆展放 1 号电工	
	6		移动箱变车电缆展放 2 号电工	
	7		倒闸操作 1 号电电工	
	8		倒闸操作 2 号电电工	
	9		地面辅助电工	
	10		地面辅助电工	
	11		吊车操作工	

4. 工器具

领用绝缘工具、安全用具及辅助器具，应核对工器具的使用电压等级和试验周期。领用绝缘工器具，应检查外观完好无损。

工器具运输，应存放在工具袋或工具箱内；金属工具和绝缘工器具应分开装运。

4.1　装备

√	序号	名称	规格/编号	单位	数量	备注
	1	绝缘斗臂车		辆	1	带小吊臂
	2	移动箱变车		辆	1	带配套工具
	3	吊车		辆	1	带卸扣、钢丝绳套等

4.2　个人安全防护用具

√	序号	名称	规格/编号	单位	数量	备注
	1	绝缘安全帽	10kV	顶	11	
	2	绝缘手套	10kV	双	3	1 双用于地面电工验电、挂设接地线和倒闸操作
	3	防刺穿手套		双	2	
	4	绝缘披肩	10kV	件	2	
	5	斗内安全带		副	2	
	6	护目镜		副	1	

4.3 绝缘遮蔽用具

√	序号	名称	规格/编号	单位	数量	备注
	1	绝缘毯	10kV	块	12	
	2	毯夹		只	24	
	3	跳线管	10kV	根	9	
	4	导线遮蔽管	10kV，1.5m	根	6	

4.4 绝缘工具

√	序号	名称	规格/编号	单位	数量	备注
	1	绝缘吊绳		根	1	
	2	绝缘短绳		根	6	作为高、低压柔性电缆的防坠绳使用
	3	绝缘操作棒	10kV	副	1	
	4	绝缘人字梯	3m	架	1	用于地面电工操作杆上变压器低压配电箱

4.5 仪器仪表

√	序号	名称	规格/编号	单位	数量	备注
	1	高压验电器	10kV	支	1	
	2	低压验电器	0.4kV	支	1	
	3	绝缘电阻检测仪	2500V	只	1	
	4	风速仪		只	1	
	5	温、湿度计		只	1	
	6	单臂电桥		套	1	
	7	接地电阻测试仪		套	1	
	8	核相仪	0.4kV	套	1	
	9	多方通话系统		部	2	

4.6 其他工具

√	序号	名称	规格/编号	单位	数量	备注
	1	防潮苫布	3m×3m	块	1	
	2	剥皮器		把	1	
	3	个人常用工具		套	1	
	4	高压接地线	10kV	套	1	

续表

√	序号	名称	规格/编号	单位	数量	备注
	5	低压接地线	0.4kV	套	1	
	6	安全遮栏、安全围绳		副	若干	
	7	标示牌	“从此进出！”	块	1	
	8	标示牌	“在此工作！”	块	2	
	9	标示牌	“禁止合闸，线路有人工作！”	块	1	
	10	路障	“前方施工，车辆慢行”	块	2	
	11	干燥清洁布		块	若干	

4.7　材料

√	序号	名称	规格/编号	单位	数量	备注
	1	变压器		台	1	附产品合格证、试验合格证
	2	设备线夹		只	3	
	3	设备线夹绝缘罩		只	6	
	4	绝缘胶带	3M	圈	3	

5. 作业程序

5.1　开工准备

<table>
<tr><th>√</th><th>序号</th><th>作业内容</th><th>步骤及要求</th></tr>
<tr><td rowspan="5"></td><td rowspan="5">1</td><td rowspan="5">现场复勘</td><td>工作负责人核对工作线路双重命名、杆号</td></tr>
<tr><td>工作负责人检查环境是否符合作业要求：
（1）平整结实；
（2）地面坡度不大于 7°</td></tr>
<tr><td>工作负责人检查线路装置是否具备带电作业条件：
（1）作业电杆杆根、埋深、杆身质量；
（2）变压器容量应小于等于移动箱变车的变压器容量</td></tr>
<tr><td>工作负责人检查气象条件是否符合带电作业要求：
（1）天气应晴好，无雷、雨、雪、雾；
（2）风力不大于 5 级；
（3）空气相对湿度不大于 80%</td></tr>
<tr><td>工作负责人检查工作票所列安全措施，必要时在工作票上补充安全技术措施</td></tr>
<tr><td rowspan="2"></td><td rowspan="2">2</td><td rowspan="2">执行工作许可制度</td><td>工作负责人与调度联系，确认作业线路重合闸已退出</td></tr>
<tr><td>工作负责人在工作票上签字</td></tr>
</table>

续表

√	序号	作业内容	步骤及要求
	3	召开现场站班会	工作负责人宣读工作票
			工作负责人检查工作班组成员精神状态、交代工作任务进行分工、交代工作中的安全措施和技术措施
			工作负责人检查班组各成员对工作任务分工、安全措施和技术措施是否明确
			班组各成员在工作票和作业指导书上签名确认
	4	停放移动箱变车	驾驶员将移动箱变车停放到适当位置： （1）停放的位置应便于搭接高、低压柔性电缆和箱变车接地装置接地； （2）不应正对变压器台架，应给绝缘斗臂车（或吊车。注，由于现场空间的原因，吊车暂不进入作业位置）预留作业空间； （3）移动箱变车应顺线路停放，支腿支放正确
	5	停放绝缘斗臂车	斗臂车驾驶员将绝缘斗臂车位置停放到适当位置： （1）停放的位置应便于绝缘斗臂车绝缘斗达到作业位置，避开附近电力线和障碍物。并能保证作业时绝缘斗臂车的绝缘臂有效绝缘长度； （2）停放位置坡度不大于 7°，绝缘斗臂车应顺线路停放
			斗臂车操作人员支放绝缘斗臂车支腿： （1）不应支放在沟道盖板上； （2）软土地面应使用垫块或枕木，垫放时垫板重叠不超过 2 块，呈 45° 角； （3）支撑应到位，车辆前后、左右呈水平；“H”型支腿的车型，水平支腿应全部伸出；整车支腿受力，车轮离地
			斗臂车操作人员将绝缘斗臂车可靠接地
	6	布置工作现场	工作负责人组织班组成员设置工作现场的安全围栏、安全警示标志： （1）安全围栏的范围应考虑作业中高空坠落和高空落物的影响以及道路交通，必要时联系交通部门； （2）围栏的出入口应设置合理； （3）警示标示应包括“从此进出”“在此工作”等，道路两侧应有“车辆慢行”标示或路障
			班组成员按要求将绝缘工器具放在防潮苫布上： （1）防潮苫布应清洁、干燥； （2）工器具应按定置管理要求分类摆放； （3）绝缘工器具不能与金属工具、材料混放
	7	工作负责人组织班组成员检查工器具	班组成员逐件对绝缘工器具进行外观检查： （1）检查人员应戴清洁、干燥的手套； （2）绝缘工具表面不应磨损、变形损坏，操作应灵活； （3）个人安全防护用具和遮蔽、隔离用具应无针孔、砂眼、裂纹； （4）检查斗内专用绝缘安全带外观，并做冲击试验
			班组成员使用绝缘电阻检测仪分段检测绝缘工具的表面绝缘电阻值： （1）测量电极应符合规程要求（极宽 2cm、极间距 2cm）； （2）正确使用（自检、测量）绝缘电阻检测仪（应采用点测的方法，不应使电极在绝缘工具表面滑动，避免刮伤绝缘工具表面）； （3）绝缘电阻值不得低于 700MΩ
			绝缘工器具检查完毕，向工作负责人汇报检查结果

续表

√	序号	作业内容	步骤及要求
	8	检查绝缘斗臂车	斗内电工检查绝缘斗臂车表面状况：绝缘斗、绝缘臂应清洁、无裂纹损伤
			斗内电工试操作绝缘斗臂车： （1）试操作应空斗进行； （2）试操作应充分，有回转、升降、伸缩的过程。确认液压、机械、电气系统正常可靠，确认制动装置可靠
			绝缘斗臂车检查和试操作完毕，斗内电工向工作负责人汇报检查结果
	9	检查（新）变压器	地面电工检查（新）变压器： （1）清洁瓷件，并作表面检查，瓷件表面应光滑，无麻点，裂痕等； （2）清洁本体，无渗漏油现象； （3）核对产品合格证、试验合格证，记录铭牌参数； （4）检测完毕，向工作负责人汇报检测结果
	10	斗内电工进入绝缘斗臂车绝缘斗	斗内电工穿戴好全套的个人安全防护用具： （1）个人安全防护用具包括绝缘帽、绝缘服、绝缘裤、绝缘手套（戴防穿刺手套）、绝缘鞋（套鞋）等； （2）工作负责人应检查斗内电工个人防护用具的穿戴是否正确
			斗内电工携带工器具进入绝缘斗： （1）工器具应分类放置工具袋中； （2）工器具的金属部分不准超出绝缘斗沿面； （3）工具和人员重量不得超过绝缘斗额定载荷
			斗内电工将斗内专用绝缘安全带系挂在斗内专用挂钩上

5.2 作业过程

√	序号	作业内容	步骤及要求
	1	进入带电作业区域	获得工作负责人的许可后，斗内电工操作绝缘斗臂车，进入带电作业区域，绝缘斗移动应平稳匀速，在进入带电作业区域时： （1）应无大幅晃动现象； （2）绝缘斗下降、上升的速度不应超过 0.5m/s； （3）绝缘斗边沿的最大线速度不应超过 0.5m/s； （4）转移绝缘斗时应注意绝缘斗臂车周围杆塔、线路等情况，绝缘臂的金属部位与带电体和地电位物体的距离大于 1.0m； （5）进入带电作业区域作业后，绝缘斗臂车绝缘臂的有效绝缘长度不应小于 1.0m
	2	设置低压架空线路绝缘遮蔽隔离措施	获得工作负责人的许可后，斗内作业人员转移绝缘斗至低压架空线路合适工作位置，按照由近至远的原则对低压架空线路进行绝缘遮蔽隔离： （1）遮蔽部位为挂接低压柔性电缆时可能触及的异电位； （2）在对处于中间位置的导线设置绝缘遮蔽隔离措施时，作业人员应处于已遮蔽相和待遮蔽相的下方； （3）绝缘遮蔽隔离措施应严密、牢固
	3	设置高压架空线路绝缘遮蔽隔离措施	获得工作负责人的许可后，斗内作业人员转移绝缘斗至高压架空线路合适工作位置，按照由近至远的原则或先内边相、再外边相、最后中间相的顺序依次对高压架空线路进行绝缘遮蔽隔离： （1）遮蔽部位为挂接高压柔性电缆时可能触及的异电位；

续表

√	序号	作业内容	步骤及要求
	3	设置高压架空线路绝缘遮蔽隔离措施	（2）绝缘斗臂车绝缘臂有效绝缘长度不应小于 1.0m； （3）斗内电工在设置绝缘遮蔽隔离措施时，动作应轻缓并保持足够安全距离（相对地 0.4m，相间 0.6m）。在对处于中间位置的导线设置绝缘遮蔽隔离措施时，作业人员应处于已遮蔽相和待遮蔽相的下方； （4）绝缘遮蔽隔离措施应严密、牢固，绝缘遮蔽组合的重叠距离不得小于 15cm
	4	检查杆上变压器分接开关位置和铭牌参数	获得工作负责人的许可后，斗内作业人员转移绝缘斗至合适工作位置，检查杆上变压器分接开关位置。斗内电工在检查杆上变压器分接开关位置和铭牌参数时，动作应轻缓并与带电导体保持足够安全距离
	5	移动箱变车接入前的准备	地面电工根据杆上变压器的型号、分接开关位置等，做好移动箱变接入前的准备工作和其他地面工作： （1）调整移动箱变接线组别，并确认； （2）调整移动箱变分接开关位置，并确认； （3）用单臂电桥测试移动箱变高压绕组的直流电阻，并核对、比较有关数据，确认接线组别、分接开关调整到位； （4）将移动箱变接地装置接地，并用接地电阻测试仪测试接地电阻应不大于 4Ω； （5）将高、低压柔性电缆接入到移动箱变的高、低压开关柜中，并将电缆铠装接地接好。柔性电缆插拔式插头的相色标志应与开关插口的相色标志一致； （6）检查确认移动箱变高低压开关均应在断开位置，接地刀闸已打开无接地
	6	挂接低压柔性电缆	获得工作负责人的许可后，斗内电工转移绝缘斗至低压架空线路的合适工作位置，按照由远至近的顺序逐相移开挂接点的绝缘遮蔽隔离措施，剥除绝缘导线的绝缘层，挂接好低压柔性电缆，并恢复和补充挂接点的绝缘遮蔽隔离措施。应注意： （1）剥绝缘层应使用专用切削工具，不得损伤导线，切口处绝缘层与线芯宜有 45° 倒角； （2）应注意柔性电缆挂接头的相色标志与架空线路的相色标志一致； （3）接头应紧固，不应受扭力
	7	挂接高压柔性电缆	获得工作负责人的许可后，斗内电工转移绝缘斗至高压架空线路的合适工作位置，按照先中间相、再外边相、最后内边相的顺序逐相移开挂接点的绝缘遮蔽隔离措施，剥除绝缘导线的绝缘层，挂接好低压柔性电缆，并恢复和补充挂接点的绝缘遮蔽隔离措施。注意事项于搭接低压柔性电缆时相同
	8	倒闸操作，接入移动箱变，退出杆上变压器	倒闸操作时应注意： （1）倒闸操作人员分工为移动箱变、杆上变压器低压配电箱及高压跌落式熔断器的操作，由 1 号地面电工执行，工作负责人监护； （2）倒闸操作时工作负责人与操作人员之间应采用复诵制度； （3）1 号地面电工在操作时，绝缘人字梯应架设牢固稳定； （4）1 号地面电工在操作时，应戴绝缘手套。在操作跌落式熔断器时，应使用操作杆，操作杆的有效绝缘长度应不小于 0.7m； （5）在 1 号地面电工和工作负责人操作时，斗内电工应撤出有电区域。 倒闸操作流程见附录 A
	9	补充安全措施	获得工作负责人的许可后，控制绝缘斗臂车绝缘斗到达跌落式熔断器上接线柱部位合适的工作位置，补充绝缘遮蔽隔离措施，以防止变台上工作人员和吊车的吊臂与带电部位距离不足，必要时可以将跌落式熔断器上引线从 10kV 高压架空线路上拆除： （1）遮蔽的部位主要是跌落式熔断器的上接线柱、上引线等部位； （2）绝缘斗臂车绝缘臂有效绝缘长度不应小于 1.0m；

续表

√	序号	作业内容	步骤及要求
	9	补充安全措施	（3）斗内电工在设置绝缘遮蔽隔离措施时，动作应轻缓并保持足够安全距离（相对地 0.4m，相间 0.6m）； （4）绝缘遮蔽隔离措施应严密、牢固，绝缘遮蔽组合的重叠距离不得小于 15cm
	10	更换杆上变压器	绝缘斗臂车操作人员将绝缘臂复位，收起支腿，暂时撤出施工现场
			在工作负责人的监护下，地面电工登上杆上变压器台架，逐相拆除变压器高低压出线、外壳的保护接地线等，并圈好妥善固定。以及拆除可能阻碍拆、吊装变压器的构件
			吊车进入施工现场，停留于最佳起吊位置，支好支腿，并将吊车整车接地
			在工作负责人的指挥下，吊车操作工操作吊车和地面电工等更换柱上变压器。作业中应注意： （1）吊车操作工应听从工作负责人的指挥； （2）吊车的吊臂应与作业装置带电部位保持一定的距离（如 1.0m）； （3）在拆除旧变压器时，地面电工在吊车吊索吊紧变压器后，才能全部拆除杆上变压器的底脚螺丝；反之，在吊装新变压器时，待全部紧固变压器底脚螺丝后才能解下吊车吊索； （4）吊点应合适，在起吊、吊装过程中，地面电工应用绳索对变压器进行控制； （5）配合人员不应站在起重臂下，并应注意防止重物打击； （6）新变压器朝向应正确，水平倾斜不大于台架根开的 1/100
			带车操作工收回吊车吊臂和支腿及接地线等，吊车撤出施工现场
			在工作负责人的监护下，地面电工登上杆上变压器台架，逐相安装变压器高低压出线、外壳的保护接地线等。变压器的安装工艺应符合要求： （1）变压器一、二次引线排列整齐、绑扎牢固； （2）变压器外壳干净； （3）接地可靠，应用接地电阻测试仪测试接地电阻值符合规定； （4）套管压线螺栓等部件齐全
			绝缘斗臂车进入施工现场，停放在最佳工作位置，支放好支腿，整车接地
	11	倒闸操作，接入杆上变压器，退出移动箱变	倒闸操作的注意事项与“接入移动箱变，退出杆上变压器”时相同。 倒闸操作流程见附录 B
	12	撤除移动箱变高压柔性电缆	获得工作负责人的许可后，斗内电工转移绝缘斗至高压架空线路的合适工作位置，按照先内边相、再外边相、最后中间相的顺序逐相拆除高压柔性电缆，并恢复挂接点的绝缘遮蔽隔离措施。应注意： （1）对于绝缘导线，绝缘层破损处应用 3M 胶带进行绝缘补强，每圈绝缘粘带间搭压带宽的 1/2，补修后绝缘自粘带的厚度应足够。也可用绝缘护罩将绝缘层损伤部位罩好，并将开口部位用绝缘自粘带缠绕封住； （2）地面电工应戴绝缘手套，不应接触柔性电缆的金属挂接线夹，防止可能的电荷电击
	13	撤除移动箱变低压柔性电缆	获得工作负责人的许可后，斗内电工转移绝缘斗至低压架空线路的合适工作位置，按照从近到远的顺序逐相拆除低压柔性电缆，并恢复挂接点的绝缘遮蔽隔离措施。注意事项与撤除移动箱变高压柔性电缆同

续表

√	序号	作业内容	步骤及要求
	14	移动箱变车的复位	地面电工将移动箱变车高低压开关柜的接地闸刀接地，对变压器、高低压柔性电缆等进行充分放电，将移动箱变各部件复位
	15	撤除高压架空线路绝缘遮蔽隔离措施	获得工作负责人的许可后，斗内作业人员转移绝缘斗至高压架空线路合适工作位置，按照从远到近的原则或先中间相、再外边相、最后内边相的顺序依次拆除高压架空线路的绝缘遮蔽隔离措施
	16	撤除低压架空线路绝缘遮蔽隔离措施	获得工作负责人的许可后，斗内作业人员转移绝缘斗至高压架空线路合适工作位置，按照从远到近的原则依次拆除低压架空线路的绝缘遮蔽隔离措施
	17	工作验收	斗内电工撤出带电作业区域。撤出带电作业区域时： （1）应无大幅晃动现象； （2）绝缘斗下降、上升的速度不应超过 0.5m/s； （3）绝缘斗边沿的最大线速度不应超过 0.5m/s； （4）转移绝缘斗时应注意绝缘斗臂车周围杆塔、线路等情况，绝缘臂的金属部位与带电体和地电位物体的距离大于 1.0m
			斗内电工检查施工质量： （1）杆上无遗漏物； （2）装置无缺陷符合运行条件； （3）向工作负责人汇报施工质量
	18	撤离杆塔	下降绝缘斗返回地面、收回绝缘臂时应注意绝缘斗臂车周围杆塔、线路等情况

6. 工作结束

√	序号	作业内容	步骤及要求
	1	工作负责人组织班组成员清理工具和现场	绝缘斗臂车各部件复位，收回绝缘斗臂车支腿
			工作负责人组织班组成员整理工具、材料。将工器具清洁后放入专用的箱（袋）中。清理现场，做到“工完、料尽、场地清”
	2	工作负责人召开收工会	工作负责人组织召开现场收工会，做工作总结和点评工作： （1）正确点评本项工作的施工质量； （2）点评班组成员在作业中的安全措施的落实情况； （3）点评班组成员对规程的执行情况
	3	办理工作终结手续	工作负责人向调度汇报工作结束，并终结工作票

7. 验收记录

记录检修中发现的问题	
存在问题及处理意见	

8. 现场标准化作业指导书执行情况评估

<table>
<tr><td rowspan="4">评估内容</td><td rowspan="2">符合性</td><td>优</td><td></td><td>可操作项</td><td></td></tr>
<tr><td>良</td><td></td><td>不可操作项</td><td></td></tr>
<tr><td rowspan="2">可操作性</td><td>优</td><td></td><td>修改项</td><td></td></tr>
<tr><td>良</td><td></td><td>遗漏项</td><td></td></tr>
<tr><td>存在问题</td><td colspan="5"></td></tr>
<tr><td>改进意见</td><td colspan="5"></td></tr>
</table>

9. 附录

附录 A 倒闸操作流程（接入移动箱变、退出杆上变压器）

√	序号	操作步骤
	1	合上移动箱变高压负荷开关
	2	检查高压负荷开关的操作机构机械和电气信号装置，确认确已在合上位置
	3	合上移动箱变低压开关柜的刀开关
	4	检查并确认刀开关确已在合上位置
	5	核对移动箱变低压空气开关两侧电源的相位，应正确无误
	6	合上移动箱变低压空气开关
	7	检查并确认低压空气开关确已在合上位置
	8	检查移动箱变的电流指示，确认移动箱变分流良好
	9	打开杆上变压器低压配电箱箱门，拉开低压空气开关
	10	检查并确认杆上变压器低压空气开关确已在分闸位置
	11	拉开杆上变压器低压刀开关
	12	检查并确认杆上变压器低压刀开关确已在分闸位置
	13	关上杆上变压器低压配电箱箱门，在箱门把手上挂好“禁止合闸，线路有人工作！”标识牌
	14	拉开杆上变压器高压侧中间相跌落式熔断器，取下熔管
	15	拉开杆上变压器高压侧下风相跌落式熔断器，取下熔管
	16	拉开杆上变压器高压侧上风相跌落式熔断器，取下熔管
	17	低压验电器自检正常
	18	用低压验电器对变压器低压出线桩头、中性点出线桩头进行验电，确认无电

续表

√	序号	操作步骤
	19	挂设低压接地线
	20	高压验电器自检正常
	21	用高压验电器对变压器高压出线桩头进行验电，确认无电
	22	挂设高压接地线

附录 B　倒闸操作流程（接入杆上变压器、退出移动箱变）

√	序号	操作步骤
	1	拆除高压接地线
	2	拆除低压接地线
	3	挂上杆上变压器上风相高压跌落式熔断器熔管，合上熔管
	4	检查熔管是否合闸到位
	5	挂上杆上变压器下风相高压跌落式熔断器熔管，合上熔管
	6	检查熔管是否合闸到位
	7	挂上杆上变压器中间相高压跌落式熔断器熔管，合上熔管
	8	检查熔管是否合闸到位
	9	取下杆上变压器低压配电箱把手上的警示牌，打开箱门
	10	合上杆上变压器低压刀开关
	11	检查并确认杆上变压器低压刀开关确已在合闸位置
	12	合上杆上变压器低压空气开关
	13	检查并确认杆上变压器低压空气开关确已在合闸位置
	14	检查低压配电箱电流指示或移动箱变的电流指示，确认杆上变压器分流良好
	15	拉开移动箱变低压空气开关
	16	检查并确认移动箱变低压空气开关确已在分闸位置
	17	拉开移动箱变低压开关柜的刀开关
	18	检查并确认刀开关确已在分闸位置
	19	拉开移动箱变高压负荷开关
	20	确认移动箱变高压负荷开关确已在分闸位置

第十八节　综合不停电作业法旁路作业检修架空线路作业指导书

1. 范围

本作业指导书规定了旁路作业（综合不停电作业）更换 10kV××线××号杆至××号杆架空导线的现场标准化作业的工作步骤和技术要求。作业区段示意图参见附录。

本作业指导书适用于旁路作业（综合不停电作业）更换 10kV××线××号杆至××号杆架空导线的工作。

2. 规范性引用文件

2.1　GB/T 18857—2019《配电线路带电作业技术导则》

2.2　GB/T 14286—2008《带电作业工具设备术语》

2.3　GB/T 34577—2017《配电线路旁路作业技术导则》

2.4　DL/T 858—2004《架空配电线路带电安装及作业工具设备》

2.5　Q/GDW 10520—2016《国家电网公司 10kV 配网不停电作业规范》

2.6　Q/GDW 1811—2013《10kV 带电作业用消弧开关技术条件》

2.7　Q/GDW 249—2009《10kV 旁路作业设备技术条件》

2.8　国家电网安质〔2014〕265 号《国家电网公司电力安全工作规程（配电部分）》

2.9　国家电网生〔2009〕190 号《关于印发国家电网公司深入开展现场标准化作业工作指导意见的通知》

3. 人员组合

本项目需要 17 人。

3.1　作业人员要求

本作业指导书人员数量按照工作内容不交叉的要求配备。

√	序号	责任人	资　　质	人数
	1	工作负责人（监护人）	应通过 10kV 配电带电作业专项培训，考试合格并持有上岗证。应具有配电带电作业实际工作经验，熟悉设备状况，具有一定组织能力和事故处理能力，并经工作负责人的专门培训，考试合格，经本单位总工程师批准、书面公布	1
	2	小组负责人（专责监护人）	应通过 10kV 配电带电作业专项培训，考试合格并持有上岗证。应具有配电带电作业实际工作经验，熟悉设备状况，具有一定组织能力和事故处理能力	3
	3	斗内电工	应通过 10kV 配电线路带电作业专项培训，考试合格并持有上岗证	3
	4	地面电工	应通过 10kV 配电线路专项培训，考试合格并持有上岗证	10

3.2 作业人员分工

√	序号	责任人	分工	责任人签名
	1		工作负责人（监护人）	
	2		1号作业点（作业区段起始杆）小组负责人（专责监护人）	
	3		2号作业点（作业区段分支杆）小组负责人（专责监护人）	
	4		3号作业点（作业区段终端杆）小组负责人（专责监护人）	
	5		1号车（1号作业点）斗内电工	
	6		2号车（2号作业点）斗内电工	
	7		3号车（3号作业点）斗内电工	
	8		1号作业点地面电工	
	9		2号作业点地面电工	
	10		3号作业点地面电工	
	11		1号电缆放线工（兼小组负责人，和其他电缆放线工、电缆架设辅助工一起负责电缆的放线和收线工作）	
	12		2号电缆放线工	
	13		3号电缆放线工	
	14		1号电缆架设辅助工	
	15		2号电缆架设辅助工	
	16		机动绞磨操作工（兼小组负责人，和机动绞磨操作辅助工一起负责电缆的牵引）	
	17		机动绞磨操作辅助工	

4. 工器具

领用绝缘工器具应核对工器具的使用电压等级和试验周期，并应检查外观完好无损。

工器具运输，应存放在工具袋或工具箱内；金属工具和绝缘工器具应分开装运。

4.1 装备

√	序号	名称	规格/编号	单位	数量	备 注
	1	绝缘斗臂车		辆	3	带小吊臂
	2	旁路电缆车		辆	1	包含旁路电缆三相色（YJRV8.7/15，50m）6 根；旁路高压引下电缆三相色（HCV8.7/15，15m）9 根；载流能力应大于 1.2 倍的线路最大负荷电流

续表

√	序号	名称	规格/编号	单位	数量	备注
	3	卷扬机		台	1	
	4	旁路辅助电缆	HCV8.7/15，6m	根	3	黄、绿、红各3根，载流能力应大于1.2倍的线路最大负荷电流
	5	电缆中间接头		组	3	即电缆双通接头，每组3个，载流能力应大于1.2倍的线路最大负荷电流
	6	电缆T型接头		组	1	共3个，包含支架。载流能力应大于1.2倍的线路最大负荷电流
	7	滑轮		箱	2	每箱25只
	8	连接绳	2m	盘	2	每盘25根
	9	蚕丝牵引绳	100m	根	2	
	10	可调连接绳	2m	根	2	
	11	电缆牵引工具（牵头用）		套	1	
	12	电缆牵引工具（中间用）		套	1	即MR连接器
	13	电缆送出轮		只	3	
	14	电缆导入轮		只	1	
	15	电缆导入支撑架		套	1	
	16	输送绳	（100m）	套	2	每套含万向接头4只，输送绳缆盘和固定支架，输送绳有100m/根或50m/根，为便于现场调节输送绳长度，应适当配备7、2、1m长度的输送绳
	17	固定工具（地上用）		套	1	
	18	固定工具（杆上用）		套	1	用于作业区段起始杆
	19	中间支持工具		套	1	用于作业区段分支杆
	20	紧线工具		套	1	用于作业区段终端杆，含杆上固定支架和紧线器
	21	旁路用绝缘横担		副	6	
	22	电缆绑扎带		根	12	
	23	旁路开关		台	3	载流能力应大于1.2倍线路最大负荷电流
	24	旁路开关保护接地线		根	3	开关外壳接地用，配临时接地棒

4.2 个人安全防护用具

√	序号	名称	规格/编号	单位	数量	备注
	1	绝缘安全帽	10kV	顶	17	
	2	绝缘手套	10kV	副	3	
	3	防穿刺手套		副	3	
	4	绝缘披肩	10kV	件	3	
	5	斗内安全带		副	3	
	6	全身式安全带		副	3	
	7	护目镜		副	3	

4.3 绝缘遮蔽工具

√	序号	名称	规格/编号	单位	数量	备注
	1	绝缘毯	10kV	块	60	
	2	绝缘夹		只	120	
	3	导线遮蔽管	10kV，1.5m	根	28	
	4	跳线管	10kV	根	24	

4.4 绝缘工具

√	序号	名称	规格/编号	单位	数量	备注
	1	绝缘操作棒	10kV	根	3	
	2	绝缘短绳	1.5m	根	9	
	3	绝缘吊绳	15m	根	3	

4.5 仪器仪表

√	序号	名称	规格/编号	单位	数量	备注
	1	高压验电器	10kV	支	3	
	2	工频高压发生器	10kV	只	1	
	3	绝缘电阻检测仪	2500V	只	1	
	4	风速仪		只	1	
	5	温、湿度计		只	1	
	6	钳型电流表		只	2	
	7	多方通话系统		套	1	
	8	绝缘手套检测仪	G99	只	1	

4.6 其他工具

√	序号	名称	规格/编号	单位	数量	备注
	1	脚扣		副	3	
	2	防潮苫布	3m × 3m	块	4	
	3	剥皮器		把	3	
	4	个人常用工具		套	5	
	5	高压接地线	10kV	套	2	
	6	安全遮栏、安全围绳		副	若干	
	7	标示牌	“从此进出！”	块	3	
	8	标示牌	“在此工作！”	块	3	
	9	路障	“前方施工，车辆慢行”	块	2	
	10	干燥清洁布		块	若干	

4.7 更换导线用工器具

√	序号	名称	规格/编号	单位	数量	备注
	1	放线架		架	2	
	2	制动木杠		根	2	
	3	临时拉线钢丝绳		道	2	
	4	锚桩		个	2	
	5	八角锤		把	2	
	6	双钩紧线器		把	2	
	7	紧线器		个	4	
	8	卡线器		个	4	
	9	钢丝绳套		个	5	
	10	卸扣	$\phi 12$	个	6	
	11	大卡钳		把	2	
	12	放线滑车		只	6	
	13	白棕绳		根	2	
	14	弧垂尺		把	1	

4.8 材料

√	序号	名称	规格/编号	单位	数量	备注
	1	导线	LJ－120	kg	若干	主导线
	2	绝缘导线	JKLYL－120	kg	若干	用于设备引线、耐张杆跳线
	3	铝包带	1mm × 10mm	m	若干	
	4	扎线		m	若干	

5. 作业程序

5.1 开工准备

√	序号	作业内容	步骤及要求
	1	现场复勘	工作负责人核对工作线路双重命名、作业区段杆号
			工作负责人检查环境是否符合作业要求： （1）平整结实； （2）地面坡度不大于 7°
			工作负责人检查线路装置是否具备带电作业条件： （1）工作区段两端应均为耐张杆； （2）耐张杆两侧拉线完整、无锈蚀、上拔等现象； （3）作业区段中各电杆埋深符合要求、杆根和杆身质量良好
			工作负责人检查气象条件是否满足带电作业要求： （1）天气应晴好，无雷、雨、雪、雾； （2）风力不大于 5 级； （3）空气相对湿度不大于 80%
			工作负责人检查工作票所列安全措施，必要时在工作票上补充安全技术措施
	2	执行工作许可制度	工作负责人与调度联系，确认作业线路重合闸已退出
			工作负责人在工作票上签字
	3	召开现场站班会	工作负责人宣读工作票
			工作负责人检查工作班组成员精神状态、交代工作任务进行分工、交代工作中的安全措施和技术措施
			工作负责人检查班组各成员对工作任务分工、安全措施和技术措施是否明确
			班组各成员在工作票和作业指导书上签名确认
	4	停放绝缘斗臂车	斗臂车驾驶员将 1 号、2 号、3 号绝缘斗臂车分别停放到 1 号作业点、2 号作业点和 3 号作业点的适当位置： （1）停放的位置应便于绝缘斗臂车绝缘斗达到作业位置，避开附近电力线和障碍物。并能保证作业时绝缘斗臂车的绝缘臂有效绝缘长度； （2）停放位置坡度不大于 7°，绝缘斗臂车应顺线路停放
			1 号作业点、2 号作业点和 3 号作业点斗臂车操作人员支放绝缘斗臂车支腿： （1）绝缘斗臂车不应支放在沟道盖板上； （2）软土地面应使用垫块或枕木，垫放时垫板重叠不超过 2 块，呈 45° 角； （3）支撑应到位，车辆前后、左右呈水平；“H”型支腿的车型，水平支腿应全部伸出；整车支腿受力，车轮离地
			1 号作业点、2 号作业点和 3 号作业点的斗臂车操作人员将绝缘斗臂车可靠接地，临时接地体埋深应不少于 0.6m
	5	布置工作现场	工作负责人组织班组成员设置工作现场的安全围栏、安全警示标志： （1）安全围栏的范围应考虑作业中高空坠落和高空落物的影响以及道路交通，必要时联系交通部门； （2）围栏的出入口应设置合理； （3）警示标示应包括“从此进出”“在此工作”等，道路两侧应有“车辆慢行”标示或路障

续表

√	序号	作业内容	步骤及要求
	5	布置工作现场	各工作点成员在小组负责人（专责监护人）的组织下，按要求将绝缘工器具放在防潮苫布上： （1）防潮苫布应清洁、干燥； （2）工器具应按定置管理要求分类摆放； （3）绝缘工器具不能与金属工具、材料混放
	6	工作负责人指挥各工作点小组负责人（专责监护人）组织班组成员检查工器具	各工作点成员在小组负责人（专责监护人）的组织下逐件对绝缘工器具进行外观检查： （1）检查人员应戴清洁、干燥的手套； （2）绝缘工具表面不应磨损、变形损坏，操作应灵活； （3）个人安全防护用具和遮蔽、隔离用具应无针孔、砂眼、裂纹； （4）检查斗内专用绝缘安全带外观，并做冲击试验
			使用绝缘电阻检测仪分段检测绝缘工具的表面绝缘电阻值： （1）测量电极应符合规程要求（极宽 2cm、极间距 2cm）； （2）正确使用（自检、测量）绝缘电阻检测仪（应采用点测的方法，不应使电极在绝缘工具表面滑动，避免刮伤绝缘工具表面）； （3）绝缘电阻值不得低于 700MΩ
			绝缘工器具检查完毕，应向小组负责人（专责监护人）汇报检查结果，然后小组负责人（专责监护人）向工作负责人汇报检查结果
	7	检查绝缘斗臂车	各工作点斗内电工检查绝缘斗臂车表面状况：绝缘斗、绝缘臂应清洁、无裂纹损伤
			各工作点斗内电工试操作绝缘斗臂车： （1）试操作应空斗进行； （2）试操作应充分，有回转、升降、伸缩的过程。确认液压、机械、电气系统正常可靠，确认制动装置可靠
			绝缘斗臂车检查和试操作完毕，斗内电工应向小组负责人（专责监护人）汇报检查结果，然后小组负责人（专责监护人）项工作负责人汇报检查结果
	8	斗内电工进入绝缘斗臂车绝缘斗	各工作点斗内电工穿戴好全套的个人安全防护用具： （1）个人安全防护用具包括绝缘帽、绝缘服、绝缘裤、绝缘手套（带防穿刺手套）、绝缘鞋（套鞋）等； （2）各工作点小组负责人（专责监护人）应检查斗内电工个人防护用具的穿戴是否正确
			各工作点斗内电工携带工器具进入绝缘斗： （1）工器具应分类放置工具袋中； （2）工器具的金属部分不准超出绝缘斗沿面； （3）工具和人员重量不得超过绝缘斗额定载荷
			各工作点斗内电工进入绝缘斗后应立即将斗内专用绝缘安全带系挂在斗内专用挂钩上

5.2 作业过程

√	序号	作业内容	步骤及要求
	1	工作负责人指挥1号工作点小组负责人（专责监护人）组织落实1号作业点作业装置的绝缘遮蔽隔离措施	在1号作业点小组负责人（专责监护人）的监护下，1号车斗内电工操作绝缘斗臂车进入带电作业区域。在进入带电作业区域时： （1）绝缘斗移动应平稳匀速，无大幅晃动现象。绝缘斗下降、上升速度不应超过0.5m/s；绝缘斗边沿最大线速度不应超过0.5m/s； （2）转移绝缘斗时应注意绝缘斗臂车周围杆塔、线路等情况，绝缘臂的金属部位与带电体和地电位物体的距离大于1.0m； （3）进入带电作业区域作业后，绝缘斗臂车绝缘臂的有效绝缘长度不应小于1.0m
			1号车斗内电工对1号作业点作业装置设置绝缘遮蔽措施。应注意： （1）设置绝缘遮蔽隔离措施应遵守从下到上、由近至远、先大后小的原则。三相的遮蔽顺序为先内边相、再外边相、最后中间相。电杆两侧可依次进行；每相遮蔽的部位和顺序依次为主导线、耐张线夹、耐张跳线、耐张绝缘子串。电杆两侧可以电杆为界限分开依次进行； （2）斗内电工应注意动作幅度，与邻近的异电位物体保持足够的安全距离（相对地不小于0.4m，相间不小于0.6m）； （3）绝缘遮蔽措施保护范围应足够，设置严密、牢固，绝缘遮蔽组合的重叠部分不应小于15cm
	2	工作负责人指挥2号工作点小组负责人（专责监护人）组织落实2号作业点作业装置的绝缘遮蔽隔离措施	在2号作业点小组负责人（专责监护人）的监护下，2号车斗内电工操作绝缘斗臂车进入带电作业区域，对2号作业点作业装置设置绝缘遮蔽隔离措施。应注意： （1）设置绝缘遮蔽隔离措施应遵守从下到上、由近至远、先大后小的原则。三相的遮蔽顺序为先内边相、再外边相、最后中间相。电杆两侧的带电体及主回路、分支回路可分开依次进行；遮蔽的部位和顺序依次为跌落式熔断器下引线、跌落式熔断器上引线、跌落式熔断器、电杆两侧部分主回路导线、分支线路部分导线等； （2）斗内电工应注意动作幅度，与邻近的异电位物体保持足够的安全距离（相对地不小于0.4m，相间不小于0.6m）； （3）绝缘遮蔽措施保护范围应足够，设置严密、牢固，绝缘遮蔽组合的重叠部分不应小于15cm
	3	工作负责人指挥3号工作点小组负责人（专责监护人）组织落实3号作业点作业装置的绝缘遮蔽隔离措施	在3号作业点小组负责人（专责监护人）的监护下，3号车斗内电工操作绝缘斗臂车进入带电作业区域，按照与1号作业点相同的方法和要求对3号作业点作业装置设置绝缘遮蔽隔离措施
	4	安装旁路电缆敷设支架	旁路电缆施放端作业人员选择合适的位置，打好固定锚桩，准备地面固定工具的组装。应注意： （1）锚桩方向应正确，打入地中的深度应足够； （2）打击锚桩时，作业人员不应戴手套，无关人员及配合人员不应站在抡锤方向的前方
			1号作业点作业人员在杆上安装杆上固定工具。应注意： （1）杆上固定工具的安装高度为4.5m左右； （2）应防止高空落物
			2号作业点（作业终端杆）作业人员在杆上安装中间支持工具。应注意： （1）安装高度为5m左右（跨越道路，则安装高度按有关规定适当增高）； （2）应防止高空落物

续表

√	序号	作业内容	步骤及要求
	4	安装旁路电缆敷设支架	3 号作业点（作业终端杆）作业人员在杆上安装紧线工具和输送绳缆盘固定支架。应注意： （1）紧线工具和输送绳缆盘固定支架的安装高度为 5m 左右（跨越道路，则安装高度按有关规定适当增高）； （2）应防止高空落物
	5	连接、固定、收紧输送绳	各工作点的地面电工和斗内电工配合连接、固定，并收紧输送绳。应注意： （1）在连接输送绳时应检查万向接头螺纹和输送绳有无磨损以防牵引电缆时断落； （2）输送绳应收紧，防止在承受电缆重量后下挂松弛
	6	安装旁路开关和绝缘横担	在工作负责人的特意指挥下，和在各工作点小组负责人（专责监护人）的监护下，1 号作业点、2 号作业点、3 号作业点的作业人员在电杆上安装好旁路开关和余缆支架，并将开关外壳接地。应注意： （1）旁路开关的安装高度比输送绳高 1～1.5m 左右；绝缘横担比开关低 0.5m 左右； （2）旁路开关外壳接地良好，临时接地棒埋深不少于 0.6m； （3）应防止高空落物
	7	施放旁路电缆	施放、牵引电缆。应注意： （1）旁路电缆端部应绑扎紧密、整齐、牢固； （2）滑轮和连接绳组装时，配合应密切； （3）作业人员应听从工作负责人统一指挥，密切配合，旁路电缆从缆盘的展放速度和机动绞磨的牵引速度应一致，速度应缓慢均匀。电缆不得非正常受力； （4）牵引过程中应密切关注电缆在输送绳上的移动，特别是在经过各电杆上的固定支持工具的过程，防止电缆卡住； （5）整个施放过程，电缆不得与地面或其他硬物摩擦； （6）施放电缆时，电缆放线工应对旁路电缆进行表面检查，是否有明显破损现象
	8	安装旁路辅助电缆和旁路高压引下电缆	1 号作业点、3 号作业点的工作人员在各自小组负责人的组织下，将旁路高压引下电缆安装到旁路开关接口。应注意： （1）同一相的旁路高压引下电缆和旁路电缆色标应一致； （2）旁路开关接口连接可靠，应注意不能磕碰，防止杂物进入接口； （3）余缆应用电缆带扎好，固定可靠，防止散落
			2 号作业点作业人员在各自小组负责人的组织下，将旁路辅助电缆和旁路高压引下电缆安装到 2 号旁路开关接口，并用电缆 T 型接头将旁路辅助电缆和旁路电缆接续。应注意： （1）同一相的旁路辅助电缆、旁路高压引下电缆和旁路电缆色标应一致； （2）旁路开关接口连接可靠，应注意不能磕碰，防止杂物进入接口； （3）电缆 T 型接头不应受扭力； （4）余缆应用电缆带扎好，固定可靠，防止散落
	9	1 号作业点，用绝缘短绳固定旁路开关旁路高压引下电缆	工作负责人指挥 1 号作业点小组负责人（专责监护人），在小组负责人（专责监护人）的监护下，斗内电工用绝缘短绳将旁路开关的旁路高压引下电缆固定在主干线的合适位置。应注意： （1）固定位置为主干线作业范围外侧，绝缘短绳应绑在主导线外面的绝缘遮蔽隔离措施上； （2）固定的顺序应按先中间相、再外边相、最后中间相（或按从远到近）的顺序进行； （3）三根旁路高压引下电缆端部的金属部分之间应有足够的距离； （4）旁路高压引下电缆端部的金属部分与架空导线间应有足够的距离（大于等于 0.4m）； （5）斗内电工应注意在绝缘遮蔽组合的保护范围内工作，与未设置绝缘遮蔽隔离措施的异电位构件或带电导体保持足够的安全距离

续表

√	序号	作业内容	步骤及要求
	10	2 号作业点，用绝缘短绳固定旁路开关旁路高压引下电缆	2 号作业点，在小组负责人（专责监护人）的监护下，斗内电工用绝缘短绳将旁路开关的旁路高压引下电缆固定在分支线的合适位置。注意事项同 1 号作业点
	11	3 号作业点，用绝缘短绳固定旁路开关旁路高压引下电缆	3 号作业点，在小组负责人（专责监护人）的监护下，斗内电工按照与 1 号作业点系统的方法和要求将旁路开关的旁路高压引下电缆固定在主干线的合适位置
	12	配合高压电气试验班对旁路回路实施预防性试验，以检查旁路设备的绝缘性能和载流能力	依次进行的预防性试验内容有：绝缘电阻测试、直流电阻试验和工频耐压试验。应注意： （1）试验前应先合上 1 号、2 号、3 号作业点的旁路开关，短接 1 号作业点三相旁路高压引下电缆，在 3 号作业点进行； （2）工作负责人应指挥作业班人员协同看护试验区域，严禁无关人员进入试验现场； （3）用 2500V 以上的绝缘电阻测试仪测量绝缘电阻，不应低于 100MΩ； （4）各相直流电阻的组织应平衡，相互之间的差值不大于 20%，且与标准值（或出厂数据、历次试验数据）比较无显著变化； （5）工频耐压 14kV/5min（一般为 1.6 倍的额定电压），应无击穿、发热现象； （6）试验结束后，电试班工作人员对旁路回路充分放电，放电次数不少于 2 次，总放电时间不少于 5min； （7）最后应拉开 1 号、2 号、3 号作业点旁路开关、拆除 1 号作业点三相旁路高压引下电缆的短接线，并确认。 旁路回路预防性试验记录单见附录 B
	13	检查确认各作业点旁路开关工作位置	各作业点小组负责人（专责监护人）检查并确认旁路开关已处于分闸位置，开关操作机构应已闭锁。检查无误后，小组负责人（专责监护人）向工作负责人汇报
	14	搭接 1 号作业点旁路开关的旁路高压引下电缆	1 号作业点，在小组负责人（专责监护人）监护下，斗内电工将 1 号旁路开关的旁路高压引下电缆搭接到主导线上。应注意： （1）旁路高压引下电缆色相标志与主干线色相标志一致； （2）应使用专用操作杆进行搭接； （3）搭接位置为作业点旁路作业区段范围外侧主导线； （4）主导线搭接部位及旁路高压引下电缆线夹应清除氧化膜和脏污，避免接触电阻大，旁通时发热； （5）应按先中间相、再外边相、最后内边相（或从远到近）的顺序进行搭接； （6）搭接后，应及时恢复和完善搭接处的绝缘遮蔽隔离措施，旁路高压引下电缆的线夹也应设置严密、牢固的绝缘遮蔽隔离措施，绝缘遮蔽组合的重叠长度不小于 15cm
	15	搭接 2 号作业点旁路开关的旁路高压引下电缆	按照与 1 号作业点相同的方法和要求，2 号作业点的斗内电工将 2 号旁路开关的旁路高压引下电缆搭接到分支线上
	16	搭接 3 号作业点旁路开关的旁路高压引下电缆	按照与 1 号作业点相同的方法和要求，3 号作业点的斗内电工将 3 号旁路开关的旁路高压引下电缆搭接到主导线上
	17	核相	在工作负责人的统一指挥下，使用绝缘操作杆合上 1 号旁路开关，在 2 号和 3 和作业点由小组负责人确认旁路开关两侧相位一致

续表

√	序号	作业内容	步骤及要求
	18	将旁路回路投入运行并测流	在工作负责人的统一指挥下，将旁路回路投入运行。应注意： （1）应严格按照先 1 号作业点、再 3 号作业点，最后 2 号作业点（即先电源侧、在负荷侧）的顺序操作各作业点的旁路开关（1 号作业点旁路开关在核相时已合上）； （2）各工作点在操作旁路开关时，小组负责人（专责监护人）应严格监护，与操作人员（斗内电工）之间应采用复诵制度； （3）操作人员操作时，应使用操作棒，并应戴绝缘手套； （4）各作业点应听从工作负责人的统一指挥，操作完毕后，应及时向工作负责人汇报。操作流程见附录 C； （5）旁路回路投入运行后对其三相电缆及主干线进行逐项测流，确认旁路回路分流正常
	19	拉开 2 号作业点跌落式熔断器，拆除跌落式熔断器上引线	2 号作业点，在小组负责人（专责监护人）的监护下，斗内电工逐相拆除跌落式熔断器的绝缘遮蔽隔离措施。应注意： （1）斗内电工的动作应轻缓，防止装置和设备受到震动，跌落式熔断器的熔管掉落； （2）拆除绝缘遮蔽措施应按“先中间、再两边”的顺序进行，并与周围异电位的构件或带电导体保持足够的安全距离（相对地 0.4m，相间 0.6m）
			2 号作业点，在小组负责人（专责监护人）的监护下，斗内电工逐相拉开跌落式熔断器，并取下熔管。应注意： （1）拉开跌落式熔断器应按先中间相、再下风相、最后上风相的顺序进行； （2）防止高空落物
			2 号作业点，在小组负责人（专责监护人）的监护下，斗内电工逐相恢复和完善跌落式熔断器上下接线柱的绝缘遮蔽隔离措施。应注意： （1）斗内电工的动作应轻缓，防止人体串入（同相或相间电路）； （2）恢复完善绝缘遮蔽措施应按先两边、再中间的顺序进行，并与周围异电位的构件或带电导体保持足够的安全距离（相对地 0.4m，相间 0.6m）
			2 号作业点，在小组负责人（专责监护人）的监护下，斗内电工逐相拆除跌落式熔断器上引线。应注意： （1）拆除跌落式熔断器上引线应按先内边相、再外边相、最后中间相的顺序进行； （2）拆除每相跌落式熔断器上引线后，应及时回复主导线上的绝缘遮蔽隔离措施； （3）斗内电工动作应轻缓，与周围异电位的构件或带电导体保持足够的安全距离（相对地 0.4m，相间 0.6m）； （4）防止高空落物
	20	拆除 3 号作业点处主干线跳线	3 号作业点，在小组负责人（专责监护人）的监护下，斗内电工逐相拆除耐张杆跳线。应注意： （1）应先增加耐张横担、电杆杆顶等处的绝缘遮蔽隔离措施； （2）拆除耐张杆跳线应按先两边相、再中间相的顺序进行； （3）斗内电工动作应轻缓，与周围异电位的构件或带电导体保持足够的安全距离（相对地 0.4m，相间 0.6m）； （4）每相跳线拆除后，应及时补充和完善装置两侧的绝缘遮蔽措施（保留包括耐张绝缘子串、耐张线夹、导线等处的绝缘遮蔽措施）； （5）防止高空落物

续表

√	序号	作业内容	步骤及要求
	21	拆除1号作业点处主干线跳线	1号作业点，在小组负责人（专责监护人）的监护下，斗内电工逐相拆除耐张杆跳线。应注意： （1）应先增加耐张横担、电杆杆顶等处的绝缘遮蔽隔离措施； （2）拆除耐张杆跳线应按“先两边相，再中间相”的顺序进行； （3）斗内电工动作应轻缓，与周围异电位的构件或带电导体保持足够的安全距离（相对地0.4m，相间0.6m）； （4）每相跳线拆除后，应及时补充和完善装置两侧的绝缘遮蔽措施（保留包括耐张绝缘子串、耐张线夹、导线等处的绝缘遮蔽措施）； （5）防止高空落物
	22	撤除已脱离电源作业段的绝缘遮蔽措施	各作业点依次拆除已脱离作业段线路的绝缘遮蔽措施。应注意： （1）斗内电工注意与带电侧保持足够的注意安全距离； （2）带电侧绝缘遮蔽措施应严密、牢固，绝缘遮蔽组合的重叠长度不小于15cm； （3）防止高空落物
	23	配合线路检修班更换导线	工作负责人对作业进行阶段性验收，带电侧绝缘遮蔽措施应严密、牢固，绝缘遮蔽组合的重叠长度不小于15cm
			配合线路班对停电线路进行检修。应注意： （1）停电线路应先进行验电、然后在适当位置挂好接地线； （2）作业区段两侧电杆及分支杆处的工作，带电作业班组人员应密切配合，并付诸监护
			导线更换完毕，应检查确认线路无接地情况
	24	恢复和完善各作业点线路装置停电侧的绝缘遮蔽措施	在各自小组负责人（专责监护人）的监护下，各作业点依次补充线路装置停电侧的绝缘遮蔽措施。应注意： （1）斗内电工注意与带电侧保持足够的注意安全距离； （2）停电侧（包括耐张绝缘子串、横担、电杆杆顶等处）的绝缘遮蔽措施应严密、牢固，绝缘遮蔽组合的重叠长度不小于15cm； （3）防止高空落物
	25	恢复1号作业点处的耐张杆跳线	1号作业点在小组负责人（专责监护人）的监护下，搭接1号作业点耐张杆跳线。应注意： （1）搭接跳线的应按先中间、再外边相、最后内边相的顺序进行； （2）斗内电工应注意动作幅度，与周围异电位的构件和带电导体保持足够的安全距离（对地0.4m，相间0.6m）； （3）每相跳线搭接完毕，应及时完善绝缘遮蔽隔离措施，绝缘遮蔽组合的重叠长度不小于15cm
	26	恢复3号作业点处的耐张杆跳线	3号作业点在小组负责人（专责监护人）的监护下，搭接3号作业点耐张杆跳线。应注意： （1）搭接跳线的应按“先中间，再两边”的顺序进行； （2）斗内电工应注意动作幅度，与周围异电位的构件和带电导体保持足够的安全距离（对地0.4m，相间0.6m）； （3）每相跳线搭接完毕，应及时完善绝缘遮蔽隔离措施，绝缘遮蔽组合的重叠长度不小于15cm
	27	恢复2号作业点跌落式熔断器上引线，合上跌落式熔断器熔管	2号作业点，在小组负责人（专责监护人）的监护下，斗内电工逐相搭接跌落式熔断器上引线。应注意： （1）搭接跌落式熔断器上引线应按先中间相、再外边相、最后内边相的顺序进行； （2）每相搭接完毕后，应及时恢复和完善引线、跌落式熔断器上接线柱、主导线上的绝缘遮蔽隔离措施； （3）斗内电工动作应轻缓，与周围异电位的构件或带电导体保持足够的安全距离（相对地0.4m，相间0.6m）； （4）防止高空落物

续表

√	序号	作业内容	步骤及要求
	27	恢复2号作业点跌落式熔断器上引线，合上跌落式熔断器熔管	3号作业点，在小组负责人（专责监护人）的监护下，斗内电工逐相拆除跌落式熔断器上下接线柱的绝缘遮蔽隔离措施。应注意： （1）斗内电工的动作应轻缓，防止人体串入（同相或相间电路）； （2）拆除绝缘遮蔽措施应按先中间、再两边的顺序进行，并与周围异电位的构件或带电导体保持足够的安全距离（相对地0.4m，相间0.6m）
			2号作业点，在小组负责人（专责监护人）的监护下，斗内电工挂上熔管，并逐相合上跌落式熔断器。应注意： （1）合跌落式熔断器应按先上风相、再下风相、最后中间相的顺序进行； （2）防止高空落物
			3号作业点，在小组负责人（专责监护人）的监护下，斗内电工逐相恢复和完善跌落式熔断器上下接线柱的绝缘遮蔽隔离措施。应注意： （1）斗内电工的动作应轻缓，防止装置和设备受到震动，跌落式熔断器的熔管掉落； （2）恢复完善绝缘遮蔽措施应按先两边、再中间的顺序进行，并与周围异电位的构件或带电导体保持足够的安全距离（相对地0.4m，相间0.6m）
	28	旁路回路退出运行	在工作负责人的统一指挥下，将旁路回路退出运行。应注意： （1）应严格按照先2号作业点、再3号作业点，最后1号作业点（即先负荷侧、后电源侧）的顺序操作各作业点的旁路开关； （2）各工作点在操作旁路开关时，小组负责人（专责监护人）应严格监护，与操作人员（斗内电工）之间应采用复诵制度； （3）操作人员操作时，应使用操作棒，并应戴绝缘手套； （4）各作业点应听从工作负责人的统一指挥，操作完毕后，应及时向工作负责人汇报。 操作流程见附录D
	29	拆除2号工作点的旁路高压引下电缆	2号作业点，在小组负责人（专责监护人）监护下，斗内电工从分支线上逐相拆除旁路高压引线电缆。应注意： （1）拆除旁路高压引下电缆应从主导线上逐相拆除； （2）斗内电工应戴绝缘手套，并注意动作幅度，保持足够的安全距离安全距离（对地电位物体大于0.4m，对邻相导体大于0.6m）； （3）拆除每相旁路高压引线电缆后，应及时恢复完善分支线上的绝缘遮蔽隔离措施，绝缘遮蔽组合的重叠长度不小于15cm； （4）旁路高压引下电缆拆卸后应牢固固定在绝缘横担上
	30	拆除3号工作点的旁路高压引下电缆	3号作业点，在小组负责人（专责监护人）监护下，斗内电工按照与2号作业点相同的方法和要求，从主导线上逐相拆除旁路高压引下电缆
	31	拆除1号工作点的旁路高压引下电缆	1号作业点，在小组负责人（专责监护人）监护下，斗内电工按照与2号作业点相同的方法和要求，从主导线上逐相拆除旁路高压引下电缆
	32	对旁路电缆放电	旁路电缆在收回前，应对旁路电缆进行放电。应注意：放电应充分，放电次数不少于2次，总放电时间不少于5min
	33	拆除1号、2号、3号作业点旁路高压引下电缆、旁路辅助电缆和旁路电缆设备	各工作点的斗内电工将旁路高压引下电缆、旁路辅助电缆和旁路电缆从开关上拆除。应注意： （1）防止灰尘进入旁路高压引下电缆、旁路辅助电缆和旁路电缆接口，及时用保护罩保护； （2）防止高空落物

续表

√	序号	作业内容	步骤及要求
	34	收回旁路电缆	牵引收回电缆。应注意： （1）牵引速度应均匀，电缆不得受力； （2）电缆不得与地面或其他硬物摩擦，防止灰尘进入接头接口，及时用保护罩保护
	35	收回电缆输送绳	地面电工和斗内电工配合连接固定和收紧输送绳，在连接输送绳时应检查万向接头螺纹和输送绳有无磨损以防牵引电缆时断落
	36	拆除旁路开关和绝缘横担	各工作点的斗内电工拆除1号、2号、3号旁路开关和余缆支架。应注意： （1）防止灰尘进入开关接口，及时用保护罩保护； （2）防止高空落物
	37	拆除旁路电缆敷设支架	各个作业点作业人员拆除杆上电缆敷设支架。应注意防止高空落物
	38	撤除2号工作点绝缘遮蔽措施	2号作业点，在小组负责人（专责监护人）监护下，斗内电工拆除装置的绝缘遮蔽隔离措施。应注意： （1）拆除绝缘遮蔽隔离措施时应遵守先小后大、由远至近、从上到下的原则。三相的顺序为先中间相、再外边相、最后内边相，主导线和分支线，电杆两侧主导线可以电杆为界限分开依次进行；每相的顺序依次为分支线路部分导线、电杆两侧部分主回路导线、跌落式熔断器、跌落式熔断器上引线、跌落式熔断器下引线等； （2）拆除绝缘遮蔽隔离措施时应注意动作幅度，保持足够的安全距离安全距离（对地电位物体大于0.4m，对邻相导体大于0.6m）； （3）防止高空落物
	39	撤除1号和3号工作点绝缘遮蔽措施	1号和3号作业点，在各自小组负责人（专责监护人）监护下，斗内电工拆除装置的绝缘遮蔽隔离措施。应注意： （1）拆除绝缘遮蔽隔离措施时应遵守先小后大、由远至近、从上到下的原则。三相的顺序为先中间相、再外边相、最后内边相；每相的顺序依次为横担、耐张绝缘子串、耐张跳线、耐张线夹、主导线。电杆两侧可以电杆为界限分开依次进行； （2）拆除绝缘遮蔽隔离措施时应注意动作幅度，保持足够的安全距离安全距离（对地电位物体大于0.4m，对邻相导体大于0.6m）； （3）防止高空落物
	40	撤离杆塔	斗内电工撤出带电作业区域。撤出带电作业区域时： （1）应无大幅晃动现象； （2）绝缘斗下降、上升的速度不应超过0.5m/s； （3）绝缘斗边沿的最大线速度不应超过0.5m/s； （4）转移绝缘斗时应注意绝缘斗臂车周围杆塔、线路等情况，绝缘臂的金属部位与带电体和地电位物体的距离大于1.0m
			下降绝缘斗返回地面、收回绝缘臂时应注意绝缘斗臂车周围杆塔、线路等情况
	41	工作验收	斗内电工检查施工质量： （1）杆上无遗漏物； （2）装置无缺陷符合运行条件； （3）向工作负责人汇报施工质量

6. 工作结束

√	序号	作业内容	步骤及要求
	1	工作负责人组织班组成员清理工具和现场	绝缘斗臂车各部件复位，收回绝缘斗臂车支腿
			工作负责人组织班组成员整理工具、材料。将工器具清洁后放入专用的箱（袋）中。清理现场，做到“工完、料尽、场地清”
	2	工作负责人召开收工会	工作负责人组织召开现场收工会，做工作总结和点评工作： （1）正确点评本项工作的施工质量； （2）点评班组成员在作业中的安全措施的落实情况； （3）点评班组成员对规程的执行情况
	3	办理工作终结手续	工作负责人向调度汇报工作结束，并终结工作票

7. 验收记录

记录检修中发现的问题	
存在问题及处理意见	

8. 现场标准化作业指导书执行情况评估

评估内容	符合性	优		可操作项	
		良		不可操作项	
	可操作性	优		修改项	
		良		遗漏项	
存在问题					
改进意见					

9. 附录

附录A 作业区段示意图

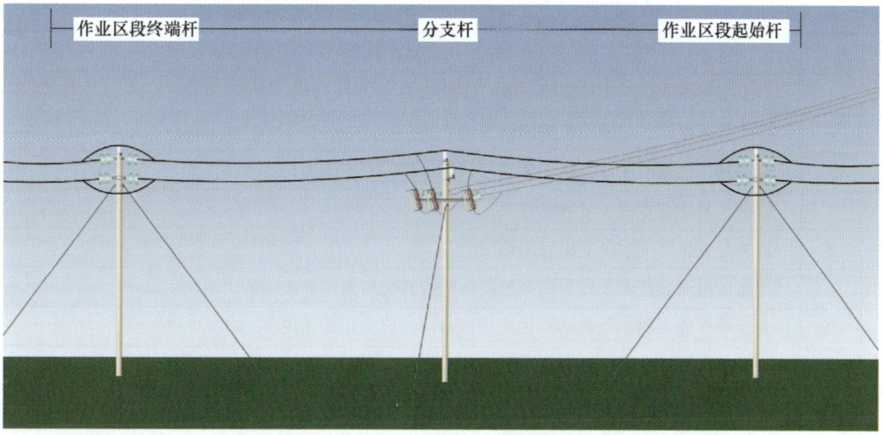

装置简要情况：主导线LJ－120；档距40m左右。

附录 B　旁路回路预防性试验记录单

____________（单位）

试　验　报　告

<table>
<tr><td>申请单位</td><td></td><td>设备名称和编号</td><td></td><td>试验性质</td><td></td></tr>
<tr><td rowspan="2">试验时间</td><td>年月日时分</td><td rowspan="2">气象条件</td><td>温度</td><td colspan="2">℃</td></tr>
<tr><td>星期</td><td>湿度</td><td colspan="2">%</td></tr>
<tr><td colspan="6">设备型号及参数</td></tr>
<tr><td colspan="6">检测数据记录　　　　　数据分析</td></tr>
<tr><td colspan="3">试验结论：</td><td colspan="3">备注：</td></tr>
</table>

负责人：　　　　　　　　　　　　试验人员：

附录 C　旁路回路投入运行操作流程

√	序号	操作步骤
	1	合上 1 号作业点的 1 号旁路开关，并确认
	2	将 1 号旁路开关的操动机构闭锁
	3	对 3 号作业点的 3 号旁路开关进行核相，相位应正确无误
	4	合上 3 号作业点的 3 号旁路开关，并确认
	5	将 3 号旁路开关的操动机构闭锁
	6	用钳形电流表检测 3 号旁路高压辅助电缆有无通流，分流正常
	7	对 2 号作业点的 2 号旁路开关进行核相，相位应正确无误
	8	合上 2 号作业点的 3 号旁路开关，并确认
	9	将 2 号旁路开关的操动机构闭锁
	10	用钳形电流表检测 2 号旁路高压辅助电缆有无通流，分流正常

附录 D 旁路回路退出运行操作流程

√	序号	操作步骤
	1	拉开 2 号作业点的 2 号旁路开关，并确认
	2	用钳形电流表检测 2 号旁路高压辅助电缆应无负荷电流
	3	将 2 号旁路开关的操动机构闭锁
	4	拉开 3 号作业点的 3 号旁路开关，并确认
	5	用钳形电流表检测 3 号旁路高压辅助电缆应无负荷电流
	6	将 3 号旁路开关的操动机构闭锁
	7	拉开 1 号作业点的 1 号旁路开关，并确认
	8	将 1 号旁路开关的操作机构闭锁

第十九节 不停电（短时停电）检修两环网柜间电缆线路作业指导书

1. 范围

本作业指导书适用于旁路法不停电（短时停电）检修两环网柜间电缆线路的现场标准化作业的工作步骤和技术要求。

2. 规范性引用文件

2.1 GB/T 18857—2019《配电线路带电作业技术导则》

2.2 GB/T 14286—2008《带电作业工具设备术语》

2.3 GB/T 34577—2017《配电线路旁路作业技术导则》

2.4 DL/T 858—2004《架空配电线路带电安装及作业工具设备》

2.5 Q/GDW 10520—2016《10kV 配网不停电作业规范》

2.6 Q/GDW 1811—2013《10kV 带电作业用消弧开关技术条件》

2.7 国家电网安质〔2014〕265 号《国家电网公司电力安全工作规程（配电部分）》

2.8 国家电网生〔2009〕190 号《关于印发国家电网公司深入开展现场标准化作业工作指导意见的通知》

2.9 Q/GDW 710—2012《10kV 电缆线路不停电作业技术导则》

2.10 Q/GDW 520—2010《10kV 架空配电线路带电作业管理规范》

2.11 Q/GDW 519—2010《配电网运行规程》

2.12 Q/GDW 249—2009《10kV 旁路作业设备技术条件》

2.13 Q/GDW 1812—2012《10kV 旁路电缆连接器使用导则》

3. 人员组合

本项目需要 20 人。

3.1 作业人员要求

√	序号	责任人	资 质	人数
	1	现场总工作负责人	应通过 10kV 配电带电作业专项培训，考试合格并持有上岗证。应具有配电带电作业实际工作经验，熟悉设备状况，具有一定组织能力和事故处理能力，并经工作负责人的专门培训，考试合格，经本单位总工程师批准、书面公布	1
	2	小组工作负责人（兼监护人）	应通过 10kV 配电带电作业专项培训，考试合格并持有上岗证。应具有配电带电作业实际工作经验，熟悉设备状况，具有一定组织能力和事故处理能力	视小组数量而定
	3	电缆不停电作业组	应通过 10kV 配电线路（电缆）带电作业专项培训，考试合格并持有上岗证	视小组数量而定
	4	倒闸操作组	应通过 10kV 配电线路（电缆）带电作业专项培训，考试合格并持有上岗证	视小组数量而定

3.2 作业人员分工

√	序号	责任人	分工	责任人签名
	1	带电工作负责人（兼工作监护人）		
	2	电缆工作负责人（兼工作监护人）		
	3	环网箱操作人员		
	4	电缆检修人员		

4. 工器具

领用绝缘工器具应核对工器具的使用电压等级和试验周期，并应检查外观完好无损。

工器具运输，应存放在工具袋或工具箱内；金属工具和绝缘工器具应分开装运。

序号	工器具名称		规格、型号	单位	数量	备注
1	主要作业车辆	旁路电缆展放车		辆	1	根据现场输放电缆长度配置
		设备运输车		辆	1	根据现场实际情况确定
2	绝缘防护用具	绝缘手套	10kV	副	1	用于核相、倒闸操作
		安全帽			若干	

续表

序号	工器具名称		规格、型号	单位	数量	备注
3	绝缘操作工具	绝缘操作杆	10kV	根	1	用于分、合旁路开关
		绝缘放电杆及接地线		根	1	旁路电缆试验以及使用以后，放电用
4	旁路作业设备	旁路电缆	10kV	套	若干	根据现场实际长度配置
		快速插拔旁路电缆连接器	10kV	套	若干	根据现场实际情况确定
		旁路电缆连接器保护盒		套	若干	根据现场实际情况确定
		旁路电缆终端	10kV	套	2	与环网柜配套
		旁路负荷开关（选用）	10kV/200A	台	1	短时停电作业时，不采用不停电作业时，如果环网柜开关断口具备核相功能，可以不采用旁路负荷开关
		旁路负荷开关固定器（选用）		套	1	
		旁路电缆防护盖板、防护垫布等				地面敷设
		绑扎绳			若干	分段绑扎固定三相旁路电缆
5	个人工器具	钳子		把	2	
		活络扳手		把	2	
		电工刀		把	2	
		螺丝刀		把	2	
6	其他主要工器具	绝缘电阻检测仪	2500V 及以上	台	1	
		验电器	10kV	支	2	环网柜专用
		对讲机		个	3	
		核相工具	10kV	套	1	与旁路开关或环网柜配套使用
		围栏、安全警示牌等			若干	根据现场实际情况确定

5. 作业程序

5.1 开工准备

√	序号	作业内容	步骤及要求
	1	现场复勘	确认电缆线路设备及周围环境满足作业条件
			确认现场气象条件满足作业要求
			工作负责人检查工作票所列安全措施，在工作票上补充安全措施

续表

√	序号	作业内容	步骤及要求
	2	执行工作许可制度	电缆工作负责人按照工作票内容联系值班调度人员，履行工作许可制度
	3	召开现场站班会	工作负责人宣读工作票
			工作负责人检查工作班组成员精神状态、交代工作任务进行分工、交代工作中的安全措施和技术措施
			工作负责人检查班组各成员对工作任务分工、安全措施和技术措施是否明确
			班组各成员在工作票和作业指导书上签名确认
			斗臂车操作人员将绝缘斗臂车可靠接地： （1）接地线应采用有透明护套的不小于 $16mm^2$ 的多股软铜线； （2）临时接地体埋深应不小于 0.6m
	4	布置工作现场	工作负责人组织班组成员设置工作现场的安全围栏、安全警示标志： （1）安全围栏的范围应考虑作业中高空坠落和高空落物的影响以及道路交通，必要时联系交通部门； （2）围栏的出入口应设置合理； （3）警示标示应包括“从此进出”“施工现场”等，道路两侧应有“车辆慢行”或“车辆绕行”标示或路障
			班组成员按要求将绝缘工器具放在防潮苫布上： （1）防潮苫布应清洁、干燥； （2）工器具应按定置管理要求分类摆放； （3）绝缘工器具不能与金属工具、材料混放
	5	检查绝缘工器具	班组成员逐件对绝缘工器具进行外观检查： （1）检查人员应戴清洁、干燥的手套； （2）绝缘工具表面不应磨损、变形损坏，操作应灵活； （3）个人安全防护用具和遮蔽、隔离用具应无针孔、砂眼、裂纹； （4）检查斗内专用绝缘安全带外观，并做冲击试验
			班组成员使用绝缘电阻检测仪分段检测绝缘工具（本项目的绝缘工具为绝缘拉杆、绝缘传递绳、绝缘绳扣、绝缘后备保护绳、绝缘分流线防坠绳、“T”形绝缘横担）的表面绝缘电阻值： （1）测量电极应符合规程要求（极宽 2cm、极间距 2cm）； （2）正确使用（自检、测量）绝缘电阻检测仪（应采用点测的方法，不应使电极在绝缘工具表面滑动，避免刮伤绝缘工具表面）； （3）绝缘电阻值不得低于 700MΩ
			绝缘工器具检查完毕，向工作负责人汇报检查结果
			斗内电工试操作绝缘斗臂车： （1）试操作应空斗进行； （2）试操作应充分，有回转、升降、伸缩的过程。确认液压、机械、电气系统正常可靠，确认制动装置可靠
			绝缘斗臂车检查和试操作完毕，斗内电工向工作负责人汇报检查结果
			绝缘斗臂车斗内电工将斗内专用绝缘安全带系挂在斗内专用挂钩上

5.2　操作步骤

√	序号	作业内容	步骤及要求
	1	开工	（1）现场总工作负责人与调度值班员联系。 （2）现场总工作负责人发布开始工作的命令。应注意： 1）现场总工作负责人与调度值班员履行许可手续； 2）现场总工作负责人应分别向作业人员宣读工作票，布置工作任务，明确人员分工、作业程序、现场安全措施，进行危险点告知； 3）现场总工作负责人发布开始工作的命令
	2	检查	（1）在作业现场设置安全围栏和警示标志。 （2）检查周围环境。 （3）绝缘工具绝缘性能检测。 （4）对旁路作业设备进行外观检查。 （5）检查确认两环网柜备用间隔设施完好。 （6）检查确认待检修线路负荷电流小于200A。应注意： 1）安全围栏和警示标志满足规定要求。 2）周围环境满足作业条件。 3）绝缘工具性能完好，并在试验周期内。 4）使用绝缘电阻检测仪将绝缘工具进行分段绝缘检测。绝缘电阻值不低于700MΩ。 5）检查旁路电缆的外护套是否有机械性损伤；旁路电缆连接部位是否有损伤；检查旁路负荷开关的外表面是否有机械性损伤。 6）应分段对三相旁路电缆进行绑扎固定。 7）确认环网柜备用间隔设施完好。 8）旁路作业设备额定通流能力为200A，作业前需确认待检修线路负荷电流小于200A
	3	不停电检修电缆作业（待检修线路环网柜备用间隔开关断口不具备核相功能，使用旁路开关）	（1）敷设旁路作业设备防护垫布。 （2）敷设旁路防护盖板。 （3）在待检修线路的两侧环网柜之间敷设旁路电缆、设置旁路负荷开关。 （4）连接旁路电缆。 （5）连接旁路负荷开关。 （6）对旁路电缆进行分段绑扎固定。 （7）确认各部位连接无误。 （8）合上旁路负荷开关。 （9）对整套旁路电缆设备进行绝缘电阻检测，并放电。 （10）断开旁路负荷开关。 （11）确认两环网柜备用间隔均设施完好，且均处于断开位置。 （12）对备用间隔进行验电，确认无电。 （13）将旁路电缆接入环网柜备用间隔，并将旁路电缆终端附近的屏蔽层可靠接地。 （14）依次合上送电侧、受电侧备用间隔开关。 （15）在旁路负荷开关两侧核相确认相位正确。 （16）断开受电侧备用间隔开关。 （17）合上旁路负荷开关。 （18）合上受电侧备用间隔开关，旁路系统送电。 （19）测量旁路电缆分流情况。 （20）断开待检修电缆线路两侧间隔开关，进行电缆线路检修。 （21）电缆线路检修结束后，将检修后的电缆线路接入两侧环网柜，并进行核相。 （22）核相正确后，依次合上检修后电缆送电侧、受电侧间隔开关，电缆线路恢复送电。 （23）依次断开旁路电缆受电侧间隔开关、旁路负荷开关、送电侧间隔开关。 （24）确认旁路电缆两侧间隔开关处于断开状态，将旁路电缆终端拆除。 （25）对旁路作业设备充分放电后，拆除整套旁路电缆设备。负荷电流小于200A。应注意： 1）敷设旁路电缆时，须由多名作业人员配合使旁路电缆离开地面整体敷设，防止旁路电缆与地面摩擦。

续表

√	序号	作业内容	步骤及要求
	3	不停电检修电缆作业（待检修线路环网柜备用间隔开关断口不具备核相功能，使用旁路开关）	2）连接旁路作业设备前，应对各接口进行清洁和润滑：用清洁纸或清洁布、无水酒精或其他清洁剂清洁；确认绝缘表面无污物、灰尘、水分、损伤。在插拔界面均匀涂抹硅脂。 3）雨雪天气严禁组装旁路作业设备；组装完成的连接器允许在降雨（雪）条件下运行，但应确保旁路设备连接部位有可靠的防雨（雪）措施。 4）旁路电缆的屏蔽层应采用截面不小 $25mm^2$ 的导线接地。 5）旁路作业设备组装好后，逐相进行绝缘电阻检测，绝缘电阻值不得小于 500MΩ，合格后方可投入使用绝缘电阻检测后，旁路作业设备充分放电。 6）旁路电缆运行期间，应派专人看守、巡视，防止行人碰触。 7）旁路作业设备投入运行前，必须进行核相。 8）恢复原电缆线路供电前，必须进行核相，确认相位正确方可实施。 9）拆除旁路作业设备前，应充分放电。 10）旁路作业设备额定通流能力为200A，作业前需确认待检修线路负荷电流小于200A。 11）作业过程应监测旁路电缆电流，确保小于 200A
	4	短时停电检修电缆作业	（1）敷设旁路作业设备防潮毡布。 （2）敷设旁路防护盖板。 （3）敷设、连接旁路电缆，并分段绑扎固定。 （4）确认各部位连接无误。 （5）对整套旁路电缆设备进行检测绝缘并放电。 （6）断开两环网柜间隔开关，待检修电缆退出运行。 （7）拆除待检修电缆的终端，检测并记录待检修电缆连接相序。 （8）对待接入的间隔进行验电，确认无电。 （9）将旁路电缆按原相序接入两侧环网柜间隔。 （10）将旁路电缆两端屏蔽层接地。 （11）作业人员分别合上送电侧、受电侧隔开关，旁路系统投入运行。 （12）完成电缆线路检修。 （13）断开旁路电缆两侧环网柜间隔开关，旁路电缆退出运行。 （14）作业人员确认两环网间隔开关处于接地位置，将旁路电缆终端拆除。 （15）对待接入的间隔进行验电，确认无电。 （16）将检修后的电缆线路的相序按原相序接入两侧环网柜间隔。 （17）依次合上送电侧、受电侧间隔开关，电缆线路恢复送电。 （18）回收整套旁路电缆设备。应注意： 1）敷设旁路电缆时，须由多名作业人员配合使旁路电缆离开地面整体敷设，防止旁路电缆与地面摩擦。 2）连接旁路作业设备前，应对各接口进行清洁和润滑：用清洁纸或清洁布、无水酒精或其他清洁剂清洁；确认绝缘表面无污物、灰尘、水分、损伤。在插拔界面均匀涂抹硅脂。 3）雨雪天气严禁组装旁路作业设备；组装完成的连接器允许在降雨（雪）条件下运行，但应确保旁路设备连接部位有可靠的防雨（雪）措施。 4）旁路作业设备组装好后，逐相进行绝缘电阻检测，绝缘电阻值不得小于 500MΩ，合格后方可投入使用。绝缘电阻检测后，旁路作业设备应充分放电。 5）旁路电缆运行期间，应派专人看守、巡视，防止外人碰触。 6）旁路作业设备应按原相序接入。 7）电缆线路检修完后，应按原相序接入。 8）旁路电缆两端屏蔽层应采用不小于 $25mm^2$ 的导线接地。 9）拆除旁路作业设备前，应充分放电。 10）旁路作业设备额定通流能力为 200A，作业前需检测确认待检修线路负荷电流小于 200A。 11）作业过程应监测旁路电缆电流，确保小于 200A
	5	施工质量检查	现场总工作负责人检查作业质量。应注意：全面检查作业质量，无遗漏的工具、材料等
	6	完工	现场总工作负责人检查工作现场。应注意：现场总工作负责人全面检查工作完成情况

6. 工作结束

√	序号	作业内容	步骤及要求
	1	工作负责人组织班组成员清理工具和现场	工作负责人组织班组成员整理工具、材料。将工器具清洁后放入专用的箱（袋）中。清理现场，做到“工完、料尽、场地清”
	2	工作负责人召开收工会	工作负责人组织召开现场收工会，做工作总结和点评工作： （1）正确点评本项工作的施工质量； （2）点评班组成员在作业中的安全措施的落实情况； （3）点评班组成员对规程的执行情况
	3	办理工作终结手续	工作负责人向调度汇报工作结束，并终结工作票

7. 验收记录

记录检修中发现的问题	
存在问题及处理意见	

8. 现场标准化作业指导书执行情况评估

评估内容	符合性	优		可操作项	
		良		不可操作项	
	可操作性	优		修改项	
		良		遗漏项	
存在问题					
改进意见					

第二十节 综合不停电作业检修环网柜作业指导书

1. 范围

本作业指导书适用于 10kV 旁路法不停电（短时停电）检修环网柜的工作。

2. 规范性引用文件

2.1 Q/GDW 710—2012《10kV 电缆线路不停电作业技术导则》

2.2 Q/GDW 520—2010《10kV 架空配电线路带电作业管理规范》

2.3 Q/GDW 519—2010《配电网运行规程》

2.4 国家电网安监〔2009〕664 号《国家电网公司电力安全工作规程（线路部分）》

2.5 Q/GDW 249—2009《10kV 旁路作业设备技术条件》

2.6 Q/GDW 1812—2012《10kV 旁路电缆连接器使用导则》

3. 人员组合

本项目需要20人。

3.1 作业人员要求

√	序号	责任人	资　质	人数
	1	带电工作负责人（兼工作监护人）	应通过10kV配电带电作业专项培训，考试合格并持有上岗证。应具有配电带电作业实际工作经验，熟悉设备状况，具有一定组织能力和事故处理能力，并经工作负责人的专门培训，考试合格，经本单位总工程师批准、书面公布	1
	2	电缆工作负责人（兼工作监护人）	应通过10kV配电带电作业（电缆）专项培训，考试合格并持有上岗证。应具有配电带电作业实际工作经验，熟悉设备状况，具有一定组织能力和事故处理能力	1
	3	环网箱操作人员	应通过10kV配电线路带电作业（电缆）专项培训，考试合格并持有上岗证	2
	4	电缆检修人员	应通过10kV配电线路带电作业（电缆）专项培训，考试合格并持有上岗证	16

3.2 作业人员分工

√	序号	责任人	分　工	责任人签名
	1		带电工作负责人（兼工作监护人）	
	2		电缆工作负责人（兼工作监护人）	
	3		环网箱操作人员负责人	
	4		电缆检修人员负责人	

4. 工器具

领用绝缘工具、安全用具及辅助器具，应核对工器具的使用电压等级和试验周期。领用绝缘工器具，应检查外观完好无损。

工器具运输，应存放在工具袋或工具箱内；金属工具和绝缘工器具应分开装运。

4.1 装备

√	序号	名称	规格/编号	单位	数量	备注
	1	旁路电缆展放车		辆	1	
	2	设备运输车		辆	1	

4.2 个人安全防护用具

√	序号	名称	规格/编号	单位	数量	备注
	1	绝缘安全帽	10kV	顶	20	
	2	绝缘手套	10kV	双	2	
	3	绝缘靴		双	3	

4.3 绝缘工具

√	序号	名称	规格/编号	单位	数量	备注
	1	绝缘操作杆		根	1	
	2	绝缘放电杆及接地线	10kV	副	1	

4.4 仪器仪表

√	序号	名称	规格/编号	单位	数量	备注
	1	高压验电器	10kV	支	1	
	2	低压验电器	0.4kV	支	1	
	3	绝缘电阻检测仪	2500V	只	1	
	4	风速仪		只	1	
	5	温、湿度计		只	1	
	6	接地电阻测试仪		套	1	
	7	核相仪	0.4kV	套	1	
	8	多方通话系统		部	2	

4.5 旁路作业装备

√	序号	名称	规格/编号	单位	数量	备注
	1	旁路电缆	10kV	套	若干	根据现场实际长度配置
	2	快速插拔旁路电缆直通连接器	10kV	套	若干	根据现场实际情况确定
	3	快速插拔旁路电缆 T 型连接器	10kV	套	1	
	4	旁路电缆接线保护盒		套	若干	根据现场实际情况确定
	5	旁路电缆终端	10kV	套	3	与环网柜配套
	6	旁路负荷开关（选用）	10kV/200A	台	2	短时停电作业，不采用旁路负荷开关。 不停电作业，如果环网柜开关断口具备核相功能，可以不采用旁路负荷开关
	7	旁路负荷开关固定器		套	2	
	8	旁路电缆防护盖板、防护垫布等		块	若干	地面敷设

4.6 材料

√	序号	名称	规格/编号	单位	数量	备注
	1	工程电缆		m	若干	按实际需求确定

5. 作业程序

5.1 开工准备

√	序号	作业内容	步骤及要求
	1	现场复勘	工作负责人核对工作线路双重命名、杆号
			工作负责人检查环境是否符合作业要求： （1）平整结实； （2）地面坡度不大于7°
			工作负责人检查线路装置是否具备带电作业条件： （1）作业电杆杆根、埋深、杆身质量； （2）变压器容量应小于等于移动箱变车的变压器容量
			工作负责人检查气象条件是否符合带电作业要求： （1）天气应晴好，无雷、雨、雪、雾； （2）风力不大于5级； （3）空气相对湿度不大于80%
			工作负责人检查工作票所列安全措施，必要时在工作票上补充安全技术措施
	2	执行工作许可制度	工作负责人与调度联系，确认作业线路重合闸已退出
			工作负责人在工作票上签字
	3	召开现场站班会	工作负责人宣读工作票
			工作负责人检查工作班组成员精神状态、交代工作任务进行分工、交代工作中的安全措施和技术措施
			工作负责人检查班组各成员对工作任务分工、安全措施和技术措施是否明确
			班组各成员在工作票和作业指导书上签名确认
	4	停放电缆展放车	驾驶员将电缆展放车停放到适当位置：停放的位置应便于电缆收放，尽量不阻碍交通
	5	布置工作现场	工作负责人组织班组成员设置工作现场的安全围栏、安全警示标志： （1）安全围栏的范围应考虑作业中高空坠落和高空落物的影响以及道路交通，必要时联系交通部门； （2）围栏的出入口应设置合理； （3）警示标示应包括“从此进出”“在此工作”等，道路两侧应有“车辆慢行”标示或路障
			班组成员按要求将绝缘工器具放在防潮苫布上： （1）防潮苫布应清洁、干燥； （2）工器具应按定置管理要求分类摆放； （3）绝缘工器具不能与金属工具、材料混放

续表

√	序号	作业内容	步骤及要求
	6	工作负责人组织班组成员检查工器具	班组成员逐件对绝缘工器具进行外观检查： （1）检查人员应戴清洁、干燥的手套； （2）绝缘工具表面不应磨损、变形损坏，操作应灵活； （3）个人安全防护用具和遮蔽、隔离用具应无针孔、砂眼、裂纹； （4）检查斗内专用绝缘安全带外观，并做冲击试验
			班组成员使用绝缘电阻检测仪分段检测绝缘工具的表面绝缘电阻值： （1）测量电极应符合规程要求（极宽 2cm、极间距 2cm）； （2）正确使用（自检、测量）绝缘电阻检测仪（应采用点测的方法，不应使电极在绝缘工具表面滑动，避免刮伤绝缘工具表面）； （3）绝缘电阻值不得低于 700MΩ
			绝缘工器具检查完毕，向工作负责人汇报检查结果
	7	检查电缆展放车	确认液压、机械、电气系统正常可靠，确认制动装置可靠
	8	检查（新）变压器	地面电工检查（新）变压器： （1）清洁瓷件，并做表面检查，瓷件表面应光滑，无麻点，裂痕等； （2）清洁本体，无渗漏油现象； （3）核对产品合格证、试验合格证，记录铭牌参数； （4）检测完毕，向工作负责人汇报检测结果

5.2　作业过程

√	序号	作业内容	步骤及要求
	1	开工	（1）现场总工作负责人与调度值班员联系。 （2）现场总工作负责人发布开始工作的命令。应注意： 1）现场总工作负责人与调度值班员履行许可手续。 2）现场总工作负责人应分别向作业人员宣读工作票，布置工作任务，明确人员分工、作业程序、现场安全措施，进行危险点告知，并履行确认手续。 3）现场总工作负责人发布开始工作的命令
	2	检查	（1）在作业现场设置安全围栏和警示标志。 （2）作业人员检查周围环境。 （3）检查绝缘工具、防护用具。 （4）绝缘工具绝缘性能检测。 （5）对旁路作业设备进行外观检查。 （6）检查确认环网柜备用间隔设施完好。 （7）检查确认待检修线路负荷电流小于 200A。应注意： 1）安全围栏和警示标志满足规定要求。 2）周围环境满足作业条件。 3）绝缘工具、防护用具性能完好，并在试验周期内。 4）使用绝缘电阻检测仪将绝缘工具进行分段绝缘检测。绝缘电阻阻值不低于 700MΩ。 5）检查旁路电缆的外护套是否有机械性损伤；旁路电缆连接部位是否有损伤；检查旁路负荷开关的外表面是否有机械性损伤；检查开关是否因气体压力低而引起闭锁。确认环网柜备用间隔设施完好。 6）旁路作业设备额定通流能力为 200A，作业前需检测确认待检修线路负荷电流小于 200A

续表

√	序号	作业内容	步骤及要求
	3	不停电作业施工	（1）敷设旁路作业设备防护垫布。 （2）敷设旁路防护盖板。 （3）在待检修环网柜的送电侧、受电侧两台环网柜之间敷设旁路电缆。 （4）在待检修环网柜与其分支环网柜之间敷设旁路电缆。 （5）连接旁路电缆，采用 T 型连接器连接待检修环网柜两侧及分支侧之间的旁路电缆。 （6）对旁路电缆进行分段绑扎固定。 （7）分别在在待检修环网柜的受电侧环网柜附近、分支侧环网柜附近设置旁路负荷开关。 （8）连接旁路负荷开关。 （9）确认各部位连接无误。 （10）合上旁路负荷开关。 （11）对整套旁路电缆设备进行绝缘检测并放电。 （12）断开旁路负荷开关。 （13）确认待检修环网柜的送电侧、受电侧、分支侧三台环网柜备用间隔均完好，且处于断开位置。 （14）对备用间隔进行验电，确认无电。 （15）将旁路电缆终端接入三台环网柜备用间隔，并将旁路电缆终端的屏蔽层可靠接地。 （16）合上送电侧环网柜备用间隔开关。 （17）合上受电侧环网柜备用间隔开关。 （18）在受电侧旁路开关处核相，确认相位正确。 （19）断开受电侧环网柜备用间隔开关。 （20）合上受电侧旁路开关。 （21）合上受电侧环网柜备用间隔开关。 （22）测量受电侧旁路电缆分流情况。 （23）合上分支侧环网柜备用间隔开关。 （24）在分支侧旁路开关处核相，确认相位正确。 （25）断开分支侧环网柜备用间隔开关。 （26）合上分支侧旁路开关。 （27）合上分支侧环网柜备用间隔开关。 （28）测量分支侧旁路电缆分流情况。 （29）拉开与待检修环网柜连接的电缆线路送电侧、受电侧、分支侧三台环网柜间隔开关。进行环网柜的检修。 （30）环网柜检修后，将电缆线路按原相位接入检修后的环网柜。 （31）核相正确后，作业人员依次合上检修后环网柜送电侧、受电侧、分支侧三台环网柜隔开关，检修环网柜恢复送电。 （32）断开分支侧、受电侧环网柜备用间隔开关。 （33）断开分支侧、受电侧旁路开关。 （34）断开送电侧环网柜备用间隔开关。 （35）确认旁路电缆两侧间隔开关处于断开状态，将旁路电缆终端拆除。 （36）对旁路作业设备充分放电后，拆除整套旁路电缆设备。应注意： 1）敷设旁路电缆时，须由多名作业人员配合使旁路电缆离开地面整体敷设，防止旁路电缆与地面摩擦。 2）连接旁路作业设备前，应对各接口进行清洁和润滑：用清洁纸或清洁布、无水酒精或其他清洁剂清洁；确认绝缘表面无污物、灰尘、水分、损伤。在插拔界面均匀涂抹硅脂。 3）雨雪天气严禁组装旁路作业设备；组装完成的连接器允许在降雨（雪）条件下运行，但应确保旁路设备连接部位有可靠的防雨（雪）措施。 4）旁路负荷开关组装后，应使用专用接地线将旁路开关外壳接地。 5）旁路作业设备组装好后，应合上旁路开关，逐相进行绝缘电阻检测，绝缘电阻值不得小于 500MΩ，合格后方可投入使用。绝缘电阻检测后，旁路作业设备应充分放电。

续表

√	序号	作业内容	步骤及要求
	3	不停电作业施工	6）旁路电缆运行期间，应派专人看守、巡视，防止行人碰触。 7）旁路电缆两端屏蔽层应采用不小于 $25mm^2$ 的导线接地。 8）旁路作业设备投入运行前，必须进行核相。 9）恢复原电缆线路供电前，必须进行核相，确认相位正确方可实施。 10）拆除旁路作业设备前，应充分放电。 11）旁路作业设备额定通流能力为200A，作业前需检测确认待检修线路负荷电流小于200A。 12）作业过程应监测旁路电缆电流，确保小于200A
	4	短时停电作业施工	（1）敷设旁路作业设备防护垫布。 （2）敷设旁路防护盖板。 （3）在待检修环网柜两侧的环网柜之间敷设旁路电缆。 （4）在待检修环网柜与其分支环网柜之间敷设旁路电缆。 （5）连接旁路电缆，采用T型连接器连接待检修环网柜两侧及分支侧之间的旁路电缆。 （6）对旁路电缆进行分段绑扎固定。 （7）确认各部位连接无误。 （8）对整套旁路电缆设备进行检测绝缘并放电。 （9）断开与待检修环网柜连接的受电侧、分支侧、送电侧三台环网柜间隔开关。 （10）拆除与待检修环网柜连接的受电侧、分支侧、送电侧三台环网柜间隔开关上的电缆终端，检测并记录待检修电缆连接相序。 （11）将旁路电缆按原相序接入受电侧、分支侧、送电侧三台环网柜间隔开关。 （12）分别合上送电侧、受电侧、分支侧隔开关，旁路系统投入运行。 （13）完成环网柜的检修。 （14）断开旁路电缆连接的送电侧、受电侧、分支侧隔开关，旁路电缆退出运行。 （15）作业人员确认环网间隔开关处于接地位置，将旁路电缆终端拆除。 （16）对备用间隔进行验电，确认无电。 （17）将电缆线路按原相序接入检修后的环网柜间隔。 （18）将电缆线路按原相序接入送电侧、受电侧、分支侧环网柜间隔开关。 （19）依次合上送电侧、受电侧、分支侧环网柜间隔开关，电缆线路恢复送电。 （20）对旁路作业设备充分放电后，拆除整套旁路电缆设备。应注意： 1）敷设旁路电缆时，须由多名作业人员配合使旁路电缆离开地面整体敷设，防止旁路电缆与地面摩擦。 2）连接旁路作业设备前，应对各接口进行清洁和润滑：用不起毛的清洁纸或清洁布、无水酒精或其他电缆清洁剂清洁；确认绝缘表面无污物、灰尘、水分、损伤。在插拔界面均匀涂抹硅脂。 3）雨雪天气严禁组装旁路作业设备；组装完成的连接器允许在降雨（雪）条件下运行，但应确保旁路设备连接部位有可靠的防雨（雪）措施。 4）旁路作业设备组装好后，逐相进行绝缘电阻检测，绝缘电阻值不得小于500MΩ，合格后方可投入使用。绝缘电阻检测后，旁路作业设备应充分放电。 5）旁路电缆运行期间，应派专人看守、巡视，防止行人碰触。 6）旁路作业设备应按原相序接入。 7）检修完后，电缆线路应按原相序接入。 8）旁路电缆两端屏蔽层应采用不小于 $25mm^2$ 的导线接地。 9）拆除旁路作业设备前，应充分放电。 10）旁路作业设备额定通流能力为200A，作业前需检测确认待检修线路负荷电流小于200A。 11）作业过程应监测旁路电缆电流，确保小于200A

续表

√	序号	作业内容	步骤及要求
	5	施工质量检查	现场总工作负责人检查作业质量。应注意： 全面检查作业质量，无遗漏的工具、材料等
	6	完工	现场总工作负责人检查工作现场；应注意： 现场总工作负责人全面检查工作完成情况

6. 工作结束

√	序号	作业内容	步骤及要求
	1	工作负责人组织班组成员清理工具和现场	工作负责人组织班组成员整理工具、材料。将工器具清洁后放入专用的箱（袋）中。清理现场，做到“工完、料尽、场地清”
	2	工作负责人召开收工会	工作负责人组织召开现场收工会，做工作总结和点评工作： （1）正确点评本项工作的施工质量； （2）点评班组成员在作业中的安全措施的落实情况； （3）点评班组成员对规程的执行情况
	3	办理工作终结手续	工作负责人向调度汇报工作结束，并终结工作票

7. 验收记录

记录检修中发现的问题	
存在问题及处理意见	

8. 现场标准化作业指导书执行情况评估

<table>
<tr><td rowspan="4">评估内容</td><td rowspan="2">符合性</td><td>优</td><td></td><td>可操作项</td><td></td></tr>
<tr><td>良</td><td></td><td>不可操作项</td><td></td></tr>
<tr><td rowspan="2">可操作性</td><td>优</td><td></td><td>修改项</td><td></td></tr>
<tr><td>良</td><td></td><td>遗漏项</td><td></td></tr>
<tr><td>存在问题</td><td colspan="5"></td></tr>
<tr><td>改进意见</td><td colspan="5"></td></tr>
</table>

第二十一节　从环网箱（架空线路）等设备临时取电给环网箱、移动箱变供电作业指导书

1. 范围

适用于从架空线路临时取电给环网柜（移动箱变）供电作业。

给环网柜供电主要是从运行线路取电给故障或计划停电的线路供电；给移

动箱变供电主要是为低压用户供电。

2. 规范性引用文件

2.1　GB/T 14286—2008《带电作业工具设备术语》

2.2　GB/T 34577—2017《配电线路旁路作业技术导则》

2.3　DL/T 858—2004《架空配电线路带电安装及作业工具设备》

2.4　Q/GDW 10520—2016《国家电网公司 10kV 配网不停电作业规范》

2.5　Q/GDW 249—2009《10kV 旁路作业设备技术条件》

2.6　国家电网安质〔2014〕265 号《国家电网公司电力安全工作规程（配电部分）》

2.7　国家电网生〔2009〕190 号《关于印发国家电网公司深入开展现场标准化作业工作指导意见的通知》

3. 人员组合

本项目需要 24 人。

3.1　作业人员要求

√	序号	责任人	资　质	人数
	1	带电工作负责人（兼监护人）	应通过 10kV 配电带电作业专项培训，考试合格并持有上岗证。应具有配电带电作业实际工作经验，熟悉设备状况，具有一定组织能力和事故处理能力，并经工作负责人的专门培训，考试合格，经本单位总工程师批准、书面公布	1
	2	斗内电工	应通过 10kV 配电带电作业专项培训，考试合格并持有上岗证。应具有配电带电作业实际工作经验，熟悉设备状况，具有一定组织能力和事故处理能力	2
	3	地面电工	应通过 10kV 配电线路带电作业专项培训，考试合格并持有上岗证。应具有配电带电作业实际工作经验，熟悉设备状况，具有一定组织能力和事故处理能力	1
	4	电缆工作负责人	应通过 10kV 配电线路带电作业专项培训，考试合格并持有上岗证	1
	5	倒闸操作人员	应通过 10kV 配电线路带电作业（电缆）专项培训，考试合格并持有上岗证	2
	6	施工人员	应通过 10kV 配电线路带电作业（电缆）专项培训，考试合格并持有上岗证	17

3.2　作业人员分工

√	序号	责任人	分工	责任人签名
	1		带电工作负责人（监护人）	
	2		电缆工作负责人（监护人）	

4. 工器具

领用绝缘工具、安全用具及辅助器具，应核对工器具的使用电压等级和试验周期。领用绝缘工器具，应检查外观完好无损。

工器具运输，应存放在工具袋或工具箱内；金属工具和绝缘工器具应分开装运。

4.1 装备

√	序号	名称	规格/编号	单位	数量	备注
	1	绝缘斗臂车		辆	1	带小吊臂
	2	移动箱变车		辆	1	带配套工具，临时取电给移动箱变车供电用
	3	旁路电缆展放车		辆		
	4	设备运输车		辆		

4.2 个人安全防护用具

√	序号	名称	规格/编号	单位	数量	备注
	1	绝缘手套	10kV	副	2	
	2	防护手套		副	2	
	3	绝缘服（袖套、披肩）	10kV	副	2	
	4	绝缘鞋（靴）	10kV	双	2	
	5	护目镜		副	2	
	6	安全带		副	3	
	7	绝缘安全帽		顶	2	
	8	普通安全帽	10kV	顶	若干	
	9	脚扣		副	1	

4.3 绝缘遮蔽用具

√	序号	名称	规格/编号	单位	数量	备注
	1	绝缘毯	10kV	块	6	
	2	导线遮蔽罩	10kV	个	6	
	3	绝缘毯夹		个	10	

4.4　绝缘工具

√	序号	名称	规格/编号	单位	数量	备注
	1	绝缘导线剥皮器		个	1	
	2	绝缘操作杆	10kV	副	1	分、合旁路开关用
	3	绝缘放电杆及接地线		副	1	

4.5　仪器仪表

√	序号	名称	规格/编号	单位	数量	备注
	1	钳形电流表	10kV	支	1	
	2	核相仪	0.4kV	支	1	
	3	绝缘电阻测试仪	2500V	只	1	
	4	温湿度仪		只	1	
	5	风速仪		只	1	
	6	验电器		套	1	

4.6　旁路作业装备

√	序号	名称	规格/编号	单位	数量	备注
	1	旁路电缆	10kV	套	若干	与架空线和环网柜连接
	2	旁路电缆终端	10kV	套	若干	
	3	旁路电缆连接器	10kV	套	若干	
	4	旁路负荷开关	10kV/200A	台	1	
	5	旁路负荷开关固定器		个	1	
	6	余缆杆上支架		个	1	
	7	旁路电缆保护盒		套	若干	
	8	旁路电缆连接器保护盒		套	若干	
	9	绑扎绳			若干	
	10	绝缘自黏带			若干	

4.7　其他工具

√	序号	名称	规格/编号	单位	数量	备注
	1	钳子		把	2	
	2	活络扳手		把	2	

续表

√	序号	名称	规格/编号	单位	数量	备注
	3	电工刀		把	2	
	4	螺丝刀		把	2	
	5	对讲机		个	4	
	6	防潮垫或毡布		块	2	
	7	安全警示带（牌）		套	10	
	8	斗外工具箱		个	1	
	9	绝缘S钩		个	1	
	10	斗外工具袋		个	1	
	11	绝缘绳		条	9	

5. 作业程序

5.1 开工准备

√	序号	作业内容	步骤及要求
	1	现场复勘	工作负责人核对工作线路双重命名、杆号
			工作负责人检查环境是否符合作业要求： （1）平整结实； （2）地面坡度不大于7°
			工作负责人检查线路装置是否具备带电作业条件：作业电杆杆根、埋深、杆身质量
			工作负责人检查气象条件是否符合带电作业要求： （1）天气应晴好，无雷、雨、雪、雾； （2）风力不大于5级； （3）空气相对湿度不大于80%
			工作负责人检查工作票所列安全措施，必要时在工作票上补充安全技术措施
	2	执行工作许可制度	工作负责人与调度联系，确认作业线路重合闸已退出
			工作负责人在工作票上签字
	3	召开现场站班会	工作负责人宣读工作票
			工作负责人检查工作班组成员精神状态、交代工作任务进行分工、交代工作中的安全措施和技术措施
			工作负责人检查班组各成员对工作任务分工、安全措施和技术措施是否明确
			班组各成员在工作票和作业指导书上签名确认
	4	停放移动箱变车	驾驶员将移动箱变车停放到适当位置： （1）停放的位置应便于搭接高、低压柔性电缆和箱变车接地装置接地； （2）不应正对变压器台架，应给绝缘斗臂车（或吊车。注：由于现场空间的原因，吊车暂不进入作业位置）预留作业空间； （3）移动箱变车应顺线路停放，支腿支放正确

续表

√	序号	作业内容	步骤及要求
	5	停放绝缘斗臂车	斗臂车驾驶员将绝缘斗臂车位置停放到适当位置： （1）停放的位置应便于绝缘斗臂车绝缘斗达到作业位置，避开附近电力线和障碍物。并能保证作业时绝缘斗臂车的绝缘臂有效绝缘长度； （2）停放位置坡度不大于 7°，绝缘斗臂车应顺线路停放
			斗臂车操作人员支放绝缘斗臂车支腿： （1）不应支放在沟道盖板上； （2）软土地面应使用垫块或枕木，垫放时垫板重叠不超过 2 块，呈 45° 角。 （3）支撑应到位，车辆前后、左右呈水平；"H"型支腿的车型，水平支腿应全部伸出；整车支腿受力，车轮离地
			斗臂车操作人员将绝缘斗臂车可靠接地
	6	布置工作现场	工作负责人组织班组成员设置工作现场的安全围栏、安全警示标志： （1）安全围栏的范围应考虑作业中高空坠落和高空落物的影响以及道路交通，必要时联系交通部门； （2）围栏的出入口应设置合理； （3）警示标示应包括"从此进出""在此工作"等，道路两侧应有"车辆慢行"标示或路障
			班组成员按要求将绝缘工器具放在防潮苫布上： （1）防潮苫布应清洁、干燥； （2）工器具应按定置管理要求分类摆放； （3）绝缘工器具不能与金属工具、材料混放
	7	工作负责人组织班组成员检查工器具	班组成员逐件对绝缘工器具进行外观检查： （1）检查人员应戴清洁、干燥的手套； （2）绝缘工具表面不应磨损、变形损坏，操作应灵活； （3）个人安全防护用具和遮蔽、隔离用具应无针孔、砂眼、裂纹； （4）检查斗内专用绝缘安全带外观，并做冲击试验
			班组成员使用绝缘电阻检测仪分段检测绝缘工具的表面绝缘电阻值： （1）测量电极应符合规程要求（极宽 2cm、极间距 2cm）； （2）正确使用（自检、测量）绝缘电阻检测仪（应采用点测的方法，不应使电极在绝缘工具表面滑动，避免刮伤绝缘工具表面）； （3）绝缘电阻值不得低于 700MΩ
			绝缘工器具检查完毕，向工作负责人汇报检查结果
	8	检查绝缘斗臂车	斗内电工检查绝缘斗臂车表面状况：绝缘斗、绝缘臂应清洁、无裂纹损伤
			斗内电工试操作绝缘斗臂车： （1）试操作应空斗进行； （2）试操作应充分，有回转、升降、伸缩的过程。确认液压、机械、电气系统正常可靠，确认制动装置可靠
			绝缘斗臂车检查和试操作完毕，斗内电工向工作负责人汇报检查结果
	9	斗内电工进入绝缘斗臂车绝缘斗	斗内电工穿戴好全套的个人安全防护用具： （1）个人安全防护用具包括绝缘帽、绝缘服、绝缘裤、绝缘手套（戴防穿刺手套）、绝缘鞋（套鞋）等； （2）工作负责人应检查斗内电工个人防护用具的穿戴是否正确
			斗内电工携带工器具进入绝缘斗： （1）工器具应分类放置工具袋中； （2）工器具的金属部分不准超出绝缘斗沿面； （3）工具和人员重量不得超过绝缘斗额定载荷
			斗内电工将斗内专用绝缘安全带系挂在斗内专用挂钩上

5.2 作业过程

√	序号	作业内容	步骤及要求
	1	开工	(1)现场总工作负责人与调度值班员联系。 (2)现场总工作负责人发布开始工作的命令。应注意: 1)现场总工作负责人与调度值班员履行许可手续,确认重合闸已停用。 2)现场总工作负责人应分别向作业人员宣读工作票,布置工作任务、明确人员分工、作业程序、现场安全措施、进行危险点告知,并履行确认手续。 3)现场总工作负责人发布开始工作的命令
	2	检查	(1)在作业现场设置安全围栏和警示标志。 (2)作业人员检查电杆、拉线及周围环境。 (3)检查绝缘工具、防护用具。 (4)绝缘工具绝缘性能检测。 (5)对旁路作业设备进行外观检查。 (6)检查确认待取电环网柜间隔设施完好。 (7)检查确认待检修线路负荷电流小于200A。应注意: 1)安全围栏和警示标志满足规定要求。 2)电杆、拉线基础完好,拉线无腐蚀情况,线路设备及周围环境满足作业条件。 3)绝缘工具、防护用具性能完好,并在试验周期内。 4)使用绝缘电阻检测仪将绝缘工具进行分段绝缘检测。绝缘电阻阻值不低于700MΩ。 5)检查旁路电缆的外护套是否有机械性损伤;电缆接头与电缆的连接部位是否有折断现象;检查电缆接头绝缘表面是否有损伤;检查开关的外表面是否有机械性损伤。确认环网柜间隔设施完好。 6)旁路作业设备额定通流能力为200A,作业前需检测确认待接入线路负荷电流不大于200A
	3	操作绝缘斗臂车	(1)绝缘斗臂车进入工作现场,定位于合适的工作位置并装好接地线。如使用吊车起吊开关,吊车进入工作现场,定位于最佳工作位置并装好接地线。 (2)操作绝缘斗臂车空斗试操作,确认液压传动、回转、升降、伸缩系统工作正常,确认操作灵活、制动装置可靠。 (3)斗内电工穿戴好安全防护用具,经带电作业工作负责人检查无误后,进入工作斗。 升起工作斗,定位到便于作业的位置。应注意: 1)根据地形地貌和作业项目,将斗臂车定位于合适的作业位置。 2)装好(车用)接地线。 3)打开斗臂车的警示灯,斗臂车前后应设置警示标识。 4)不得在坡度大于5°的路面上操作斗臂车。 5)操作取力器前,应检查各个开关及操作杆应在中位或在OFF(关)的位置。 6)在寒冷的天气,使用前应先使液压系统加温,低速运转不小于5min。 7)支腿应支在硬实路面上,在不平整地面,应铺垫专用支腿垫板。 8)支起支腿时,应按照从前到后的顺序进行,使支腿可靠支撑,轮胎不承载,车身水平。 9)松开上臂绑带,选定工作臂的升降回转路径进行空斗试操作,应避开临近的电力线路、通信线路、树木及其他障碍物。 10)斗内电工穿戴全套安全防护用具,经带电作业工作负责人检查合格后携带遮蔽用具和作业工具进入工作斗,系好安全带。 11)工作臂下有人时,不得操作斗臂车。 12)绝缘斗的起升、下降操作应平稳,升降速度不应大于0.5m/s;回转时,绝缘斗外缘的线速度不应大于0.5m/s

续表

√	序号	作业内容	步骤及要求
	4	绝缘遮蔽	绝缘斗臂车斗内电工对作业范围内的所有带电体和接地体进行绝缘遮蔽。应注意： （1）在接近带电体过程中，应使用验电器从下方依次验电。 （2）对带电体设置绝缘遮蔽时，按照从近到远的原则，从离身体最近的带电体依次设置；对上下多回分布的带电导线设置遮蔽用具时，应按照从下到上的原则，从下层导线开始依次向上层设置；对导线、绝缘子、横担的设置次序是按照从带电体到接地体的原则，先放导线遮蔽罩，再放绝缘子遮蔽罩、然后对横担进行遮蔽。 （3）使用绝缘毯时应用绝缘夹夹紧，防止脱落。搭接的遮蔽用具其重叠部分不得小于 15cm。 （4）对在工作斗升降中可能触及范围内的低压带电部件也需进行遮蔽
	5	从架空线路临时取电给环网柜供电作业	（1）地面电工根据杆上变压器的型号、分接开关位置等，做好移动箱变接入前的准备工作和其他地面工作。 （2）敷设旁路作业设备防护垫布。 （3）敷设旁路防护盖板。 （4）敷设旁路电缆。 （5）斗内电工、杆上电工相互配合，斗内电工升起工作斗定位于安装旁路开关位置，在杆上电工配合下安装旁路开关及余缆工具，旁路开关外壳应良好接地。 （6）将与架空线连接的旁路电缆及终端固定在电杆上。 （7）连接旁路电缆并进行分段绑扎固定。 （8）将环网柜侧的旁路电缆终端与旁路负荷开关连接好。 （9）斗内电工、杆上电工相互配合将旁路电缆与旁路开关连接好，将剩余电缆可靠固定在余缆工具上，杆上电工返回地面。 （10）工作完成检查各部位连接无误，将已安装的旁路电缆首、末终端分别置于悬空位置，斗内电工合上旁路开关。 （11）使用绝缘电阻检测仪对组装好的旁路作业设备进行绝缘电阻检测。 （12）绝缘电阻检测完毕，将旁路电缆分相可靠接地充分放电后，将旁路开关断开。 （13）确认待取电的环网柜进线间隔开关与电源侧断开。 （14）验电后，将旁路电缆终端按照原系统相位安装到环网柜进线间隔上，并将旁路电缆的屏蔽层接地。 （15）斗内电工经带电作业工作负责人同意，按相位依次将旁路开关电源侧旁路电缆终端与架空导线连接好返回地面。 （16）合上旁路负荷开关，并锁死保险环。 （17）合上取电环网柜进线间隔开关，完成取电工作。 （18）临时取电给环网柜工作完成后，断开取电环网柜进线间隔开关。 （19）断开旁路负荷开关。 （20）斗内电工经带电作业工作负责人同意，确认旁路开关断开后，拆除旁路开关电源侧旁路电缆终端与架空导线的连接，并恢复导线绝缘。 （21）合上旁路负荷开关对旁路电缆可靠接地充分放电后，拆除环网柜进线间隔处旁路电缆终端。 （22）斗内电工、杆上电工相互配合依次拆除旁路电缆、旁路开关、余缆工具及杆上绝缘遮蔽用具返回地面。应注意： 1）敷设旁路电缆时，须由多名作业人员配合使旁路电缆离开地面整体敷设，防止旁路电缆与地面摩擦。 2）连接旁路作业设备前，应对各接口进行清洁和润滑：用清洁纸或清洁布、无水酒精或其他清洁剂清洁；确认绝缘表面无污物、灰尘、水分、损伤。在插拔界面均匀涂抹硅脂。 3）雨雪天气严禁组装旁路作业设备；组装完成的连接器允许在降雨（雪）条件下运行，但应确保旁路设备连接部位有可靠的防雨（雪）措施。 4）旁路开关组装后，应使用专用接地线将旁路开关外壳接地。

续表

√	序号	作业内容	步骤及要求
	5	从架空线路临时取电给环网柜供电作业	5）旁路作业设备组装好后，应合上旁路开关，逐相进行旁路作业设备的绝缘电阻检测，绝缘电阻值不得小于500MΩ，合格后方可投入使用。绝缘电阻检测后，旁路作业设备应充分放电。 6）旁路电缆运行期间，应派专人看守、巡视，防止行人碰触。运行中的旁路开关应在明显位置挂“禁止分闸”警示牌。 7）旁路作业设备投入运行前，必须进行核相。 8）恢复原线路供电前，必须进行核相，确认相位正确方可实施。 9）拆除旁路作业设备前，应充分放电。 10）旁路电缆屏蔽层应采用不小于25mm^{2}的导线接地。 11）旁路作业设备额定通流能力为200A，作业前需检测确认待检修线路负荷电流不大于200A。作业过程应监测旁路电缆电流，确保小于200A
	6	从架空线路临时取电给移动箱变供电作业	（1）敷设旁路作业设备防护垫布。 （2）敷设旁路防护盖板。 （3）敷设旁路电缆。 （4）斗内电工、杆上电工相互配合，斗内电工升起工作斗定位于安装旁路开关位置，在杆上电工配合下安装旁路开关及余缆工具，旁路开关外壳应良好接地。 （5）将与架空线连接的旁路转接电缆固定在电杆上。 （6）连接旁路电缆并进行分段绑扎固定。 （7）将移动箱变侧的旁路电缆终端与旁路负荷开关连接好。 （8）斗内电工、杆上电工相互配合将与架空线连接的旁路转接电缆与旁路开关连接好，将剩余电缆可靠固定在余缆工具上，杆上电工返回地面。 （9）工作完成检查各部位连接无误，将已安装的旁路电缆首、末终端接头分别置于悬空位置，斗内电工合上旁路开关。 （10）使用绝缘电阻检测仪对组装好的旁路作业设备进行绝缘电阻检测。 （11）绝缘性能检测完毕，将旁路电缆分相可靠接地充分放电后，将旁路开关断开。 （12）确认待取电的用户与原电源侧断开。 （13）验电后，将旁路电缆终端安装到移动箱变上；将低压侧按原相序接至用户。 （14）斗内电工经带电作业工作负责人同意，按相位依次将旁路开关电源侧高压引下线与带电主导线连接好返回地面。 （15）合上旁路负荷开关，并锁死保险环。 （16）依次合上移动箱变高压侧、低压侧开关，完成取电工作。 （17）临时取电给移动箱变工作完成后，断开移动箱变低压侧开关。 （18）断开移动箱变高压侧开关。 （19）断开旁路负荷开关。 （20）斗内电工经带电作业工作负责人同意，确认旁路开关断开后，拆除旁路开关电源侧高压引下线与主导线的连接，并恢复导线绝缘。 （21）合上旁路负荷开关对旁路电缆可靠接地充分放电。 （22）斗内电工、杆上电工相互配合依次拆除旁路电缆、旁路开关、余缆工具及杆上绝缘遮蔽用具返回地面。应注意： 1)敷设旁路电缆时，须由多名作业人员配合使旁路电缆离开地面整体敷设，防止旁路电缆与地面摩擦。 2)连接旁路作业设备前，应对各接口进行清洁和润滑：用清洁纸或清洁布、无水酒精或其他清洁剂清洁；确认绝缘表面无污物、灰尘、水分、损伤。在插拔界面均匀涂抹硅脂。 3）雨雪天气严禁组装旁路作业设备；组装完成的连接器允许在降雨（雪）条件下运行，但应确保旁路设备连接部位有可靠的防雨（雪）措施。 4）旁路开关组装后，应使用专用接地线将旁路开关外壳接地。 5）旁路作业设备组装好后，应合上旁路开关，逐相进行绝缘电阻检测，绝缘电阻值不得小于500MΩ，合格后方可投入使用。绝缘电阻检测后，旁路作业设备应充分放电。

续表

√	序号	作业内容	步骤及要求
	6	从架空线路临时取电给移动箱变供电作业	6）旁路电缆运行期间，应派专人看守、巡视，防止外人碰触。 7）旁路作业设备投入运行前，必须进行核相。 8）移动箱变退出运行前，应确认移动箱变低压侧无负荷。 9）恢复原线路供电前，必须进行核相，确认相位正确方可实施。 10）拆除旁路作业设备前，应充分放电。 11）旁路作业设备额定通流能力为 200A，作业前需检测确认待检修线路负荷电流。 作业过程应监测旁路电缆电流，确保小于 200A
	7	施工质量检查	现场总工作负责人检查作业质量。 全面检查作业质量，无遗漏的工具、材料等
	8	完工	现场总工作负责人检查工作现场； 现场总工作负责人全面检查工作完成情况

6. 工作结束

<table>
<tr><th>√</th><th>序号</th><th>作业内容</th><th>步骤及要求</th></tr>
<tr><td rowspan="2"></td><td rowspan="2">1</td><td rowspan="2">工作负责人组织班组成员清理工具和现场</td><td>绝缘斗臂车各部件复位，收回绝缘斗臂车支腿</td></tr>
<tr><td>工作负责人组织班组成员整理工具、材料。将工器具清洁后放入专用的箱（袋）中。清理现场，做到“工完、料尽、场地清”</td></tr>
<tr><td></td><td>2</td><td>工作负责人召开收工会</td><td>工作负责人组织召开现场收工会，做工作总结和点评工作：
（1）正确点评本项工作的施工质量；
（2）点评班组成员在作业中的安全措施的落实情况；
（3）点评班组成员对规程的执行情况</td></tr>
<tr><td></td><td>3</td><td>办理工作终结手续</td><td>工作负责人向调度汇报工作结束，并终结工作票</td></tr>
</table>

7. 验收记录

记录检修中发现的问题	
存在问题及处理意见	

8. 现场标准化作业指导书执行情况评估

<table>
<tr><td rowspan="4">评估内容</td><td rowspan="2">符合性</td><td>优</td><td></td><td>可操作项</td><td></td></tr>
<tr><td>良</td><td></td><td>不可操作项</td><td></td></tr>
<tr><td rowspan="2">可操作性</td><td>优</td><td></td><td>修改项</td><td></td></tr>
<tr><td>良</td><td></td><td>遗漏项</td><td></td></tr>
<tr><td>存在问题</td><td colspan="5"></td></tr>
<tr><td>改进意见</td><td colspan="5"></td></tr>
</table>

9. 附录

附录 A　倒闸操作流程（接入移动箱变、退出杆上变压器）

√	序号	操作步骤
	1	合上移动箱变高压负荷开关
	2	检查高压负荷开关的操作机构机械和电气信号装置，确认确已在合上位置
	3	合上移动箱变低压开关柜的刀开关
	4	检查并确认刀开关确已在合上位置
	5	核对移动箱变低压空气开关两侧电源的相位，应正确无误
	6	合上移动箱变低压空气开关
	7	检查并确认低压空气开关确已在合上位置
	8	检查移动箱变的电流指示，确认移动箱变分流良好
	9	打开杆上变压器低压配电箱箱门，拉开低压空气开关
	10	检查并确认杆上变压器低压空气开关确已在分闸位置
	11	拉开杆上变压器低压刀开关
	12	检查并确认杆上变压器低压刀开关确已在分闸位置
	13	关上杆上变压器低压配电箱箱门，在箱门把手上挂好“禁止合闸，线路有人工作！”标识牌
	14	拉开杆上变压器高压侧中间相跌落式熔断器，取下熔管
	15	拉开杆上变压器高压侧下风相跌落式熔断器，取下熔管
	16	拉开杆上变压器高压侧上风相跌落式熔断器，取下熔管
	17	低压验电器自检正常
	18	用低压验电器对变压器低压出线桩头、中性点出线桩头进行验电，确认无电
	19	挂设低压接地线
	20	高压验电器自检正常
	21	用高压验电器对变压器高压出线桩头进行验电，确认无电
	22	挂设高压接地线

附录 B　倒闸操作流程（接入杆上变压器、退出移动箱变）

√	序号	操作步骤
	1	拆除高压接地线
	2	拆除低压接地线
	3	挂上杆上变压器上风相高压跌落式熔断器熔管，合上熔管
	4	检查熔管是否合闸到位

续表

√	序号	操作步骤
	5	挂上杆上变压器下风相高压跌落式熔断器熔管，合上熔管
	6	检查熔管是否合闸到位
	7	挂上杆上变压器中间相高压跌落式熔断器熔管，合上熔管
	8	检查熔管是否合闸到位
	9	取下杆上变压器低压配电箱把手上的警示牌，打开箱门
	10	合上杆上变压器低压刀开关
	11	检查并确认杆上变压器低压刀开关确已在合闸位置
	12	合上杆上变压器低压空气开关
	13	检查并确认杆上变压器低压空气开关确已在合闸位置
	14	检查低压配电箱电流指示或移动箱变的电流指示，确认杆上变压器分流良好
	15	拉开移动箱变低压空气开关
	16	检查并确认移动箱变低压空气开关确已在分闸位置
	17	拉开移动箱变低压开关柜的刀开关
	18	检查并确认刀开关确已在分闸位置
	19	拉开移动箱变高压负荷开关
	20	确认移动箱变高压负荷开关确已在分闸位置